长江中游

磷矿及硫铁矿基地矿山生态修复

CHANG JIANG ZHONGYOU

LINKUANG JI LIUTIEKUANG JIDI KUANGSHAN

SHENGTAI XIUFU

刘军省　焦森　王春光　等◎著

中国环境出版集团·北京

图书在版编目（CIP）数据

长江中游磷矿及硫铁矿基地矿山生态修复 / 刘军省等著 . —北京：中国环境出版集团，2023.9

ISBN 978-7-5111-5607-5

Ⅰ. ①长… Ⅱ. ①刘… Ⅲ. ①长江—中游—磷矿床—矿山环境—生态恢复②长江—中游—黄铁矿—矿山环境—生态恢复 Ⅳ. ① X322.25

中国国家版本馆 CIP 数据核字（2023）第 175100 号

审图号：GS 京（2024）0240 号

出 版 人 武德凯
责任编辑 张　佳
封面设计 光大印艺

出版发行 中国环境出版集团
（100062　北京市东城区广渠门内大街 16 号）
网　　址：http：//www.cesp.com.cn
电子邮箱：bjgl@cesp.com.cn
联系电话：010-67112765（编辑管理部）
发行热线：010-67125803，010-67113405（传真）
印　　刷 北京盛通印刷股份有限公司
经　　销 各地新华书店
版　　次 2023 年 9 月第 1 版
印　　次 2023 年 9 月第 1 次印刷
开　　本 787 × 1092　1/16
印　　张 17.75
字　　数 395 千字
定　　价 128.00 元

《长江中游磷矿及硫铁矿基地矿山生态修复》

著作人员名单

刘军省　焦　森　王春光　王　磊　贾　晗　耿　浩　殷显阳

迟昊轩　顾　强　王永明　王　猛　武奕立　唐世杰　王迎霜

王德利　鞠林雪　邓宇飞　刘金凯　米　拓　尹泽诚　张会芳

刘炎东　姜振宁　刘文晋　吕孝华　张国明　李建硕　田西昭

余　洋　石义远　曹光远　代　昆　孟　都　王宗明　白甲林

内容摘要

根据中国地质调查局“长江中游磷、硫铁矿基地矿山地质环境调查”二级项目（DD20160314）任务书（中地调审〔2016〕05101）要求，中化地质矿山总局在鄂西荆襄磷矿基地和安徽铜陵硫铁矿基地开展了矿山地质环境调查工作，完成了环境地质调查2 400 km²、遥感解译3 075 km²、水文地质钻探2 060.62 m、工程地质钻探956.03 m等主要工作量。

本次调查工作范围涉及湖北省钟祥市大部分地区，安徽省铜陵市大部分地区及南陵县、繁昌区部分地区，总面积为2 400 km²，先后经过调查准备、野外调查、综合研究三个阶段。本着调查与研究相结合的原则，突出磷矿、硫铁矿山，兼顾其他矿山，以矿山地质环境问题分布规律及成因为调查重点，围绕王集、大峪口、龙会山、新桥、狮子山、凤凰山等矿山集中分布区进行了重点调查，基本查明了主要矿山地质环境问题类型、分布特征、成因及危害，评价了区域矿山地质环境现状。

项目的主要成果包括：①查明了调查区地质灾害、土地资源破坏、地形地貌景观破坏、含水层破坏、矿区水土污染等主要矿山地质环境问题，总结了磷矿、硫铁矿矿山地质环境问题特征，预测了矿业活动引发地质灾害的发展趋势。②查明了鄂西荆襄磷矿基地磷矿资源开发利用过程中所产生的地质环境问题及特征，对磷矿区首要的地质环境问题——磷石膏堆环境污染问题进行了重点研究，提出了磷石膏综合应用建议。③查明了安徽铜陵硫铁矿基地的矿山地质环境问题现状，指出了硫铁矿区水土污染问题的严重性。④通过鄂西荆襄磷矿基地和安徽铜陵硫铁矿基地矿山地质环境影响评价，初步建立了磷矿和硫铁矿集中开采区的矿山地质环境评价体系，共划分了矿山地质环境影响严重区13个，总面积182.26 km²，占调查区的 6.89%；影响较严重区 22 个，总面积 466 km^2，占调查区的 17.62%；影响轻微区 14 个，总面积 1 997.03 km^2，占调查区的 75.49%。⑤在矿山地质环境影响评价的基础上，结合当地矿产资源总体规划，进行了矿山地质环境保护与治理分区，共划分了矿山地质环境保护区 25 个，总面积 198.95 km^2；矿山地质环境预防区 27 个，总面积 57.87 km^2；矿山地质环境治理区 22 个，总面积 531.81 km^2。⑥在开展铜陵硫铁矿基地集中开采区矿业活动对长江中下游水体影响研究的基础上，总结了硫铁矿山矿业活动对水资源影响的方式，提出了硫铁矿山水资源恢复治理方式，建立了硫铁矿山（铜陵式）“源头防控 - 过程监管 - 后效治理”的水资源恢复治理模型。⑦在总结和分析磷矿山和硫铁矿山污染、迁移规律的基础上，分别提出了磷矿山和硫铁矿山污染防控机制。

本书是在收集资料、野外调查和分析测试数据的基础上，结合以往大量的相关工作成果，经综合研究后著作而成的。本书共分为九章，简述了自然地理、社会经济、区域地质环境背景，介绍了调查区矿产资源开发利用现状，重点阐述了矿山地质环境问题类型、分布特征、成因及危害，并分别从磷矿、硫铁矿两个矿种矿业开发活动的不同阶段，总结了矿山地质环境问题特征和污染迁移规律，对矿山地质环境现状进行了评价与分区，提出了矿山地质环境保护与治理的对策和建议，为当地矿山地质环境保护与治理工作提供了基础数据支撑。

Preface 前言

党的十八大以来，习近平总书记对生态文明建设作出了一系列重要论述。2016年1月5日，习近平总书记在重庆召开推动长江经济带发展座谈会，强调推动长江经济带发展必须从中华民族长远利益考虑，把修复长江生态环境摆在压倒性位置，共抓大保护、不搞大开发。

磷、硫、钾盐等化工矿产资源是制造磷肥、钾肥、硫酸等化工产品的基础矿物原料，具有基础原料工业和支农工业的双重属性，在我国国民经济中具有重要的地位。改革开放以来，特别是“十一五”期间，伴随着我国国民经济的高速发展，化工矿业发展迅速，已建立了与国民经济相适应的完整开发体系，基本保证了我国化肥工业和化工生产的需要，为促进农业生产、确保我国粮食安全和相关化工行业的发展做出了重要贡献。但是，经过几十年的开采，矿业开发活动引发了一系列严重的地质环境问题，化工矿山地质环境保护工作必须提上日程。

《全国矿产资源规划（2016—2020年）》明确指出，新形势迫切要求加快推进矿山地质环境保护与治理工作，因此开展矿山地质环境调查工作是实施全国矿山地质环境保护与治理的需要。

磷矿、硫铁矿作为长江经济带分布较多、资源较丰富的化工矿产资源，对生态环境影响较大。鄂西荆襄磷矿基地和安徽铜陵硫铁矿基地处于长江中下游，区内矿产资源丰富，矿山分布众多，其中磷矿、硫铁矿及铜矿等矿产资源开采历史悠久，矿山开采程度较高。随着人类矿产资源开发利用活动的不断发展，由矿山开采所引起的矿山地质环境问题及类型较多，对矿山地质环境的破坏日益严重，给当地的城市经济建设和人民生命财产造成了极其严重的损失，亟须在这两个基地开展矿山地质环境调查，为资源基地矿山地质环境保护与恢复治理提供支撑和服务，为长江生态环境保护与修复提供基础数据。

Contents 目录

1 项目概况

1.1 研究背景

1.1.1 项目来源

为了查明典型化工矿山集中开采区的矿山地质环境问题，夯实化工矿山地质环境调查工作基础，建实、建强全国矿山地质环境信息系统与服务平台，加快构建我国矿山地质环境调查、监测、治理与修复技术方法和标准规范体系，中国地质调查局对中化地质矿山总局下达了“长江中游磷、硫铁矿基地矿山地质环境调查”二级项目任务书（中地调审〔2016〕05101），项目编码为 DD20160341。

1.1.2 项目基本情况

项目名称：长江中游磷、硫铁矿基地矿山地质环境调查。

项目编码：DD20160341。

承担单位：中化地质矿山总局。

负责人：刘军省。

所属工程：矿山地质环境调查。

所属一级项目：服务国家重大战略和国土开发保护地质调查。

归口管理单位：中国地质调查局中南项目管理办公室。

调查区范围：①鄂西荆襄磷矿调查区，包括 3 个标准图幅［胡集幅（H49E004018）、刘猴集幅（H49E004017）及双河口幅（H49E005018）］，坐标范围为东经 112°00′00″～112°30′00″，北纬 31°10′00″～31°40′00″；②安徽铜陵硫铁矿调查区，包括 3 个标准图幅［戴家汇幅（H50E007017）、铜陵幅（H50E007016）及繁昌县幅（H50E006017）］，坐标范围为东经 117°45′00″～118°15′00″，北纬 30°50′00″～31°10′00″。

1.1.3 目标任务

1.1.3.1 总体目标任务

（1）查明长江中游磷矿、硫铁矿基地矿山地质环境问题，为长江中游城市群地质环境保护与治理提供基础数据支撑，为长江经济带区域地质环境的保护提供服务。

（2）开展铜陵地区硫铁矿基地集中开采区矿业活动对长江中下游水体影响的研究，建立硫铁矿山水资源恢复治理模型。

（3）制作绿色化工矿山建设科普系列产品，为全国化工矿山环境保护和修复治理提供决策依据。

（4）建成中化地质矿山总局矿山地质环境调查研究中心，为开展矿产资源集中区资源环境综合地质调查提供支撑。

（5）加快矿山地质环境调查研究专业团队建设，培养学科技术带头人 1 名、青年技术骨干 3～5 名。

1.1.3.2 阶段目标任务

（1）第一阶段目标任务

开展长江中游荆襄磷矿基地胡集幅（H49E004018）和安徽铜陵硫铁矿基地戴家汇幅（H50E007017）环境地质调查，查清调查区地下水补径排条件，查明主要环境地质问题类型、成因及动态特征，评价调查区域地质环境现状及矿山地质环境问题的危害程度；开展铜陵地区硫铁矿基地集中开采区矿业活动对长江中下游水体影响的研究，初步提出矿山地质环境恢复建议。

（2）第二阶段目标任务

开展长江中游磷矿、硫铁矿基地矿山地质环境调查，查明矿山地质环境问题类型、分布、特征及危害；提交铜陵地区硫铁矿基地集中开采区矿业活动对长江中下游水体影响的阶段性研究成果；开展长江中游化工矿业绿色矿山建设研究与科普宣传，为全国化工矿山环境保护和修复治理提供决策依据；初步组建中化地质矿山总局矿山地质环境调查研究中心，培养学科技术带头人 1 名、技术骨干 2～3 名。

（3）第三阶段目标任务

研究磷矿集中开采区矿业活动对地质环境的影响，示范引领化工矿山集中开采区地质环境调查。继续开展长江中游鄂西荆襄磷矿基地及安徽铜陵硫铁矿基地矿山地质环境调查，系统总结并研究典型磷矿、硫铁矿基地矿山地质环境问题类型、分布、特征及危害，为长江经济带区域地质环境保护提供支撑。进行铜陵硫铁矿基地矿业活动酸性水污染评价及解析研究，发表科技论文 1 篇。开展长江中游化工矿业绿色矿山建设研究与科普宣传 1 次。撰写长江中游典型磷矿基地矿山地质环境调查报告、长江中游典型硫铁矿基地矿山地质环境调查报告。培养学科技术带头人 1 名、青年技术骨干 3～5 名。

1.2 工作部署、工作方法及完成的主要工作量

1.2.1 工作部署

在项目开展过程中，工作部署遵循的原则：①先面后点、点面结合的原则；②突出重点、兼顾一般的原则；③综合技术、提高精度的原则；④调查与研究相结合的原则。

根据上述工作部署原则，结合项目目标任务，具体工作部署（图 1-1）如下：首先在胡集幅（H49E004018）、戴家汇幅（H50E007017）两个图幅，刘猴集幅（H49E004017）、铜陵幅（H50E007016）两个图幅，双河口幅（H49E005018）、繁昌县幅（H50E006017）两个图幅，开展区域性工作，主要包括遥感地质解译 3 000 km^2、矿山地质环境调查 2 400 km^2、多目标土壤测量 2 400 km^2、水地球化学测量 2 400 km^2，查明了鄂西荆襄磷矿基地、安徽铜陵硫铁矿基地的基本情况和主要矿山地质环境问题（如采空塌陷、岩溶塌陷、滑坡、崩塌、含水层破坏、水土污染等）的类型、分布及特征。

其次在上述调查工作的基础上选取了 10 个详细调查区开展遥感地质解译和矿山地质环境调查工作（表 1-1、表 1-2），其中：第一阶段选取了龙会山－放马山－熊家湾详细调查区、桃园详细调查区和南陵详细调查区（共 200 km^2）；第二阶段选取了王集－大峪口详细调查区、铜官山详细调查区、狮子山详细调查区和新桥详细调查区（共 200 km^2）；第三阶段选取了刘冲－联合－秦冲－治国详细调查区、繁昌详细调查区、凤凰山详细调查区（位于戴家汇幅）（共 160 km^2），并配合开展了高密度电阻率法测量 3 899 点、土壤剖面测量 49.25 km、水文地质钻探 2 060.62 m、工程地质钻探 956.03 m、浅井 146.71 m、探槽 377.88 m^3 等工作，重点研究了主要矿山地质环境问题的成因及动态变化特征，分析了地质灾害发生与矿山开采活动的关系，预测了地质灾害的发展趋势，分析了矿山地质环境变化发展趋势。

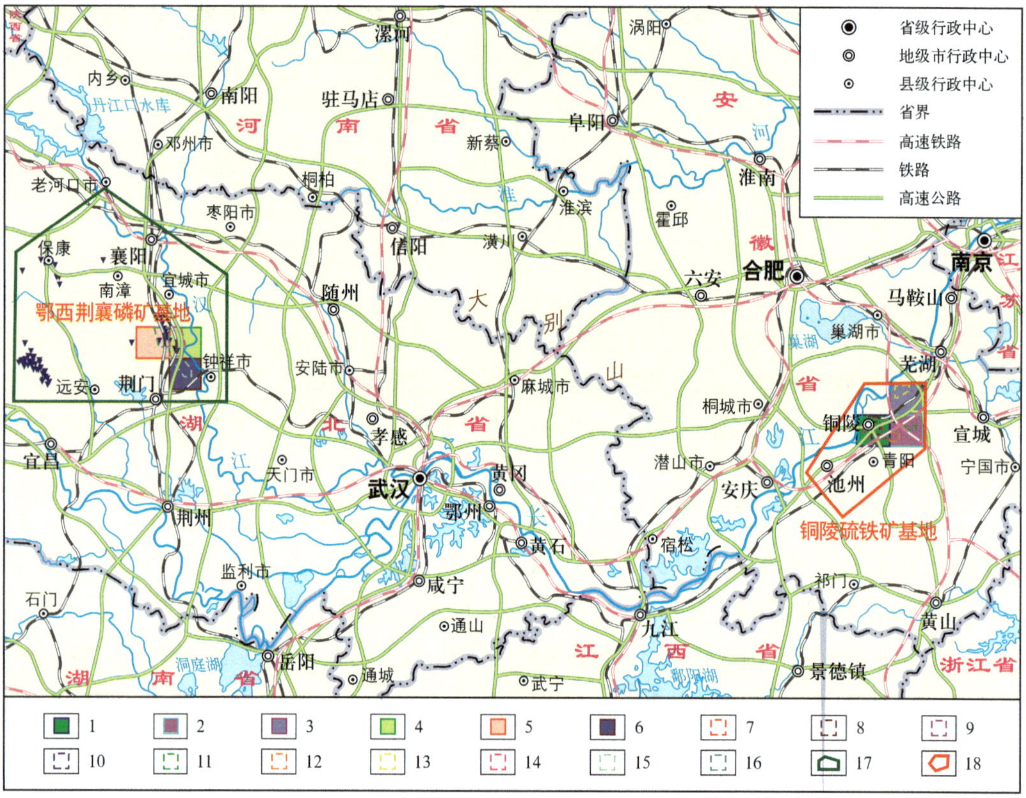

图 1-1　工作部署分布

1—戴家汇幅：遥感地质解译、矿山地质环境调查、多目标土壤测量、水地球化学测量；2—铜陵幅：遥感地质解译、矿山地质环境调查、多目标土壤测量、水地球化学测量；3—繁昌县幅：遥感地质解译、矿山地质环境调查、多目标土壤测量、水地球化学测量；4—胡集幅：遥感地质解译、矿山地质环境调查、多目标土壤测量、水地球化学测量；5—刘猴集幅：遥感地质解译、矿山地质环境调查、多目标土壤测量、水地球化学测量；6—双河口幅：遥感地质解译、矿山地质环境调查、多目标土壤测量、水地球化学测量；7—铜官山详细调查区：遥感地质解译、矿山地质环境调查；8—狮子山详细调查区：遥感地质解译、矿山地质环境调查；9—新桥详细调查区：遥感地质解译、矿山地质环境调查；10—桃园详细调查区：遥感地质解译、矿山地质环境调查；11—南陵详细调查区：遥感地质解译、矿山地质环境调查；12—凤凰山详细调查区：遥感地质解译、矿山地质环境调查；13—繁昌详细调查区：遥感地质解译、矿山地质环境调查；14—龙会山－放马山－熊家湾详细调查区：遥感地质解译、矿山地质环境调查；15—王集－大峪口详细调查区：遥感地质解译、矿山地质环境调查；16—刘冲－联合－秦冲－治国详细调查区：遥感地质解译、矿山地质环境调查；17—鄂西荆襄磷矿基地范围；18—铜陵硫铁矿基地范围

表 1-1 矿山地质环境调查具体工作部署

工作内容	工作部署	工作量	合计	备注
矿山地质环境调查、多目标土壤测量、水地球化学测量	胡集幅（H49E004018）	400 km^2	2 400 km^2	—
	戴家汇幅（H50E007017）	400 km^2		—
	刘猴集幅（H49E004017）	400 km^2		—
	铜陵幅（H50E007016）	400 km^2		—
	双河口幅（H49E005018）	400 km^2		—
	繁昌县幅（H50E006017）	400 km^2		—
遥感地质解译	戴家汇幅（H50E007017）	1 000 km^2	3 000 km^2	—
	繁昌县幅（H50E006017）			—
	胡集幅（H49E004018）	1 000 km^2		—
	刘猴集幅（H49E004017）			—
	铜陵幅（H50E007016）	500 km^2		—
	双河口幅（H49E005018）	500 km^2		—
矿山地质环境调查、遥感地质解译	南陵详细调查区	17 km^2	200 km^2	戴家汇幅
	桃园详细调查区	33 km^2		戴家汇幅
	龙会山－放马山－熊家湾详细调查区	150 km^2		胡集幅
	铜官山详细调查区	34 km^2	200 km^2	铜陵幅
	狮子山详细调查区	34 km^2		铜陵幅
	新桥详细调查区	52 km^2		铜陵幅
	王集－大峪口详细调查区	80 km^2		刘猴集幅
	凤凰山详细调查区	32 km^2	160 km^2	戴家汇幅
	繁昌详细调查区	58 km^2		繁昌县幅
	刘冲－联合－秦冲－治国详细调查区	70 km^2		双河口幅
高密度电阻率法测量	胡集幅（H49E004018）	1 020 点	3 899 点	—
	戴家汇幅（H50E007017）	792 点		—
	刘猴集幅（H49E004017）	720 点		—
	铜陵幅（H50E007016）	962 点		—
	双河口幅（H49E005018）	405 点		—
土壤剖面测量	戴家汇幅（H50E007017）	7.3 km	49.25 km	—
	刘猴集幅（H49E004017）	4 km		—
	铜陵幅（H50E007016）	14.95 km		—
	双河口幅（H49E005018）	15 km		—
	繁昌县幅（H50E006017）	8.0 km		—

续表

工作内容	工作部署	工作量	合计	备注
水文地质钻探	胡集幅（H49E004018）	700.4 m	2 060.62 m	—
	戴家汇幅（H50E007017）	474.76 m		—
	刘猴集幅（H49E004017）	301.2 m		—
	铜陵幅（H50E007016）	414.26 m		—
	双河口幅（H49E005018）	170 m		—
工程地质钻探	胡集幅（H49E004018）	543.66 m	956.03 m	—
	戴家汇幅（H50E007017）	412.37 m		—
浅井	胡集幅（H49E004018）	25.03 m	146.71 m	—
	戴家汇幅（H50E007017）	28.69 m		—
	刘猴集幅（H49E004017）	25.10 m		—
	铜陵幅（H50E007016）	34.16 m		—
	双河口幅（H49E005018）	25.92 m		—
	繁昌县幅（H50E006017）	7.81 m		—
探槽	胡集幅（H49E004018）	71.74 m^3	377.88 m^3	—
	戴家汇幅（H50E007017）	55.86 m^3		—
	刘猴集幅（H49E004017）	79.465 m^3		—
	铜陵幅（H50E007016）	60.91 m^3		—
	双河口幅（H49E005018）	51.375 m^3		—
	繁昌县幅（H50E006017）	58.53 m^3		—

在上述工作的基础上，对调查区矿山地质环境现状进行了评价与分区，结合调查区所在地矿产资源总体规划，进行了矿山地质环境保护与治理分区，初步提出了化工（磷矿、硫铁矿）矿山地质环境监测方案，建立了调查区矿山地质环境调查数据库，并提出了相应的矿山地质环境保护治理对策及建议。

1.2.2 工作方法及技术标准

本次调查工作采用的主要技术方法包括资料收集、遥感解译、地质测量、物探、水文地质钻探、工程地质钻探、浅井工程、土壤剖面测量、样品采集、加工与测试、编录、室内整理、数据库建设等工作。

开展上述各项工作主要采用的规范及指导性文件如下：

①《矿山地质环境调查评价规范》（DD 2014—05）；

②《矿山地质环境保护与恢复治理方案编制规范》（DZ/T 0223—2011）；

③《全国矿山地质环境调查技术要求实施细则（修改稿）》；

④《卫星遥感图像产品质量控制规范》（DZ/T 0143—94）；

⑤《遥感地质解译方法指南（1∶50 000、1∶250 000）》（DD 2011—03）；

⑥《遥感影像平面图制作规范》（GB/T 15968—2008）；

⑦《土壤环境质量 农用地土壤污染风险管控标准（试行）》（GB 15618—2018）；

⑧《地下水污染地质调查评价规范》（DD 2008—01）；

⑨《工程地质调查规范（1∶50 000）》（DZ/T 0097—2021）；

⑩《区域水文地质工程地质环境地质综合勘查规范（比例尺 1∶50 000）》（GB/T 14158—93）；

⑪《区域生态地球化学评价规范》（DZ/T 0289—2015）；

⑫《地下水质量标准》（GB/T 14848—2017）；

⑬《区域地下水污染调查评价规范》（DZ/T 0288—2015）；

⑭《区域环境地质调查总则（试行）》（DD 2004—02）；

⑮《多目标区域地球化学调查规范（1∶250 000）》（DD 2005—01）；

⑯《地球化学普查规范（1∶50 000）》（DZ/T 0011—2015）；

⑰《固体矿产勘查原始地质编录规程》（DZ/T 0078—2015）；

⑱《地表水环境质量标准》（GB 3838—2002）。

1.2.3　主要工作量

项目各年度均按照设计完成了实物工作量，无工作量调整情况。具体情况见表 1-2。

表 1-2　项目设计批准的实物工作量及完成的实物工作量

工作方式		计量单位	设计工作量	累计完成工作量	累计完成比例
地质测量	水文、工程、环境地质调查	km^2	2 400	2 400	100.00%
	水文、工程、环境地质调查	km^2	560	560	100.00%
遥感	遥感信息提取、解译	km^2	3 000	3 075	102.50%
	遥感信息提取、解译	km^2	610	645	105.74%
物探	高密度电阻率法	点	3 850	3 899	101.27%
化探	土壤剖面测量	km	45	49.25	109.44%
	多目标土壤测量	km^2	2 400	2 400	100.00%
	水地球化学测量	km^2	2 400	2 400	100.00%

续表

工作方式		计量单位	设计工作量	累计完成工作量	累计完成比例
钻探	水文地质钻探	m	2 070	2 060.62	99.55%
	工程地质钻探	m	900	956.03	106.23%
	标准贯入试验	次	200	243	121.50%
	静力触探	m	600	601.9	100.32%
	波速测试	次	125	184	147.20%
浅井	土石井	m	145	146.71	101.18%
探槽	探槽	m^3	325	377.88	116.27%
岩矿测试	土壤分析	项	3 730	3 852	103.27%
	水质分析	样	955	1 021	106.91%
	土工试验	项	450	632	140.44%

1.3 主要成果及质量评价

1.3.1 主要成果

项目经过 3 年的调查与研究工作，取得的主要成果如下。

（1）解决资源环境、灾害和基础地质问题

①查明了调查区矿山地质环境现状，总结了磷矿、硫铁矿矿山地质环境问题特征。指出了磷石膏堆是磷矿区首要的地质环境问题，并提出了磷石膏综合应用建议；指出了硫铁矿区水土污染问题的严重性，预测了矿业活动引发地质灾害的发展趋势。

②通过荆襄磷矿基地和铜陵硫铁矿基地的矿山地质环境影响评价，初步建立了磷矿和硫铁矿集中开采区的矿山地质环境评价体系。

（2）成果转化应用和有效服务

①开展了典型化工矿山基地矿山地质环境问题调查工作和矿山地质环境防治科普宣传工作，有效服务了化工矿山地质环境保护与恢复治理。

②项目调查成果为《化工矿山生态修复技术规范》的编制提供了基础数据支持。

③利用施工钻孔，在荆襄磷矿基地和铜陵硫铁矿基地建立了地下水长期监测站点 10 个，完善了矿山和地方的地下水监测体系。

④系统梳理了长江经济带化工矿山和磷石膏堆的基础数据资料，服务了长江经济带生态保护。

（3）科学理论创新和技术方法进步

①开展了铜陵硫铁矿基地集中开采区矿业活动对长江中下游水体影响研究，提出了硫铁矿山水资源恢复治理方式，建立了硫铁矿山（铜陵式）“源头防控—过程监管—后效治理”的水资源恢复治理模型。

②总结并分析了磷矿山、硫铁矿山的污染、迁移规律，提出了污染防控机制。

（4）人才成长和团队建设

①建立了自然资源部矿区生态修复工程技术创新中心、中化地质矿山总局矿山地质环境调查和修复治理技术研究中心。

②组建了中化地质矿山总局“化工矿山地质环境调查研究团队”，2 人获得高级技术职称、3 人获得中级技术职称。

③依托项目发表论文 9 篇，其中 2 篇发表于 EI 期刊、3 篇发表于核心期刊。

1.3.2 质量评价

在项目实施过程中，严格执行中国地质调查局质量管理体系。为确保从设计到成果验收全过程的工作质量，中化地质矿山总局针对本项目的工作性质，由地质科技部、质量检查组等组成全面质量管理小组，对项目设计到施工进行全员、全过程的质量管理，做好事先指导、中间检查与成果验收，严把质量关。在质量管理方面，严格按照质量体系标准开展工作。各项地质工作按照相关作业指导书及相关规范规程的要求进行。

项目工作实行三级质量管理，对发现的问题及时进行实地复查和改正，确保工作各项资料的准确、翔实。质量管理贯穿工作的始终，做到了对资料随工作进展的自检、互检，检查率为 100%。项目组自查为 100%，单位主管部门抽查率不低于 30%，并形成质量检查卡片，其中单位检查、验收形成了正式文件。针对专家提出的问题和建议，项目组进行了认真修改、补充与完善，并提交了整改报告。

2018 年 12 月 10—11 日，中化地质矿山总局组织有关专家组对二级项目进行了野外验收，专家组听取了项目汇报、查阅了野外工作总结及原始资料，并对野外工作进行了现场核查，结合野外抽检情况、工作质量情况、原始资料整理情况、质量管理与质量体系运行情况等多个方面，形成了野外验收意见。经专家组评议，项目野外验收予以通过。

1.3.2.1 遥感解译

野外检查图斑不低于解译图斑总量的 5%；对于有疑问的图斑 100% 进行了检查。野外实地调查共验证 495 个图斑，验证正确 436 个，正确率为 88.08%，符合相关规范要求。

1.3.2.2 地质测量

（1）区域地质环境调查

区域地质环境调查总面积为 2 400 km^2，共 155 条调查路线，总计 1 414 个调查点。调查点采用 GPS 和微地貌相结合的方法定位，定位误差小于 10 m，符合相关规范要求。开展三级质量检查工作，其中自互检 100%，项目组检查、单位检查均符合规范要求。具体情况见表 1-3。

表 1-3　区域地质环境调查工作量

图幅	调查路线间距 /km	调查面积 / km^2	路线数 / 条	调查点数 / 个	调查点密度 / [点 / (100 km^2)]	矿山地质环境问题调查表 / 套
戴家汇幅	2～4	400	30	298	75	7
铜陵幅	2～4	400	22	350	87.5	5
繁昌县幅	2～4	400	13	263	66	5
胡集幅	2～4	400	18	135	33.8	1
刘猴集幅	2～4	400	19	175	43.8	3
双河口幅	2～4	400	53	193	48	5
共计		2 400	155	1 414	—	26

（2）矿山地质环境调查

矿山地质环境调查总面积为 560 km^2，共有 96 条调查路线，总计 1 291 个调查点，调查点数大于 1 点 /km^2。调查点采用 GPS 和微地貌相结合的方法定位，定位误差小于 10 m。开展三级质量检查工作，其中自互检 100%，项目组检查、单位检查均符合相关规范要求。具体情况见表 1-4。

表 1-4　矿山地质环境调查工作量

详细调查区	调查路线间距 / m	对应调查面积 / km^2	路线数 / 条	调查点数 / 个	调查点密度 / (点 /km^2)
南陵、桃园详细调查区	500～1 000	17、33	15	203	4
铜官山、狮子山、新桥详细调查区	500～1 000	34、34、52	20	408	3.4
繁昌、凤凰山详细调查区	500～1 000	58、32	15	262	2.91

续表

详细调查区	调查路线间距 / m	对应调查面积 / km^2	路线数 / 条	调查点数 / 个	调查点密度 / （点 /km^2）
龙会山－放马山－熊家湾详细调查区	500～1 000	150	15	185	1.2
王集－大峪口详细调查区	500～1 000	80	12	121	1.5
刘冲－联合－秦冲－治国详细调查区	500～1 000	70	19	112	1.6
共计		560	96	1 291	—

1.3.2.3 物探

物探工作共完成高密度电法测量剖面 59 条，实际有效测点数 3 899 个。

本次高密度电法工作质量检查采用“二同二不同”（同点位、同仪器、不同操作员、不同时间）的方法进行。对测量过程中出现的异常点、突变点进行重复系统检查。质量检查共计 255 个测量点，占总工作量的 6.54%。视电阻率的均方相对误差情况见表 1-5，工作质量良好，满足规范和设计要求。

视电阻率的均方相对误差公式：

$$M=\pm\sqrt{\frac{1}{2n}\sum_{i=1}^{n}\left(\frac{\rho_i-\rho_i'}{\bar{\rho}_i}\right)^2}\times 100\% \tag{1-1}$$

式中：$\rho_i-\rho_i'$——第 i 点的原始观测数据与系统检查观测数据之差；

$\bar{\rho}_i$——第 i 点的ρ_i与ρ_i'的平均值；

n——参加统计计算的测点数。

表 1-5 视电阻率均方相对误差

工作年度	检查点数 / 个	质检率 /%	均方相对误差 /%	备 注
2016	36	5.63	0.96	满足规范 I 级要求
	56	5.57	0.96	
2017	74	10.42	0.24	
	40	5.55	0.67	
2018	24	5.94	0.19	
	25	5.95	0.55	

本次高密度电法测量采用的所有仪器性能均稳定、可靠，野外测量完全满足行业标准和设计要求。

在野外工作中，记录本中各项要求认真填写，各项原始记录在观测时记录清楚，无追记现象，操作者和记录者每日签名。记录使用中等硬度的2H铅笔。字迹工整、清晰，原始记录无擦改或涂改现象，记错处划去重记，并注明原因。测量过程中，发现地面塌陷、房屋裂缝或特殊地形及其他干扰物时及时记录，便于针对异常进行解译和分析。

野外每个工作日结束时，操作员将当天野外原始资料交给室内资料整理员。资料员对原始数据进行100%核算，认真填写日常验收登记表。将原始数据及时导入微机存盘、汇总，对坏点进行删除，及时进行反演处理，绘制剖面图和断面图。

1.3.2.4 钻探

本次共施工水文地质钻孔27个，进尺2 060.62 m；工程地质钻孔27个，进尺956.03 m。施工过程由技术人员进行全程监督，确保了施工质量。

在钻孔施工前，项目组对钻探施工设备、施工方法及施工人员的资质进行了检查，并做了质量记录，施工人员的资质符合要求。

在钻孔施工前，进行了初步定位，制定了钻孔施工设计书，开孔前同时对孔口坐标、钻机主轴方位和天顶角进行了核查。

在钻孔施工过程中，地质编录人员及时到现场对岩心进行编录，并随时检查、核对岩心摆放顺序及采取率、孔斜、简易水文观测等质量指标。

（1）班报表

原始班报表记录内容齐全、数据真实可靠，施工方记录人员对各项质量记录均认真填写，地质技术人员在钻进过程中根据规范要求对原始班报表记录进行检查，并及时对发现的错误进行指出和纠正，保证了原始班报表记录的完整性和准确性。

（2）岩心采取率

本次施工个别钻孔存在回次采取率偏低的情况，但全孔岩心采取率均大于80%，符合设计要求。

（3）孔深校正

终孔时均按要求测量钻具校正孔深，测量工具采用校准的钢卷尺，所有测量结果均无超差现象，质量达标。

（4）简易水文观测及记录

所有钻孔在钻进过程中每班至少观测1次孔内水位升降变化情况，终孔后进行了24 h静止水位的测量，各项工作符合要求。

（5）封孔

抽水试验结束后，9个钻孔均留作水文长期观测孔，不进行封孔，孔口用铁盒进行保护，立木桩作为孔口标示，并在上面写明孔号、终孔孔深、开孔及终孔日期。

（6）编录

编录时，记录钻探工程编号及开孔日期，准确丈量分层岩心长度，逐层精心编录、描述，计算采取率和换层孔深，填写钻孔地质记录表，并采集了标本。

钻探工程结束后项目组及时按照钻探规程中六大指标对 24 个钻孔的施工质量进行了评定：①所有钻孔的全孔采取率均在 80% 以上；②均按要求进行了孔深误差的测量，无超差现象；③孔深小于 150 m 可不进行弯曲度测量；④原始班报表翔实、整洁、真实；⑤均按要求进行了简易水文观测；⑥留作水文观测孔不进行封孔。六大指标考核质量达标，质量合格。

（7）抽水试验

对 SZK09～SZK11 和 SZK13（安徽铜陵硫铁矿调查区），SZK4～SZK6、SZK17-2、SZK17-3（鄂西荆襄磷矿调查区）进行了单孔稳定流抽水试验，水位降深 1～3 次，最大水位降深值为 0.67～40.4 m，确定了岩土层渗透系数、导水系数等水文地质参数，达到了评价含水层富水性的目的。

1.3.2.5 山地工程

施工浅井 44 个，完成工作量 146.71 m，采取土壤样品 337 件，施工探槽 31 个，开挖土方 371.52 m^3。

（1）工程施工

1）探槽施工

①根据探槽施工相关技术规范要求，结合调查区实际条件，以揭露滑坡边缘的地质结构和覆盖厚度为目的。施工探槽开口宽度为 0.80～1.50 m，槽底宽度为 0.70～1.00 m，深度为 0.65～3.00 m。探槽均应揭露到基岩 0.20～0.60 m。

针对此目的共施工探槽 4 个，已揭露到基岩 0.20 m 以下，施工方位、位置准确，揭露地层清晰，槽体基本平直，不存在安全隐患，能满足地质编录要求，且达到了设计要求，能够有效说明滑坡边缘的地质分层情况，达到相关质量技术要求。

②根据探槽施工相关技术规范要求，结合调查区实际条件，以揭露第四系土壤分层情况为目的。探槽布设位置要避开工业污染源影响区及多种母质母岩交叉的边缘地带，远离交通干线 300 m 以外，探槽开口宽度为 0.8～1.0 m，槽底宽为 0.8～1.0 m，深度为 1.5 m 左右，探槽均应揭露到第四系土壤 B 层以下。

针对此目的共施工探槽 27 个，均已揭露到第四系土壤 B 层以下，施工方位、位置准确，揭露土壤分层清楚，槽体基本平直，不存在安全隐患，能满足地质编录及采样要求，且达到了设计要求，能够有效对土壤进行分层取样，达到相关质量技术要求。

2）浅井施工

根据浅井施工相关技术规范要求，结合调查区实际条件，以揭露重点地区第四系土壤纵向污染情况为目的。浅井规格不低于 150 cm × 100 cm，深度为 2.23～5.30 m。总计施工浅井 44 个，施工质量良好，均已达到揭露土壤污染的目的，达到相关质量技术要求。

（2）工程编录

本次探槽和浅井编录工作均参照《固体矿产勘查原始地质编录规程》（DZ/T 0078—2015）的相关要求，进行详细的地质观察和记录工作，工程完工后及时提交了地质编录资料。原始记录文字、图件、各种登记表格齐全，资料真实、准确、客观。编录工作符合相关质量技术要求。

（3）取样

在所施工的浅井中，选择一壁进行连续采样，采样间距为 25～50 cm。测量重金属的样品尽量用竹片或竹刀去除与金属采样器接触的部分土壤，再用其取样。每个样品采集大于 1 kg，装入样品袋，样品袋由棉布缝制而成。采样的同时，由专人填写样品标签、采样记录。完工后将底土和表土按原层回填至浅井中。样品代号由工程代号和样品编号组合而成，如代号 QJ01-H1，QJ01 为采样工程代号、H1 为样品编号。

本次调查工作中，山地工程总计采取土壤分析样 360 件，取样方法符合相关规范和设计的要求，采样质量合格。

1.3.2.6 土壤剖面测量

土壤剖面主要布设在第四系发育且存在土壤污染的地段，剖面长度能够控制土壤污染边界。剖面起点及终点采用手持 GPS 定位，测量时采用罗盘定方位，采样人员在工作前必须熟读地形图，以手持 GPS 确定取样点位，在采样前以控制点对 GPS 进行校正，校正后满足误差要求。每个采样点均留有明显标志。

土壤样品保证了尽量采自同一介质、同一层位的物质，样品采集深度为 0～20 cm，由采样点周围 3 个点位合成一个样品。样品间距为 40 m，部分加密至 20 m，原始样品质量大于 1 000 g，装入无污染的布袋，并做好了标记。

本次工作共测量土壤剖面 44 条，总长度为 49.25 km，采集土壤样品 1 290 件，取样方法符合相关规范和设计要求，采样质量合格。

1.3.2.7 样品采集、加工与测试

（1）水样品采集

主要采集水文钻孔、河溪水流、民井、机井、监测井、矿坑排水、重要水库、尾矿（库）废水、矿石淋滤水等水体样品，现场检测温度、pH、溶解氧（DO）、总溶解固体物质（TDS），水样分批、及时送实验室进行分析测试。共采取水样 944 件，其中地表水样品 456 件、地下水样品 399 件、污水样品 49 件、饮用水分析样品 40 件，采样密度 1.05～1.87 件 /（4 km^2），重点调查区加密 2～4 件 /（4 km^2），符合

相关规范要求。

（2）土壤样品采集

采集农田区土壤样品，在盆地、河谷区内样点均匀布设采取。山地丘陵区，样品兼顾逆风坡、背风坡等要素，按 1%～5% 的比例布设和采取样点。污染源样品采集根据区域范围适当增加，同时增加深部污染样品的采集。采样深度为 0～20 cm，土壤样品原始质量均大于 1 000 g。样品加工在野外驻地进行，干燥后用尼龙筛，截取 20 目粒级的样品 500 g 装瓶，送样化验。

采集表层和深部土壤样品 3 733 件，其中表层样品 3 387 件，包括多目标土壤测量样品、剖面样品和污染样品。多目标土壤测量样品 2 070 件，按 1 件 /km^2 的采样密度进行采集，详细调查区加密为 2～4 件 /km^2；剖面样品 1 290 件，样品间距一般为 40 m，部分加密至 20 m；污染样品 27 件。深部样品主要为浅井样品，共 346 件，样品间距为 25 cm 或 50 cm（垂向），符合相关规范要求。

（3）样品加工

表层土壤样品和深部（浅井）土壤样品加工均在野外驻地进行，采集的土壤样品在日光下干燥。在样品干燥过程中经常揉搓样品，以免胶结。干燥后的样品在加工（过筛）前用木槌轻轻敲打，使土壤样品恢复至自然粒级状态。

样品加工场地干净、通风、无污染，每加工完一个样品均对加工工具进行全面清扫，防止发生人为沾污；样品瓶使用聚乙烯塑料瓶，在装样前对样品瓶进行了清洗，保持清洁；样品干燥后用尼龙筛，截取 0.8 mm（20 目）粒级的样品 500 g 装瓶，装样瓶均已贴好标签，符合规范要求。

（4）样品分析测试

土壤样品和水质样品测试分析工作由通过中国计量认证并在有效期内的中化地质矿山总局中心实验室承担，生活饮用水样品由通过国家资质认定的安徽师范大学食品营养与安全检测中心测试，分析测试全过程均在监控状态下进行，分析测试操作符合相关规范要求，测试结果可靠。

土壤样品依据《岩石矿物分析》《多目标区域地球化学调查规范（1∶50 000）》（DD 2005—01），用原子荧光光谱仪、电感耦合等离子体质谱仪、离子计等符合国家计量标准的试验仪器设备进行测试；水样品依据《地下水质检验方法》（DZ-T 0064.1～0064.80—93）、《城镇污水水质标准检验方法》（CJ/T 51—2018）、《生活饮用水标准检验方法》（GB/T 5750）、《食品安全国家标准　饮用天然矿泉水检验方法》（GB 8538—2022），采用原子荧光光谱仪、离子计等符合国家计量标准的试验仪器设备进行测试。

1.3.2.8 数据库建设与综合研究工作

（1）数据库建设

矿山地质环境信息采集系统数据库是在实地调查工作成果的基础上建立录入的，数据来源、数据采集和录入符合相关技术要求，数据库建设质量良好。

（2）成果报告编制

成果报告严格按照设计要求编排，基础资料源于野外调查资料和对相关资料的整理，通过综合研究、对比分析等，分析、研究调查区矿山地质环境问题主要分布特征、造成的经济损失、成因规律、潜在危害、发展趋势等，并提出防治措施与建议；分析矿山占用、破坏土地资源恢复治理的潜在能力，矿山主要地质环境问题治理难度大小；阐述调查区历年来在矿山地质环境治理方面所取得的成效。成果报告编制依据的野外资料扎实，综合分析与研究较充分，评价方法正确，报告章节安排合理，重点突出，内容丰富，结论明确，附图、附表、附件齐全，编制符合要求，质量较好。

2 区域概况

2.1 自然地理

2.1.1 交通位置

调查区包括鄂西荆襄磷矿调查区和安徽铜陵硫铁矿调查区，均位于长江中下游沿岸，地理位置优越，区域有国道105线、106线、207线及高速公路，四通八达，长江、汉江、赣江等水系相互交织，陆路、水路交通十分便利（图2-1）。其所处的长江中下游城市群承东启西、连南接北，是长江经济带的重要组成部分，也是实施促进中部地区崛起战略、全方位深化改革开放和推进新型城镇化的重点区域，在我国区域发展格局中占有重要地位。

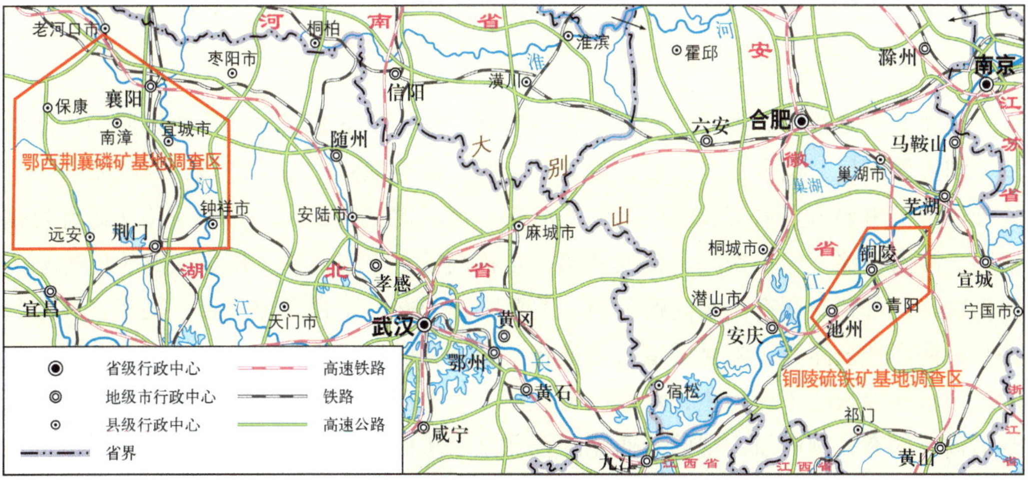

图2-1 交通位置概览

荆襄磷矿调查区主要分布在鄂西地区，行政区主要划属钟祥市，分布面积较广。钟祥市位于湖北省中部，汉江中游，大洪山南麓，鄂北山区向江汉平原的过渡地带，北与宜城市、随州市相接，东与京山市毗邻，南与天门市、沙洋县交界，西与荆门市东宝区接壤，境内有207国道、焦枝铁路、长荆铁路、襄荆高速公路以及武荆高速公路，江汉航运常年通航（图2-2）。

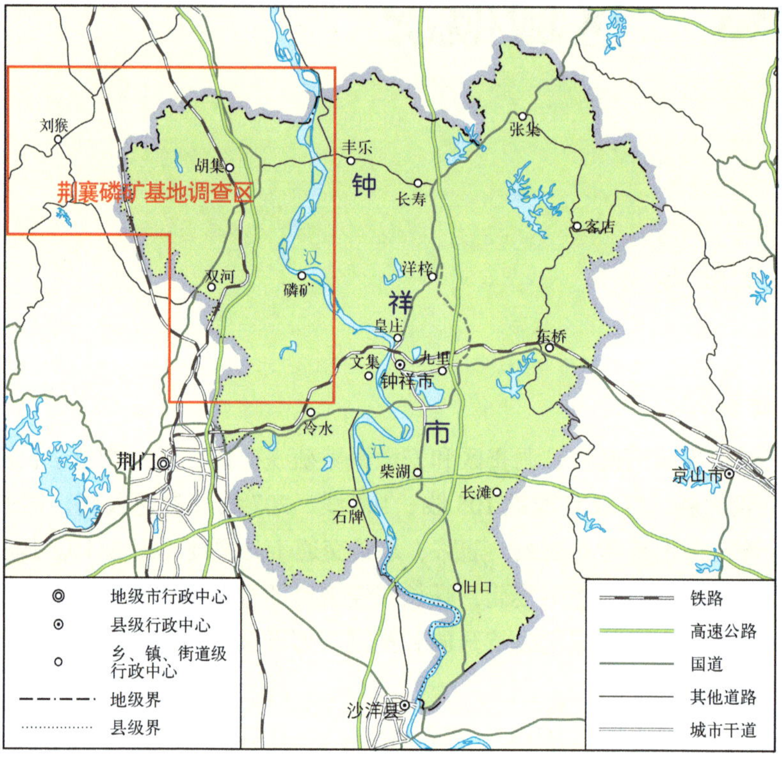

图2-2　荆襄磷矿调查区交通位置

安徽铜陵硫铁矿调查区位于安徽省中南部、长江中下游南岸，行政划属铜陵市域及芜湖市繁昌区、南陵县，区域位置北接合肥，南连池州，东邻宣城，西临安庆，是长江经济带重要节点城市和皖中南中心城市。区域内交通便利，其中铁路交通有皖赣铁路、淮南铁路、宁铜铁路、铜九铁路、合福高铁、宁安高铁、铜宣铁路（已规划）、庐铜铁路；公路交通有沪渝高速公路、芜黄高速公路、京台高速公路、铜南宣高速公路和庐铜高速公路等，配合国道与省道在此相互交织形成庞大、密集的地面公路运输网络；水运以长江干流为主，水运交通便捷，上通汉口、重庆，下达南京、上海；航空运输方面有芜湖联航，现已开通芜湖至北京、佛山的航线，距南京禄口国际机场仅90 km，交通十分便捷（图2-3）。

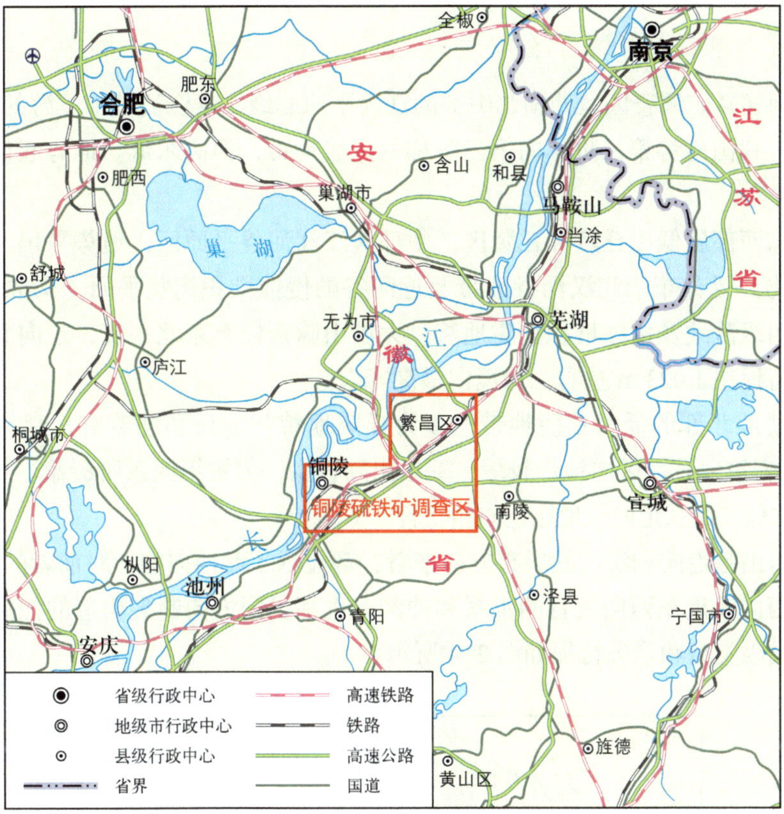

图 2–3 安徽铜陵硫铁矿调查区交通位置

2.1.2 地形地貌

长江中下游地区位于湖北宜昌以东的长江中下游沿岸，由两湖平原、鄱阳湖平原、皖苏沿江平原、里下河平原和长江三角洲平原组成，面积约 20 万 km^2，地势低平，海拔约为 50 m。其中鄂西荆襄磷矿调查区位于两湖平原，安徽铜陵硫铁矿调查区位于皖苏沿江平原。

两湖平原以荆江为界，其北称江汉平原，其南为洞庭湖平原。江汉平原主要由长江和汉江冲积而成。公元 1300 年前后，荆江北堤分流入江汉平原的穴口完全堵塞后，汉江所带泥沙对江汉平原的发育起主要作用，其三角洲即成为江汉平原的重要组成部分。汉江三角洲地势自西北向东南微倾，湖泊成群挤集于东南前缘。洞庭湖平原则主要由通过荆江南岸太平、藕池、松滋、调弦（1958 年堵塞）四口南下的长江泥沙冲积而成，面积约 1 万 km^2，大部分地区海拔为 50 m 以下，地势北高南低，水网密布，土壤肥沃。皖苏沿江平原主要指湖口以下到镇江之间沿长江两岸分布的狭长的冲积平原，其中包括芜湖平原和巢湖平原。皖苏沿江平原宽窄相间，江流时束时放，流速平缓；自大通以下，每受江潮顶托，流速更缓，泥沙沉积加强，尤其当河道越过岩丘逼岸的矶头后，江流分汊，汊河间出现沙洲。沿江两岸湖泊众多。

2.1.2.1 鄂西荆襄磷矿调查区

鄂西荆襄磷矿调查区地处湖北中部的江汉平原北缘，汉江流域中下游的过渡地带，地貌上属于我国地势第二阶梯向第三阶梯的过渡地带，西高东低。地势起伏较大，地貌类型较复杂。

东部和西部属低山丘陵和丘陵区，中部属汉江河谷平原区，地势平坦。区内晚新生界沉积物广泛分布于江汉河谷地带及近河谷的侵蚀堆积岗状平原，构成汉江的一、二、三、四级阶地及侵蚀堆积丘陵地貌。大洪山脉延伸至东北一带，走向北西，其中牛角尖等高程在 1 023 m 左右，为境内最高峰。

汉江盆地北部的低山丘陵地带，多为丘陵地貌，山丘和湖兼有，森林覆盖率达 32.9%，有岩溶发育。区内地形较缓，基岩出露极少，多被第四系所覆盖。总体地势呈西南高东北低，山系走向与地层走向相吻合。

从境内山脉走向和汉江的展布方向来看，都显示了北西向构造对前者的控制作用。同样，北西向及近东西向发育的水系和冲沟，也都受同方向断裂构造的控制。区内地形地貌的成因类型和形态特征如图 2-4 所示。

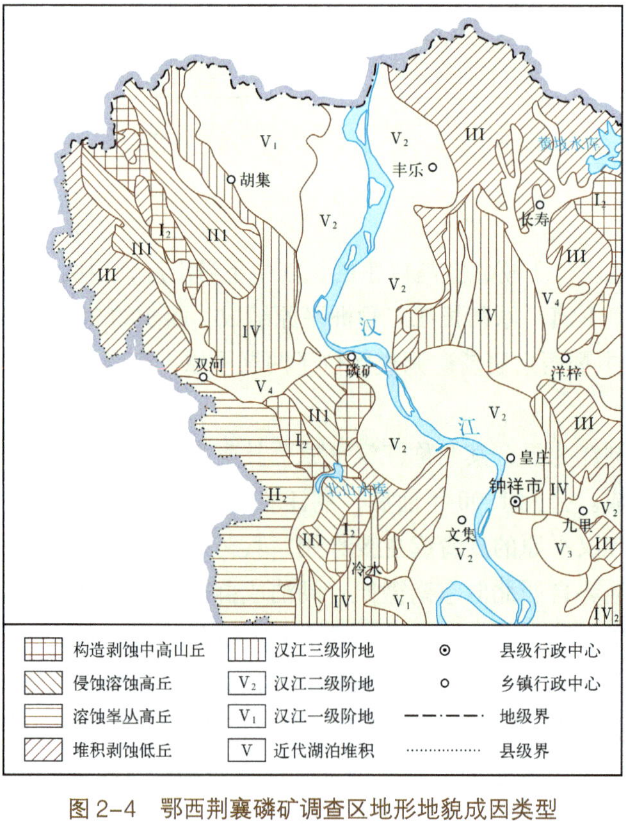

图 2-4　鄂西荆襄磷矿调查区地形地貌成因类型

2.1.2.2 安徽铜陵硫铁矿调查区

（1）地形

由于内力作用，安徽铜陵硫铁矿调查区以断块或轻度抬升与坳陷作用为主，外力作用抬升区以侵蚀、剥蚀和溶蚀作用占主导地位，影响并导致区域形成了低山、丘陵、台地和平原的地貌组合。

境内东南部低山、丘陵纵横交错，呈北东向分布。海拔为 300～500 m，多褶皱形山、丘，少数为断层山，一般坡度都为 25°～30°，山体比较完整，山势由西南向东北逐渐下降。东北部丘陵、岗地起伏，大多呈北东向分布，丘陵的组成物质与南部丘陵相似。西南部地面切割比较破碎，发育了一系列冲、坳谷地。其中以董店—朱村河谷平原最为宽广，海拔为 100～350 m，仅铜官山、棋盘石等兀立丘陵、岗地之上的低山，海拔超过 450 m。地面平均坡度比南部小，仅为 15°～20°，仅断层作用所形成的丘陵显得陡峻。中西部平原，地势低下平坦，由长江及其支流的冲积作用发育而成。

（2）地貌

区内属沿江丘陵平原，根据地貌形态，结合海拔高度将区内划分为河谷平原、丘陵及岗地 3 个地貌类型，主要由河漫滩、山前斜地、低阶地、低丘、高丘等微地貌组成。

1）河谷平原

①河漫滩。河漫滩海拔为 8～10 m，呈狭长状分布在铜陵市、繁昌区荻港镇一带，由长江携带的泥沙在岸边堆积而成。高程从上而下逐渐降低，地面坡降小于 1/5 000，最宽处可达 4 km，最窄处仅数百米，地形平坦，水系发育，组成岩性主要为第四系全新统芜湖组（Q_4w）的亚黏土、淤泥质亚黏土、粉细砂、中粗砂、砾卵石等。

②山前斜地。山前斜地广泛分布于低丘的周边，地形微起伏，前缘以 2.0～4.0 m 陡坎与河漫滩相接，标高 12.0～40.0 m，主要由第四系上更新统下蜀组（Q_3x）的亚黏土、含亚黏土砾石组成，冲沟发育。

③低阶地。低阶地主要分布在铜陵市中心至扫把沟一带，海拔仅为 15 m。

2）丘陵

①低丘。低丘分布于铜陵市义安区及繁昌区新港镇和荻港镇一带，标高 40.0～200.0 m，丘顶浑圆，脊线多呈北东向展布。丘坡平缓，坡度 15°～25°。组成岩性为三叠系（T）—白垩系（K）的粉砂岩、砂岩、砂砾岩、硅质页岩、灰岩、白云质灰岩、流纹岩、凝灰岩及白垩纪石英闪长玢岩等，其中灰岩分布区溶沟、溶槽、石芽等岩溶地貌较发育。

②高丘。高丘分布于芜湖市峨桥镇的浮山、繁昌区北部及南部一带，标高 200.0～431.6 m，地形起伏较大，丘顶浑圆，丘坡较缓，坡度 20°～35°，组成岩性为

白垩纪花岗岩（γK）等。

③低山。低山分布于芜湖市南陵县西北部、繁昌区南部及铜陵市义安区东北部一带，标高 200.0～600.0 m，地形起伏较大，丘顶浑圆，丘坡较缓，坡度 20°～35°，主要山体有铜官山、棋盘石、小孙山、五华山等。

3）岗地

①砂砾石岗地。砂砾石岗地主要分布在铜陵市东北郊，海拔为 50～60 m。

②黄土岗地。黄土岗地主要分布在铜陵市北部的城郊，海拔为 30～40 m。

2.1.3 气象水文

长江中下游地区气候大部分属北亚热带，小部分属中亚热带北缘。年均气温为 14～18℃，最冷月均气温为 0～5.5℃，绝对最低气温为 -20～-10℃，最热月均气温为 27～28℃，无霜期 210～270 d。农业一年两熟或三熟，年降水量为 1 000～1 400 mm，集中于春、夏两季。地带性土壤仅见于低丘缓坡，主要是黄棕壤或黄褐土。

鄂西荆襄磷矿调查区及安徽铜陵硫铁矿调查区均处于长江中下游地区，纬度相差不大，但受地形地貌及周围自然环境影响，局部气候条件还是具有一定的差异性。

2.1.3.1 鄂西荆襄磷矿调查区

（1）气象

鄂西荆襄磷矿调查区雨量充沛，光照充足，无霜期长，四季分明，具有春季温湿、夏季炎热、秋季干凉、冬季寒冷的特点。年平均气温为 19℃，最高气温为 39.7℃，最低气温为 -15.3℃。年平均降水量为 942 mm，降水主要集中在每年的 4—10 月，占全年降水量的 75%～91%（图 2-5）。年平均相对湿度为 77%。年平均蒸发量为 1 551.3 mm。日照天数为全年的 45%～50%。霜期一般始于 11 月中旬前后，止于次年 3 月中旬。

（2）水文

区域地表水主要为汉江，又称汉水。它是区内最大河流，长江最大支流。汉江自丹江水库坝下陈家港进入襄阳市域，流经老河口市、谷城县、襄州区，至王集联合小冲口入宜城市境内，于璞河镇岛口村东流入钟祥市境内。主河汇纳蛮河、莺河等大小支流 10 余条。流域面积超过 2 000 km^2，流程约 150 km。丰水期和枯水期流量悬殊（丰水期流量可达 2 000 m^2/s，枯水期最小流量仅为 200 m^2/s），汛期汉江水位常常高出地面数米。区内地表水系较为发育，分布有峡卡河、北山水库等水库，此外分布有大小塘堰等。这些大大小小的水系最终都排入汉江。

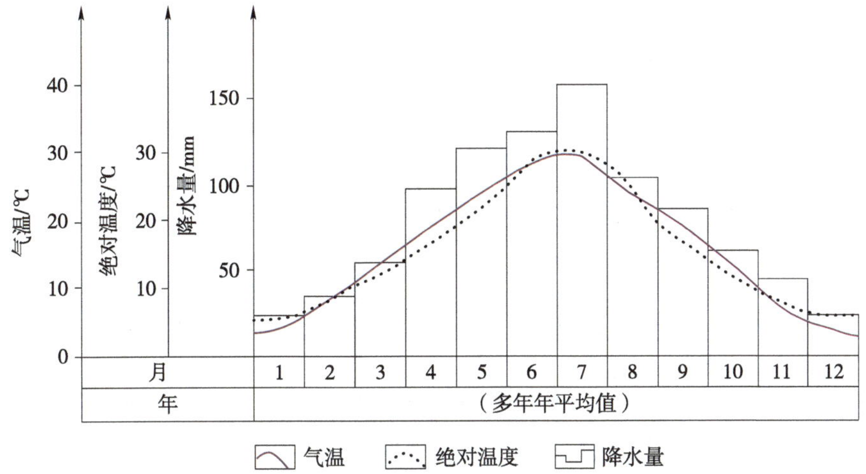

图 2-5 鄂西荆襄磷矿调查区气象要素统计

2.1.3.2 安徽铜陵硫铁矿调查区

（1）气象

安徽铜陵硫铁矿调查区位于北亚热带温润季风气候区南缘。全年气候温和，四季分明，冬夏长、春秋短，雨量适中，无霜期较长，湿度大，光照充足。因受季风影响，降水年际变化较大，季节分配不均，酿成局部旱涝。

1）温度、湿度

根据铜陵地区气象资料：区内年平均无霜期较长，年平均气温为 16.2℃，年极端最高气温为 41.2℃（2019 年 8 月 2 日，繁昌），年极端最低气温为 -12.6℃（1990 年 2 月 1 日，繁昌）。夏季（7 月）平均气温为 31.6℃，冬季（1 月）平均气温为 0.46℃，年平均相对湿度 77%～80%，年平均潮湿系数 0.95，属湿气充足至适中带。

2）降水量、蒸发量

多年平均降水量为 1 375.9 mm，年最大累计降水量为 2 174 mm（1983 年，铜陵），年最小累计降水量为 788.5 mm（1978 年，铜陵），累年月最长连续降水日数 16 d（1993 年 4 月，繁昌），累年月最多降水量为 926.9 mm（1999 年 6 月，铜陵），累年月最少降水量为 0 mm（2009 年 11 月，繁昌及铜陵；2009 年 12 月，铜陵、繁昌及南陵），多年平均相对湿度 76%。区内全年降水各月分配不均，多年变化具明显的周期性，每隔 6～8 年出现一次丰水年。3—8 月为丰水期，降水量占全年降水量的 70%，9—12 月及翌年 1—2 月为枯水期（图 2-6）。年平均蒸发量为 1 359.8 mm，年最大蒸发量为 1 711.0 mm（1971 年，铜陵），年最小蒸发量为 1 253.5 mm（1977 年，铜陵）。

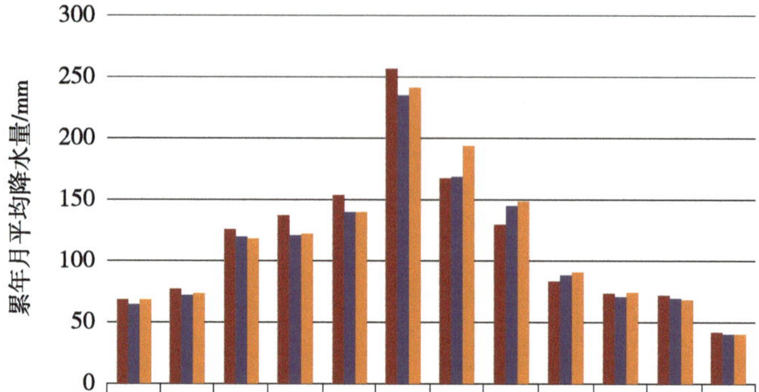

月份	1	2	3	4	5	6	7	8	9	10	11	12
铜陵市	68.7	77.4	126	138	154	258	168	130	83.2	74.3	72.9	42.6
繁昌区	65.5	72.9	121	121	141	236	169	146	89.2	70.8	70.4	40.7
南陵县	68.8	73.4	119	123	140	242	194	149	91.3	75.4	68.6	40.6

图 2-6　安徽铜陵硫铁矿调查区累年月平均降水量（1981—2010 年）

（2）水文

安徽铜陵硫铁矿调查区内河湖水网密布、沟塘纵横，顺安河、红星河、新桥河、黄浒河和峨溪河等分布于境内，天井湖等散布其间，地表水资源丰富（图 2-7）。区内主要河流水文特征如下：

长江（铜陵—繁昌段）：从本区西侧自南西向北东流去，1951—2012 年平均水位 8.88 m（大通水文站），最低水位 1.29 m（1961 年 2 月 3 日），最高水位 14.79 m（1954 年 8 月 1 日）。长江水位每年 4 月开始逐渐上涨，5—8 月进入汛期，12 月—次年 2 月进入枯水期，长江多年平均流量为 28 300 m^3/s，最大年平均流量为 43 100 m^3/s，最小年平均流量为 21 400 m^3/s，实测最大洪峰流量为 92 600 m^3/s（1954 年 8 月 1 日），最小流量为 4 620 m^3/s（1979 年 1 月 31 日）。

顺安河：位于长江南岸铜陵市义安区境内，发源于青阳县与铜陵市义安区交界天门山之北麓，自南向北于墩上注入长江，全长 30 km，流域面积 400 km^2。泄洪能力为 400 m^3/s。河道弯曲狭窄，河底宽 40 m，地势低，圩口多，水网紊乱。1971—1973 年结合治河，联圩、围垦、灭螺，另辟顺安新河，上起宁铜铁路顺安大桥，下接原顺安河，自北向东北方向，经山车村、张树闸至坝埂头入长江，长 14.6 km，上下河底宽均 100 m，河底高程由 8.69 m 降至 5.5 m，平均坡降 0.22‰。正常年径流量 5.76 亿 m^3，最丰水年达 10.43 亿 m^3，最枯水年仅 3.44 亿 m^3。

红星河：属顺安河支流。源于铜官山东麓，流经调查区东南部，全长 17.5 km，流域面积 47 km^2，全河道宽 3～20 m，水深 0.5～1.5 m。自南西向北东通过东湖闸流入顺安河。

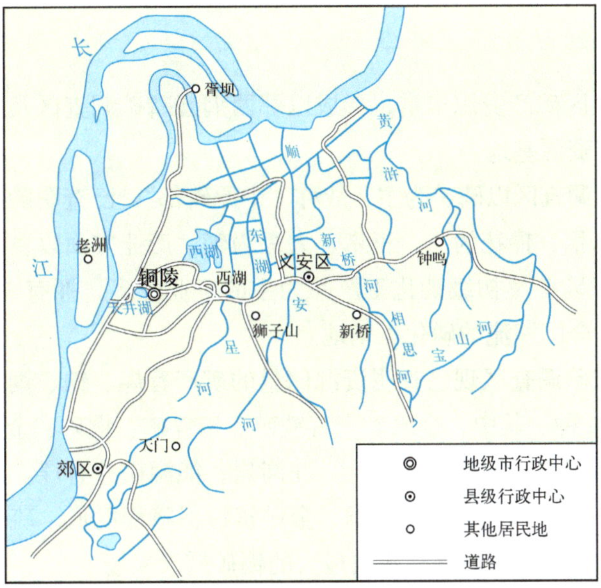

图 2-7　安徽铜陵硫铁矿调查区水系分布

新桥河：属顺安河支流。位于铜陵市顺安镇内，发源于南陵县境内的尖山，经铜陵市凤凰山、矶头山、湖城等地汇合于顺安河钱村处，全长 22.95 km，流域面积 99.8 km^2。

黄浒河：发源于南陵县韭菜崖和铜陵市水龙山，为繁昌区西南与铜陵市义安区毗邻界河，经孙村赤沙滩，沿孙村、荻港西注入长江，全长 46.5 km（境内流程约 27 km），流域面积 584 km^2，河宽 15～34 m，洪水深度 3.7～8.0 m，枯水深度 0～10 m，泄洪能力 300 m^3/s。

峨溪河：发源于芜湖市繁昌区范冲，流经南门桥（古称上峨桥）于峨桥（古称下峨桥）并入漳河，全长约 23 km，流域面积 160 km^2，河宽 5～60 m，深 4～6 m，最大泄洪量 290 m^3/s。

2.1.4　自然资源

长江中下游地区气候适宜，属于北亚热带、中亚热带的落叶阔叶林与常绿阔叶林混杂林地带，动植物资源丰富。但由于人为影响，原生天然植物大量减少，多为次生和人工林，如马尾松、银杏、水杉等，原生树种为榔榆、喜树、乌柏、刺槐等；主要花卉有月季、牡丹、菊花等。区内山地、丘陵、水面广阔，动物资源丰富，有食用动物、药用动物及珍稀动物，国家保护动物扬子鳄、中华鲟等均在境内生活。

2.1.5 矿产资源

长江中下游地区矿产资源丰富，形成以鄂西荆襄磷矿调查区及安徽铜陵硫铁矿调查区为代表的矿产资源基地。

鄂西荆襄磷矿调查区以磷矿为主，故称“中原磷都”，已查明磷矿储量为9.24亿t。调查区农作物以水稻、棉花为主，玉米、大豆为辅。产业方面以乡镇企业居多，磷矿采矿业较发达，以磷矿及初级磷化工产品为主的企业较多，拥有一大批矿肥、矿化、采选结合企业，是全国一流的磷化工基地。

安徽铜陵硫铁矿调查区现已查明资源储量的矿产有煤、铁、铜、金、银、硫铁矿和水泥用灰岩等26种。其中，金属矿产有铁矿、铅锌矿、铜矿、金矿、银矿；非金属矿产有石灰石、沸石、硫铁矿、膨润土、花岗岩；能源矿产有煤。区域内优势矿产有铜、金、硫铁矿、水泥用灰岩4种，铜、金矿资源保障程度低，硫铁矿、水泥用灰岩资源保障程度高，新桥硫铁矿拥有我国最大的铜矿露天采场。

2.2 社会经济概况

长江中下游地区农业发达，土地垦殖指数高，是重要的粮、棉、油生产基地。盛产稻米、小麦、棉花、油菜、桑蚕、苎麻、黄麻等。河汊纵横交错，湖荡星罗棋布，且多与长江相通，具有调节水量、削减洪峰的天然水库作用，产鱼、虾、蟹、莲、菱、苇，还有中华鲟、扬子鳄等世界珍品，水产在我国占重要地位，素称鱼米之乡。长江中游沿岸是我国经济最发达的地区之一，有武汉市、宜昌市、荆州市、南昌市、芜湖市、长沙市、岳阳市等城市。主要工业有钢铁、机械、电力、纺织和化工等，是重要的工业基地。

2.2.1 鄂西荆襄磷矿调查区

荆襄磷矿调查区所处的钟祥市是我国著名的历史文化名城、优秀旅游城市、世界文化遗产地，是楚文化的重要发祥地，拥有丰厚的历史文化积淀。全市辖郢中、胡集、冷水、客店等2个街道、15个乡镇及1个民族乡，总人口103.0万，农业人口71.4万，占69.3%。

近年来，钟祥市坚持以科学发展观为指导，立足本地资源优势和产业特色，实施开放先导、差异化发展战略，突出磷化工、农产品加工和旅游三大支柱产业建设，经济社会保持又好又快的发展势头。2016年，全市完成地区生产总值418.64亿元。其中，第一、第二、第三产业分别增长4.1%、8.5%、10.8%。三次产业结构由

2015 年的 15.6 : 56.2 : 28.2 调整为 15.2 : 55.4 : 29.4。第二产业中，工业增长 8.1%，其中规模以上工业增长 11.5%；建筑业增长 13.5%。第三产业中，交通运输及邮电通信业增长 3.9%，批发零售业增长 8.9%，住宿和餐饮业增长 10.3%，金融保险业增长 12.6%。全市社会经济综合实力连续 6 年进入湖北省十强县市之列，农业综合实力曾位居全国第五、湖北第一，小康建设一直名列全省前茅，蝉联第五届“省级文明城市”称号。

钟祥市胡集镇位于荆门市北部。207 国道、焦枝铁路与襄荆高速公路、汉江水道呈川字形纵贯南北。调查区矿藏资源丰富，品种较多，以磷矿为主，故称“中原磷都”。调查区农作物以水稻、棉花为主，玉米、大豆为辅。产业方面以乡镇企业居多，磷矿采矿业较发达，以磷矿及初级磷化工产品为主的企业较多。

胡集地区主体经济为工业，全镇工业企业有 114 家，其中规模以上的企业有 30 家，拥有一大批矿肥、矿化、采选结合企业，是全国一流的磷化工基地和全省十强乡镇。

磷化工企业在助推经济发展的同时，产生的污染问题也令人担忧，已被国家纳入重点防控区。整体来看，规模大的企业普遍管理规范，环保设施配套及运行相对较好，大量小微企业问题较多。

2.2.2 安徽铜陵硫铁矿调查区

安徽铜陵硫铁矿调查区所处的铜陵市位于安徽省东南部，是一座拥有悠久历史的古城；同时又是个现代化的工贸、港口城市。由于地理位置优越，该区域社会经济蓬勃发展，是长江经济带发展的中心。

2.2.2.1 产业结构特征

铜陵于 1956 年建市，现辖 3 个市辖区、1 个县（枞阳县、铜官区、义安区、郊区），总人口达 170 万。2017 年全市实现地区生产总值 1 150 亿元，战略性新兴产业产值增长 31%，固定资产投资 1 330 亿元，财政收入 167.8 亿元，城镇常住居民人均可支配收入 33 237 元，农村常住居民人均可支配收入 13 139 元。

铜陵是全省 4 个资源型城市之一，在矿产品原料保障、产业链辐射带动、就业安置和财政税收等方面发挥了重要作用。随着经济快速发展以及城镇化基础建设深入推进，对能源、冶金、有色、化工、建材等矿产品原料的需求持续上升，矿产资源的刚性需求持续旺盛。但受到矿产开发利用水平亟需提高和生态约束趋紧的问题影响，产业结构明显优化，矿山企业正进行技术革新，部分矿山因生产产能低下或破坏环境等问题关闭，被市场淘汰。铜陵市矿山总数大幅减少，矿产资源开发规模结构明显优化，大中型矿山数量占比增大，“多、小、散”的状况得到根本性改变。矿山企业的“三率”水平显著提高。绿色矿山建设步伐加快，全市 5 家矿山入选“国家级绿色矿山试点单位”。

根据《2017年芜湖市国民经济和社会发展统计公报》，2017年铜陵市地区生产总值1 163.9亿元。分产业看，第一产业增加值49.1亿元；第二产业增加值733.2亿元；第三产业增加值381.5亿元。三次产业结构由2016年的5.1∶59.5∶35.4调整为4.2∶63.0∶32.8(图2-8)。全员劳动生产率99 511元/人，比2016年增加18 763元/人。按常住人口计算，全年人均生产总值72 539元，比2016年增加12 579元。年固定资产投资1 341.3亿元。其中，工业技改投资535.4亿元；民间投资988.2亿元。

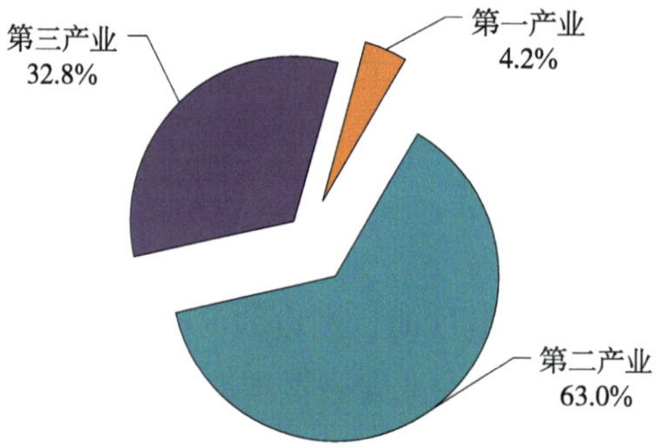

图2-8 安徽铜陵硫铁矿调查区产业结构对比

在第一产业中，全市农、林、牧、渔业总产值82.97亿元。其中，农业产值33.68亿元、林业产值6.95亿元、牧业产值16.77亿元、渔业产值22.03亿元、农林牧渔服务业产值3.54亿元。在第二产业中，全年全部工业增加值675.3亿元，其中规模以上工业相比2015年增加值增长8.9%。在规模以上工业中，分经济类型看，国有控股企业增长7.6%、股份制企业增长10.6%、外商及港澳台商投资企业增长0.1%。规模以上工业中，35个工业大类行业中有26个增加值保持增长。六大主导行业中，有色金属冶炼和压延加工业增加值增长2.7%、电气机械和器材制造业增加值增长34.8%、非金属矿物制品业增加值增长12.0%、化学原料及化学制品制造业增加值增长13.9%、电力生产和供应业增加值增长25.2%、黑色金属冶炼和压延加工业增加值增长36.0%。战略性新兴产业产值增长30.1%。全年规模以上工业企业实现主营业务收入3 363.3亿元，实现利润总额67.8亿元。全年全社会建筑业增加值61.5亿元。全年房屋建筑施工面积872.1万m^2、房屋竣工面积303.3万m^2。在第三产业中，国内贸易方面全年社会消费品零售总额343.3亿元。按经营地统计，城镇消费品零售额295.1亿元、乡村消费品零售额48.2亿元。对外经济方面全年进出口总额55.5亿美元。其中，出口5.7亿美元、进口49.7亿美元。全年实际利用外商直接投资2.7亿美元。实际到位亿元以上省外投资项目内资548亿元。

2.2.2.2 区域发展规划

为加快推进生态文明建设，推动形成人与自然和谐发展现代化建设新格局，健全国土空间用途管制制度、优化空间组织和结构布局、提高发展质量和资源利用效率、形成可持续发展的美丽国土空间，探索建立统一的空间规划体系，统一管控和高效利用空间资源，提升空间治理能力，促进经济社会全面、协调、可持续发展，铜陵市批准实施了《铜陵市城市总体规划（2016—2030 年）（2018 年修改）》。规划年限为 2016—2030 年。其中，近期为 2016—2020 年，远期为 2021—2030 年。规划范围分为市域和市区两个层次。

为落实安徽省生态保护红线管控要求，衔接铜陵市空间规划和铜陵市城市生态网络规划，依据《安徽省生态保护红线》，衔接《铜陵市生态网络规划》等，在保持原城市开发边界面积总量不变的基础上，对城市开发边界进行微调。主要调整地点为铜陵经开区北部、市示范园区和大铜官山周边。除此之外，铜陵市将增加永久性城市绿带规划。落实省委省政府《关于全面打造水清岸绿产业优美丽长江（安徽）经济带的实施意见》（皖发〔2018〕21 号）要求，衔接铜陵市空间规划和城市生态网络规划，划定永久性城市绿带，提出永久性城市绿带管控措施。永久性城市绿带规划布局钟仓河绿带、朱永路绿带、顺安河—红星河绿带、青山核心保护绿地、宁安高铁绿带、青通河绿带、京福高铁绿带、铜都森林公园叶山林场、沪渝高速公路绿带等，总用地面积约为 5 126.69 hm^2。

2.3 地质环境背景

2.3.1 区域地质概况

鄂西荆襄磷矿调查区在矿山地质环境分区上属于华南丘陵山地地质环境区（Ⅱ）和秦巴、西南中山高原地质环境区（Ⅴ）；安徽铜陵硫铁矿调查区地质环境分区主要属于华南丘陵山地地质环境区（Ⅱ）（表 2-1）。

表 2-1 长江中下游区域地质概况

序号	区域	地形地貌	地质构造	地层岩性	地层分区	地质环境分区	备注
1	鄂西荆襄磷矿调查区	地貌上属于我国地势第二阶梯向第三阶梯的过渡地带，西高东低。西部山区属云贵高原的一部分，其余包括鄂北岗地西部和江汉平原的西部边缘，地势起伏较大，地貌类型复杂	大地构造位置为扬子准地台中段北缘，包括农门山－大巴山台缘褶带及鄂中台断区两个Ⅱ级构造单位的大部分地区。北以青峰－襄广深断裂为界，与秦岭褶皱系相邻	区内地层发育齐全，出露地层有元古界神农架群、震旦系，古生界寒武系、奥陶系、志留系以及新生界第三系和第四系	扬子地层区、秦岭地层区	华南丘陵山地地质环境区（Ⅱ），秦巴、西南中山高原地质环境区（Ⅴ）	
2	安徽铜陵硫铁矿调查区	属长期剥蚀的低山丘陵，以及丘陵堆积和冲积形成的湖沼地，为长江中下游湖沼丘陵地区	区内的断裂构造十分发育，北东向断裂构造自西向东依次有长江断裂带、慈湖至芜湖断裂带、其林山至尖山断裂带及和尚桥至黄梅山断裂带、方山至小丹阳断裂带等	区内主要出露地层为火山岩系，主要由上侏罗统至下白垩统龙王山组和大王山组组成。基底为上三叠统黄马青组和下、中侏罗统象山群等碎屑岩建造。两者呈不整合接触	扬子地层区（滁州地层小区）	华南丘陵山地地质环境区（Ⅱ）	

（1）华南丘陵山地地质环境区（Ⅱ）

本区位于我国东南部，包括淮阳山地和长江中下游及其以南的广大区域。

本区以丘陵山地为主，一般海拔高度小于 500 m，年降水量普遍大于 1 000 mm。本区北部的长江中下游平原为第四纪松散沉积物分布区，西部以碳酸盐岩为主，东部为变质岩、碎屑岩和岩浆岩混合分布的地区。区内除个别断裂系活动强烈外，其他活动断裂平均位移速率每年小于 1 mm。

本区地质环境问题种类多，一般是在较为不利的地质条件下，由于不合理的人类活动造成的，比较突出的是地面沉降、岩土塌陷和地震。

（2）秦巴、西南中山高原地质环境区（Ⅴ）

本区位于我国中部山区，其范围是大秦岭以南，经武当山，以宜昌—新化—河池—大新一线为东界。

本区为湿润气候，以海拔 2 000 m 左右的山地和高原为主。大地构造上位于扬子地台西部和秦岭褶皱系的中东部。本区西侧为南北构造带的中南段，附近断裂活动强烈，平均位移速率 6～10 mm/a，地震活动强度大、频率高，是我国重要的强震活动区。其北侧主要为秦岭东西向构造带，在地质、地貌和地理方面，都是分隔我国南北方的重要界线。

本区碳酸盐岩分布广泛，其次是碎屑岩。

2.3.2 调查区地质环境背景

鄂西荆襄磷矿调查区与安徽铜陵硫铁矿调查区均位于长江中下游沿岸，但两者之间相距约 500 km，地质构造及地层成因均有一定的差异，现分别对两个调查区进行论述。

2.3.2.1 鄂西荆襄磷矿调查区区域地质背景

（1）大地构造环境

本区大地构造位置属扬子陆块区（Ⅰ级）北缘上扬子陆块（Ⅱ级）、上扬子陆块褶皱带（Ⅲ级）之乐乡关断隆（Ⅳ级）中部。其东侧为汉江地堑，西接南漳地堑。区域构造线呈北西—南东方向分布。

（2）地层岩性

本区区域地层属扬子地层区上扬子地层分区，地层发育较齐全，出露地层层序较完整，自东向西、由老到新依次分布震旦系上统陡山沱组、灯影组，下古生界寒武系、奥陶系、志留系，上古生界泥盆系、石炭系、二叠系以及中生界三叠系下统大冶群、白垩系，分布在地垒构造外缘汉江断陷构造域内，第四系则在全区广泛出露（表 2–2）。主要磷矿层位于震旦系含磷岩系；第三系由砾岩、砂砾岩、紫红色钙质粉砂岩组成；第四系分布广泛，主要分布在河流两岸，为山间河流冲积物及坡积砂质黏土等。

表 2–2 鄂西荆襄磷矿调查区区域地层

系	统	群、组	代号	厚度 /m	主要岩性
第四系	全新统	—	Q	3～39	残积层、坡积层、冲积层黏土、粉质黏土
第三系	上统	掇刀石组	N	—	灰色及乳白色块状泥灰岩，易风化，常夹黄褐色黏土，黏土中偶见砾石
	下统	走马岭组	E	—	砖红色薄层细砂岩及褐红色块状砾岩，砾岩多为白云岩碎块，大小不均一，具棱角
志留系	下统	龙马溪组	S_1	—	灰白、黄绿、紫红色砂质页岩，页理发育

续表

系	统	群、组	代号	厚度 /m	主要岩性
奥陶系	上统	五峰组、临湘组	O_3	15～44	上部黑色硅质页岩，致密坚硬，页理不发育；下部为黄灰色中层瘤状泥质石灰岩
	中统	宝塔组、庙坡组、牯牛潭组	O_2	35～56	上部灰及紫红色中厚层泥质龟裂纹灰岩，下部黄灰及肉红色泥质瘤状灰岩
	下统	大湾组	O_1^4	19～33	黄绿暗紫色页岩，页理发育，风化后呈碎片状
		红花园组、分乡组	O_1^{2+3}	57～122	上部为灰色中厚层粗晶灰岩，下部中厚层致密状白云岩
		南津关组	O_1^1	109～119	浅灰、灰白色中厚层细晶质白云岩
寒武系	上统	三游洞群	$\in_3$	100～172	燧石结核及黑色燧石条带白云岩夹薄层白云岩
	中统	覃家庙群	$\in_2$	118～220	上部白云质石灰岩夹厚度不大的凸镜状页岩，下部肾状白云岩
	下统	石龙洞组、天河板组	$\in_1^{3+4C}$	49～65	上部灰色肾状白云岩，中部为深灰色鲕状白云岩，下部为黄灰色薄—中层泥质豹皮状白云岩
		石牌组、水井沱组	$\in_3^{1+2}$	36～39	上部黄灰色泥质薄板状白云岩，中部深灰色厚层细晶质白云岩，边缘及层面生有氧化铁，呈褐色，底部黄灰色薄至中层鱼鳞状泥质白云岩
震旦系	上统	灯影组	Z_2dn^{2-3}	140～350	上含燧石条带白云岩，灰黑色，中至薄层状，乳白色—灰黑色燧石呈条带夹于白云岩中
			Z_2dn^{2-1+2}	220～273	上部为含燧石白云岩，灰—棕黑色，抗风化较强，底部见棕色磷皮；中部为花纹状白云岩、方解石、白云石，呈花纹状构造，层理不清；下部为白云岩，矿浅灰色，质坚硬，风化后呈白色粉状
			Z_2dn^{1-3}	3～8	假鲕状白云岩，灰白色，坚硬，鲕状结构，交错层理发育
			Z_2dn^{1-2}	22～51	下含燧石条带白云岩，浅灰色，致密状，层理不清，不易风化
			Z_2dn^{1-1}	17～39	下白云岩，灰—浅灰色，坚硬，致密性脆，厚层状，层理不发育
		陡山沱组	Z_1d^{2-6}	14～45	白云质泥灰岩，灰色薄层状，质软易风化
			Z_1d^{2-5}	3～18	第四磷矿层，浅灰色，薄层状含磷结核白云质泥灰岩
			Z_1d^{2-4}	5～37	上含磷白云质泥灰岩，灰黑色中—薄层状风化，后具流失小孔并具黄白色斑点，底部含磷硅质小点

续表

系	统	群、组	代号	厚度 /m	主要岩性
震旦系	上统	陡山沱组	Z_1d^{2-3}	0～41	第三磷矿层，青灰色，薄—中层状，砂层状
			Z_1d^{2-2}	6～48	下含磷白云质泥灰岩，灰黑色薄层，风化后呈土状多孔，黄白色
			Z_1d^{2-1}	0～15	第二磷矿层，黑灰色，薄层状条带状互层状磷块岩
			Z_1d^{1-4}	1～45	下含磷白云岩，乳白色，致密状，底部风化呈土状
			Z_1d^{1-3}	0～48	第一磷矿层，底部为泥质，白云质条带状磷块岩，中部蠕虫状，上部致密状磷块岩
			Z_1d^{1-2}	0～70	含磷页岩，灰绿色，风化为褐黑色，页理发育，下部为含锰白云岩，风化后呈黏土
			Z_1d^{1-1}	0～20	底砾岩，泥质胶结分选性差，呈角砾岩
前震旦系	—	—	Ptk	—	上覆地层的沉积基底，主要为片麻花岗岩、绢云片岩、斜长片岩、角闪片岩、绿泥片岩等。其中片麻状花岗岩由微斜长石、石英及少量绿泥石、高岭石、磁铁矿、赤铁矿、黑云母等组成，岩石受应力影响呈定向排列，偶见石英脉穿插其中

1）第四系（Q）

调查区及其附近地表均分布为第四系上更新统冲洪积层（Q_{3al+pl}），岩性主要为黄色、褐红色含铁锰质结核黏土，厚 0.3～12.4 m，其底部为灰白、灰黑色，河床相含泥砂卵砾石层，具分选性，磨圆度较好，一般为浑圆状，次棱角状，砾径 3～6 cm，大者可达 15 cm，砾石以石英岩、硅质岩为主，见少量灰岩。

2）上第三系（N）

上第三系主要分布于调查区南部，出露地层为掇刀石组，岩性以乳白色泥灰岩为主，泥灰岩不显层理，风化后呈蜂窝状或结核状，泥灰岩表面见溶蚀现象，溶蚀裂隙呈近东西向延伸。

3）下第三系 - 白垩系（E-K）

下第三系 - 白垩系主要分布于调查区南部，地表偶有出露，岩性为紫红色砂岩，薄—中厚层理，倾角 10°～25°。

4）震旦系（Z）

震旦系上统灯影组（Z_2dn）主要分布于调查区内及其以北外围地带，地表偶有出露，岩性为灰白色硅质条带白云岩、白云岩，薄—中厚层状，夹灰岩透镜体，厚度大于 200 m，本区该层岩溶发育。

（3）地质构造

调查区属新华夏系构造体系第二沉降带汉江盆地北部边缘与淮阳山字形构造前翼中段的重叠部位（图 2-9），区内构造以北北西向为主，其中胡集—石牌断裂和汉江东断裂贯穿全市。胡集—石牌断裂为一隐伏的区域性断裂，走向北北西，倾向南西西，倾角较陡，以张扭性为主，具有导水性。胡集—石牌断裂和汉江东断裂控制了本区的构造形迹及地层分布，其他次生断裂均与之方向一致。区内北北西向构造均表现有不同程度的活动性，新构造运动较为强烈，处于鄂中断块差异区中的南漳—钟祥间歇性断块升降亚区地段，主要表现为差异性的沉陷。

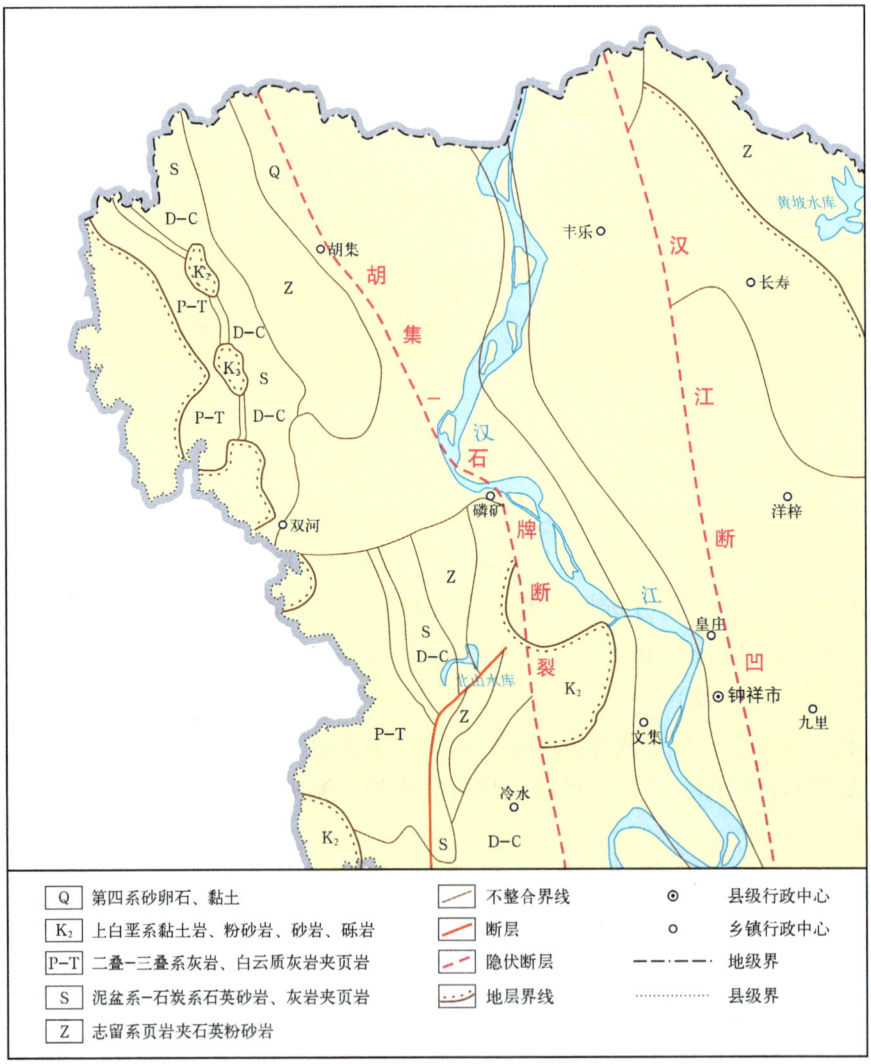

图 2-9　鄂西荆襄磷矿调查区区域地质构造

1）北西向构造

区内北西向构造主要为一组北 30°～70° 西强烈挤压的构造形迹，以北西向褶皱和相伴发育的同向冲断层为主，其次有北东的张性结构面和近东西向、近南北向的两组扭裂面。根据其构造形迹的发育历史、展布特征、控水规律等可分为汤林汤泉—东桥以北紧密褶皱带、东桥以南—石门疏缓褶皱带两部分。

2）北北西向构造

由一组走向北 15° 西左右的右行压扭性断裂、东乡关断凸和汉江断凹组成。

调查区域北北西向构造均表现有不同程度的活动性，新构造运动处于鄂中断块差异区中的南漳—钟祥间歇性断块升降亚区地段，主要表现为差异性的沉陷，新构造运动较为强烈。

区内地震频繁，据资料记载，历史上曾有 24 次地震，烈度Ⅵ～Ⅶ级的地震 3 次，Ⅲ级地震 6 次，大于Ⅱ级的地震共 18 次。钟祥一带的地震震源较浅，在 8～10 km。资料显示，区内地震活动不仅与北北西向断裂构造有关，还与这些断裂构造的晚近期活动有直接的联系。其地震的触发主要与近期活动的不均衡性和反复性有关，由地应力在局部地段的自行积累和释放造成。因此，钟祥一带不易发生极强烈的地震。

根据《建筑抗震设计规范（2016 年版）》（GB 50011—2010）和《中国地震动参数区划图》（GB 18306—2015），钟祥地面塌陷区域范围内抗震设防烈度为 6 度，设计基本加速度值为 0.05 g。

（4）水文地质

调查区中南部汉水河谷平原区，属江汉平原北部边缘地带，由于地壳升降运动的影响，堆积了较厚的第四纪沉积物，组成了汉水的阶地。从组成阶地的地质结构来看，上部有较厚的黏土、亚黏土隔水层，下部的砂、砂砾石层厚度较大，结构松散，且其顶部高程在部分地段或高于汉水河底高程、或高于汉水水位，既有利于地表水的补给，又有利于地下水的储存。

1）地下水类型

调查区地下水分为四大类：松散岩类孔隙水、碎屑岩类裂隙孔隙承压水、碳酸盐岩类岩溶水、基岩裂隙水。其赋存条件除与降水量和地表水系发育状况有关外，在很大程度上取决于岩性及其组合情况和构造发育程度。

2）地下水补径排条件

鄂西荆襄磷矿调查区地下水的补给来源主要是大气降水，其次是地表水。以团山观—腰子山南北向分水岭为界，沿走向分别向南、北两侧排泄。其流向与地表径流基本吻合。少部分横向断层的破坏及导水作用产生了向东西方向排泄的断层泉。此外，顺层面流动的地下水遇到砾岩、页岩及前震旦系变质岩系阻隔时，也常以泉水或沼泽形式溢出地表。调查区目前因矿区开采活动及气候条件影响，泉水基本已经干涸。

区域地下水流向大致为由北向南，受多种外界因素影响，局部地下水流向较复杂。

3）含水层与隔水层

调查区含水层（组）及隔水层的走向为北北西—南南东，倾向南西西，倾角由南到北为 22°～42°，属单斜构造。依其岩性、节理裂隙及岩溶的发育程度、胶结充填情况划分含水层（组）（表 2-3）。

志留系下统龙马溪组以页岩为主的隔水层：一般风化成为平缓的小丘。闭合状节理裂隙，遇水后膨胀，为良好的隔水层，厚度大于 267 m。

奥陶系上统五峰组、临湘组以硅质页岩为主的隔水层：上为硅质页岩，下为泥质灰岩，节理裂隙不发育，隔水性能良好。

奥陶系中统宝塔组以龟裂泥质灰岩为主的弱岩溶裂隙含水层：肉红色，中厚层状，节理裂隙不太发育，溶蚀现象少见。

奥陶系下统大湾组页岩隔水层：土黄色，节理裂隙不发育，为良好的隔水层，厚 16～54 m。

奥陶系下统以红花园组粗晶灰岩含分乡组黄色页岩和南津关组白云质灰岩为主的强岩溶裂隙含水层：一般溶洞沿北东、北西向二组节理裂隙较为发育，溶洞直径为 10～15 cm，富水性很不均一。

寒武系上统三游洞群以白云岩为主的强—中等岩溶裂隙含水层：由白云岩夹泥灰岩及燧石条带白云岩组成。一般垂直岩层走向的节理裂隙发育，直径为 0.5～10 cm 的溶洞零星分布，厚 100～172 m。

寒武系中统覃家庙群以白云质灰岩为主的强—中等岩溶裂隙含水层：灰黑色白云质灰岩的底部有一层肾状结构的白云质灰岩。一般 240°、285° 二组节理裂隙发育，裂隙宽 3～5 cm，溶洞沿此发育，其直径为 2～3 cm，厚 118～220 m。

寒武系下统石龙洞组白云质细晶灰岩弱—中等岩溶裂隙含水层：深灰色白云质细晶灰岩夹假鲕状灰岩 2～3 m，厚层状，层理不清。节理裂隙较发育，地表溶蚀较为普遍。

寒武系下统以泥质灰岩和页岩为主的隔水层：上部为天河板泥质灰岩，中部为水井沱石灰岩，下部为石牌页岩。除中部石灰岩有少量节理裂隙外，其他岩石节理裂隙不发育，溶蚀现象少见，为隔水层。

震旦系上统分上部灯影组及下部陡山沱组：在前震旦系变质岩系上部，与前震旦系变质岩系属于不整合接触。上、下部呈渐变关系，其底部有一层底砾岩。

表 2-3 鄂西荆襄磷矿调查区区域含（隔）水层组划分

系	统	群、组	代号	描述	厚度 /m	泉涌水量 /（l/s）	富水性
第四系	—	—	Q^{dl+el}	残、坡积层，分布于沟谷	0～20	—	孔隙水
			Q^{al}	冲积层，分布于蛮河、洲河两侧	＞15		弱—中等孔隙水
			Q^{al}	冲积层，分布于河流阶地	＞40		
第三系	上统	掇刀石组	Nd	泥灰岩，分布于南部	200		极弱裂隙孔隙水
	下统	走马岭组	E_2m	砾岩、砂砾岩、泥岩，分布于西部	303		弱裂隙水
志留系	下统	龙马溪组	S_1lm	页岩局部夹砂质页岩，分布于中段的中间	267～327		隔水层
奥陶系	上统	五峰组	O_3w	薄层硅质页岩，呈条状分布在区内中间	3～5		弱裂隙水
		临湘组	O_3l	瘤状泥质灰岩，呈条状分布在区内中间	10～39		
	中统	宝塔组	O_2b	龟裂泥质灰岩，分布在区内中间	13～18	0.03～0.5	弱裂隙水
		庙坡组	O_2m	页岩，呈条带状分布在区内中间	0～12	—	隔水层
		牯牛潭组	O_2g	瘤状泥质灰岩，呈条状分布在区内中间	16～22		
	下统	大湾组	O_1d	页岩，呈条带状分布在区内中间	16～54		
		红花园组	O_1h	粗晶灰岩，呈条带状分布在区内中间	57～112	0.22～22.9	强岩溶裂隙水
		分乡组	O_1f	薄—中厚层灰岩，呈条带状分布在区内中间			强岩溶裂隙水
		南津关组	O_1n	白云质灰岩，呈条带状分布在区内中间	109～119		
寒武系	上统	三游洞群	$\in_3$	中厚层白云岩夹薄层白云岩，呈条带状分布在中间	100～172	—	强—中等岩溶裂隙水
	中统	覃家庙群	$\in_2$	白云质灰岩夹泥灰岩，呈带状分布在区内中间	118～220		

续表

系	统	群、组	代号	描述	厚度 /m	泉涌水量 /（l/s）	富水性
寒武系	下统	石龙洞组	$\in_1^4$	白云质灰岩夹假鲕状灰岩，呈带状分布在本区中间	49～65	—	弱—中等岩溶裂隙水
		天河板组	$\in_1^3$	鱼鳞状泥质白云岩，呈带状分布在本区中间			隔水层
		石牌组、水井沱组	$\in_1^{1+2}$	鱼鳞状泥质白云岩、页岩，分布在本区中间	36～59		
震旦系	上统	灯影组	Z_2dn^2	灰、灰黑色燧石条带白云岩，灰白色中厚层状花纹状白云岩及白云岩矿，分布在本区西部	380～485		强—中等岩溶裂隙水
			Z_2dn^1	灰色假鲕状白云岩，灰、深灰黑色薄层状燧石条带白云岩及中厚层白云岩，分布在本区西部	16～100		
		陡山沱组	Z_1d^2	灰、灰黑色含磷薄层白云岩为主，中夹三层磷块岩，矿石以砂岩状磷块岩、互层状磷块岩为主，分布在本区西部	65～343		弱裂隙水
			Z_1d^1	上部为灰色厚层含磷白云岩，下部为含磷页岩、含锰白云岩及底砾岩，中夹磷矿层（Ph_1），矿石为致密状磷块岩、白云质条带状磷块岩、泥质条带状磷块岩	6～149		中等岩溶裂隙水
前震旦系	—	—	Pt_1k	花岗片麻岩、片麻状花岗岩、石英片岩、绿泥石片岩等变质岩	不详		隔水层

（5）工程地质

1）岩土层结构特征

在场地勘查深度范围内，根据勘查揭露的地层岩性、成因时代等特征，构成场地的地层主要有第四系的黏土夹砂卵砾石层（Q），奥陶系泥岩及泥质灰岩（O），寒武系泥质灰岩及白云岩（∈），震旦系的角砾状灰岩、灰岩、白云岩（Z）。

耕植土层：灰褐色，主要由粉质黏土夹碎石组成，可塑—硬塑，大孔隙结构，表层含植物根系，偶夹建筑垃圾，土质较疏松，见虫孔，厚 0.5～1.2 m。

粉质黏土层：黄褐色、褐红色含铁锰质结核粉质黏土，厚 0.3～12.4 m。

砂夹卵砾石层：灰白色、灰黑色，稍湿，中密—密实状，河床相含泥砂卵砾石层，细砂夹薄层粉砂及少量中粗砂，砾石含量 20%～80%，具分选性，磨圆度较好，一般为浑圆状，次棱角状，粒径 3～6 cm，大者可达 10 cm，砾石以石英岩、硅质岩为主，见少量灰岩，厚 8.0～43.5 m。

泥岩层：黄绿、灰绿色，强—中风化，泥质结构，风化裂隙较发育，裂隙面充填褐色黏土。手捏易碎，局部有砂感，遇水易软化，属极软岩，岩体破碎，岩体基本质量等级 V 级。

奥陶系泥岩及泥质灰岩：以泥质灰岩为主，发育多处岩溶、溶蚀等现象。岩石的抗压强度一般。

寒武系泥质灰岩及白云岩：岩性以泥质条带白云岩为主，局部夹有少量白云质灰岩、泥质灰岩。泥质条带一般厚 2～3 cm，见少量刀砍纹。薄—中厚层状，微粒—细晶结构。岩石的抗压强度高。

震旦系白云岩：该地层主要分布在调查区北东侧，出露较好，风化较弱，新鲜面呈深灰色，致密坚硬，厚层状结构，局部内夹燧石结核及条带，岩石的抗压强度高。

汉江两岸工程地质条件如图 2-10 所示。

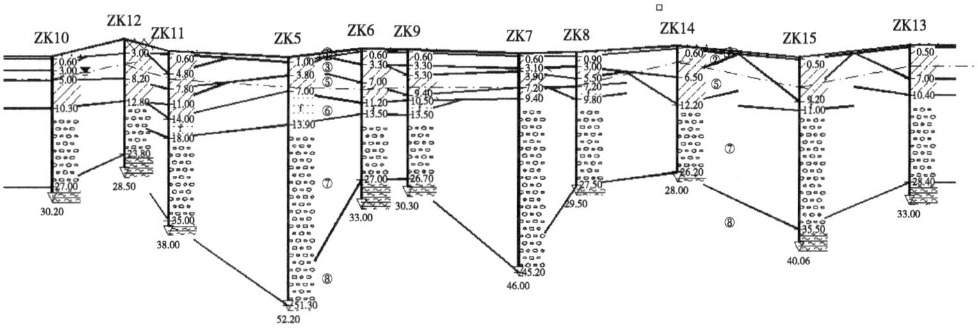

比例尺：水平1∶50 000、垂直1∶500

（a）汉江西岸工程地质剖面图

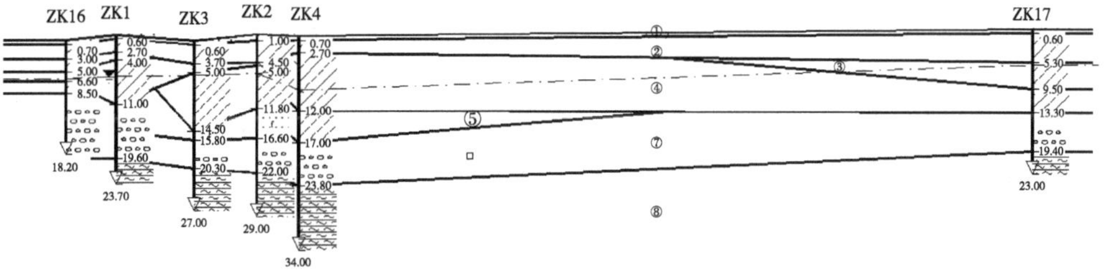

比例尺：水平1∶50 000、垂直1∶500

（b）汉江东岸工程地质剖面图

图 2-10　汉江两岸工程地质剖面

2）岩土工程地质分类

评价区岩土体按其岩性、结构、物理力学性质分为松散土类工程地质岩组（Ⅰ）、碎屑岩类工程地质岩组（Ⅱ）、碳酸岩类工程地质岩组（Ⅲ）3类。

①松散土类工程地质岩组（Ⅰ）

冲洪积层（Q_{4al+pl}），上部为粉质黏土、黏土，平均厚3 m；下部为砂土夹卵砾石，平均厚4 m，靠近汉江处厚达43 m。土层的物理力学性质变化较大，一般强度低，压缩性大，工程地质条件差。其中，粉质黏土主要呈黄褐色，软塑至硬塑，平均厚3 m，f_{ak}=260 kPa，E_s=14.0 MPa；砂土，以砂夹卵砾石为主，灰白色、浅灰色，中密—密实，稍湿，磨圆度较好，f_{ak}=380 kPa。

冲洪积层（Q_{3el+dl}），主要分布于山丘坡顶，粉质黏土、黏土，褐黄色，硬塑—坚硬，局部夹少量碎石，厚0.5～4 m，平均厚约15 m，f_{ak}=360 kPa，E_s=15.0 MPa。

②碎屑岩类工程地质岩组（Ⅱ）

主要出露于调查区西南部，岩性为泥质粉砂岩、砂岩、砾岩，棕红色，厚层状至巨厚层状，胶结较差，局部呈土状，裂隙中等发育，遇水后易软化，强度变低，为软质岩。岩土施工工程分级为Ⅳ，f_{ak}=500 kPa。

③碳酸岩类工程地质岩组（Ⅲ）

主要分布于调查区西部。岩性为灰岩、白云岩、白云质灰岩等。较坚硬，岩石天然单轴饱和抗压强度值为22～29 MPa，岩土施工工程分级为Ⅴ级，f_{ak}=1 200 kPa。

（6）环境地质

随着人类活动范围日益扩大和自然资源的开发利用，地质环境的演变越来越强烈。调查区近年来矿产资源开采强度和规模不断加大，引发的地质环境问题日益突出。除与海洋和冻土有关的问题外，其他各类地质环境问题众多，主要包括采空地面塌陷、地裂缝、滑坡、崩塌、区域地下水位下降、水土污染等。

2.3.2.2 安徽铜陵硫铁矿调查区区域地质背景

（1）地层岩性

调查区地层整体出露较全。地层区划属扬子地层区下扬子地层分区芜湖—安庆地层小区。出露最老地层为奥陶系。全区地层岩相以碳酸盐岩最为发育，累计厚度达1 500 m及以上，集中在下列两个地质时期：石炭纪至下二叠世，主要分布在铜官山背斜两翼，以灰岩、白云岩为主；中下三叠世，主要分布于金口岭向斜、陶家山向斜谷地及青山背斜石灰岩丘陵区，以灰岩为主，详见表2-4。

表 2-4 安徽铜陵硫铁矿调查区区域地层

界	系	统	组	代号	主要岩性
新生界	第四系	全新统	芜湖组	Q_4w	上部粉细砂、灰黄色砂砾，中部粉细砂，下部褐黄色亚黏土、亚砂土、粉细砂
		上更新统	下蜀组	Q_3x	亚黏土、细砂、粉细砂、砂砾
		中更新统	戚家矶组	Q_2q	亚黏土、砂砾石、砾石
		下更新统	马冲组	Q_1m	砂砾石夹粗砂
	古近系	古新统	痘姆组	E_1d	砂岩、砂砾岩夹砂岩
中生界	白垩系	上统	宣南组	K_2c	砾岩、砾质杂砂岩、杂砂岩互层
	侏罗系	上统	龙门院组	J_3l	粗安岩、凝灰岩
			广德组	J_3g	凝灰质砂岩、粉砂岩
			蝌蚪山组	J_3k	流纹岩、流纹质凝灰角砾岩、安山岩、安山质凝灰角砾岩、凝灰质粉砂岩、玄武岩、沉角砾凝灰岩、泥质粉砂岩
			赤沙组	J_3c	粗面质熔岩、熔角砾岩、集块熔岩、黑云母斜长粗面岩及粗面质熔角砾岩
			中分村组	J_3z	流纹质凝灰角砾岩、流纹质角砾熔岩、流纹质角砾凝灰岩、含砾凝灰质粉砂岩
		中下统	象山群	$J_{1-2}xn$	砂岩、粉砂质页岩
	三叠系	上统	范家塘组	T_3f	泥岩、页岩、砂岩
		中统	铜头尖组	T_2t	紫红色粉砂岩、页岩
			东马鞍山组	T_2d	白云质灰岩夹灰岩
			黄马青组	T_2h	钙质泥岩、粉砂质泥岩
			周冲村组	T_2z	角砾状灰岩、泥灰岩
			扁担山组	T_2b	灰、灰白色薄—中厚层灰岩
		下统	南陵湖组	T_1n	石灰岩、页岩
			和龙山组	T_1h	薄层石灰岩与条带状石灰岩互层
			殷坑组	T_1y	黄绿色、灰色页岩夹石灰岩
古生界	二叠系	上统	大隆组	P_2d	灰岩、页岩及硅质泥灰岩、页岩夹燧石层
			龙潭组	P_2l	长石石英砂岩
		下统	孤峰组	P_1g	硅质岩夹硅质页岩
			栖霞组	P_1q	燧石石灰岩、沥青质灰岩
	石炭系	上统	船山组	C_3c	石灰岩、球状石灰岩
		中统	黄龙组	C_2h	石灰岩、白云岩
		下统	高骊山组	C_1g	灰岩、页岩、泥质粉砂岩、泥灰岩
			金陵组	C_1j	灰岩、页岩、泥质粉砂岩、泥灰岩

续表

界	系	统	组	代号	主要岩性
古生界	泥盆系	上统	五通组	D_3w	石英砂岩
	志留系	上统	茅山组	S_3m	薄—中厚层长石石英砂岩夹页岩和粉砂质页岩
		中统	坟头组	S_2f	粉黄绿色页岩及细砂岩
		下统	高家边组	S_1g	泥质灰岩、粉砂质灰岩
	奥陶系	上统	五峰组	O_3w	硅质页岩、页岩、瘤状灰岩夹页岩，分布零星
			汤头组	O_3t	硅质页岩、页岩、瘤状灰岩夹页岩，分布零星
		中统	汤山组	O_2t	薄层灰岩
		下统	大湾组	O_1d	灰岩、页岩、白云质灰岩、泥灰岩等

注：地层划分参考《宣城幅 H-50-11 综合水文地质图 1：20 万》和《铜陵幅 H-50-11 综合水文地质图 1：20 万》。

全区石炭纪至下二叠世及中下三叠世地质时期的地层出露最多，以灰岩为主，其次是第四纪时期。其主要地层由老至新概述如下：

1）二叠系下统栖霞组（P_1q）。主要分布于铜官山背斜两翼、凤凰山向斜两翼、繁昌区西北部。下段为灰黑色中厚—巨厚层臭灰岩及含沥青质石灰岩；上段包括上、下硅质层及燧石石灰岩，主要为灰、深灰色、黑色中厚—厚层含燧石结核石灰岩，夹黑灰色炭泥质石灰岩和 1～2 层黑色燧石层及硅质层。层厚 219～256.8 m，与下伏地层为整合接触。

2）二叠系下统孤峰组（P_1g）。主要分布于铜官山背斜两翼、凤凰山向斜两翼、繁昌区西北部。下段为紫红、灰、灰黄色页岩、含锰页岩，局部含磷结核；上段为灰黑、黑色燧石层、硅质页岩，夹有灰色硅质石灰岩及页岩。层厚 49～83 m，与下伏地层为整合接触。

3）二叠系上统龙潭组（P_2l）。主要分布于铜官山背斜两翼、凤凰山向斜两翼、繁昌区西北部。下部为灰黑、灰褐色及黑色炭质页岩，夹灰黄褐色铁质结核的黏土页岩；中部为浅灰—浅灰黄褐色细—中粒长石砂岩、长石石英砂岩及石英砂岩、铁质细砂岩、粉砂岩和粉砂质页岩；上部为灰、灰黑色薄层炭质页岩、黏土页岩，夹粉砂岩及粉砂质页岩，夹煤层。层厚 33.23～71 m，与下伏地层为整合接触。

4）二叠系上统大隆组（P_2d）。主要分布于铜官山背斜两翼。下部以灰黑色硅质页岩、黑色燧石层为主，夹灰黑色泥质页岩、含燧石条带的硅质页岩和石灰岩透镜体；上部为灰黄色泥质页岩、泥质灰岩，夹灰黑色硅质页岩及黑色燧石层。层厚 36.91～52.0 m，与下伏地层为整合接触。

5）三叠系下统殷坑组（T_1y）。主要分布于铜官山背斜两翼。下部为浅青灰色薄层泥灰岩、浅黄褐色钙质页岩，夹中厚层石灰岩及透镜状石灰岩；上部为浅褐—黄褐色薄层—页片状钙质页岩，夹薄—中厚层石灰岩。层厚 131.94 m，与下伏地层为整合接触。

6）三叠系下统和龙山组（T_1h）。主要分布于铜官山背斜两翼及青山背斜核部、凤凰山向斜两翼、繁昌区西北部。下部为黄绿色钙质页岩、青灰色条带状石灰岩，夹中厚层石灰岩；中部为灰黄—灰黄绿色钙质页岩和青灰色条带状石灰岩互层，夹中厚层石灰岩、透镜状石灰岩及似砾状石灰岩；上部为灰—青灰色条带状石灰岩、薄层石灰岩及泥质石灰岩。层厚 160.83 m，与下伏地层为整合接触。

7）三叠系下统南陵湖组（T_1n）。主要分布于铜陵金口岭向斜核部、陶家山向斜两翼，区内分布广泛，面积大。岩性下段为淡灰—青灰色页片状、薄层状石灰岩，夹中厚层石灰岩；中部为淡灰—深灰色薄层、中厚层石灰岩，夹少量黄褐色钙质页岩；上部为淡灰—灰色页片状、薄层状石灰岩。层厚 119.11～257.0 m，与下伏地层为整合接触。

8）三叠系中统扁担山组（T_2b）。主要分布于铜陵东南部陶家山向斜核部、凤凰山向斜两翼、繁昌区西北部和东部。下部为灰、灰白色薄—中厚层白云岩和白云质灰岩，夹石灰岩；上部为灰色厚层白云质石灰岩和白云岩。层厚 192～215.8 m，与上伏中分村组不整合接触，与下伏地层为整合接触。

9）第四系（Q）。分布广泛，厚度变化较大，空间分布与地形地貌关系密切。

①下更新统马冲组（Q_1m）。本组在地表基本无出露，仅见于十里长山一带。该组下部顶板埋深 63 m 以下，最厚可达 50 m，为一套含泥砂砾卵石层，隐伏于新构造沉降洼地中；上部顶板埋深 52 m 以下，厚度 11～42 m，沉积物颗粒及厚度变化均较大。此层岩性主要为砂砾石夹粗砂。

②中更新统戚家矶组（Q_2q）。区内零星分布，在铜陵地区分布较多。主要分布于管坝—安墩、花园王—姚家冲、董冲—袁冲、钟鸣镇、孙村西部一带。其与上覆的上更新统棕黄色黏土界面附有铁锰薄膜，组成山麓斜坡地形。此层以冲洪积为主，岩性主要为亚黏土、砂砾石、砾石。

③上更新统下蜀组（Q_3x）。分布较广泛，主要分布于井湖村东侧、八房里—坤塘、马坝—新港一带。此层以残坡积和洪坡积为主，岩性主要为亚黏土、细砂、粉细砂、砂砾。

④全新统芜湖组（Q_4w）。分布广泛，主要分布于长江及其支流顺安河、黄浒河、峨溪河等河流的漫滩地段，以冲积、冲洪积为主，次为洪积、残坡积、湖积。该组厚度在不同地段差异显著，长江河漫滩区厚度较大，一般为 30～60 m；支流河漫滩厚度较薄，一般为 15～40 m。本组具多层性，岩性垂直变化明显，上部岩性主要为粉细砂、灰黄色砂砾，中部粉细砂，下部为褐黄色亚黏土、亚砂土、粉细砂。

（2）岩浆岩

调查区出露多处侵入岩体，单个岩体出露面积一般为 1～3 km^2，最小的不足

0.1 km²，最大的约 10 km²。岩体的产状主要为岩株、岩墙，其次为岩床和岩脉。地表出露的形态为不规则圆形或椭圆形，长轴方向主要为北东向（图 2-11）。

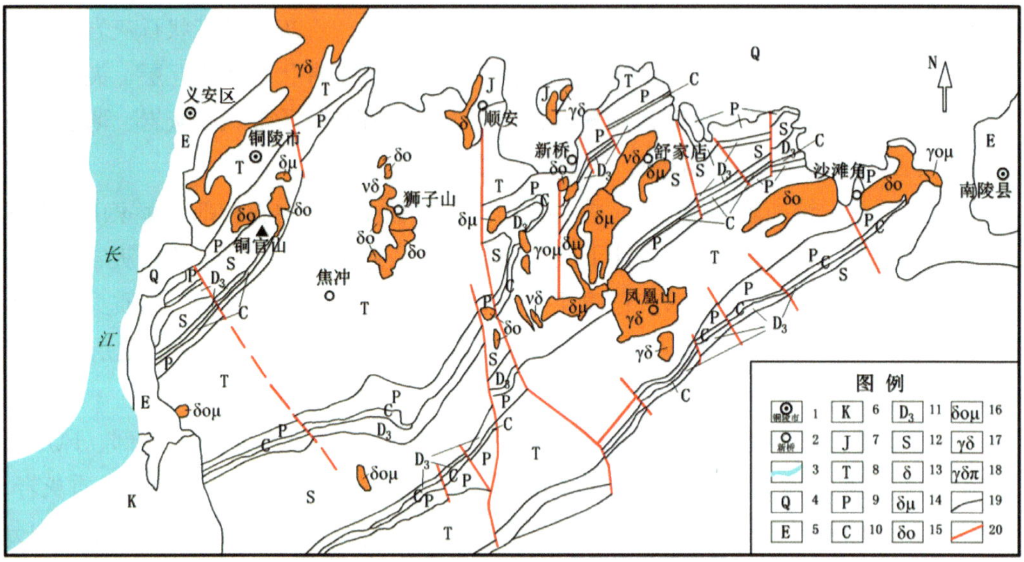

图 2-11　安徽铜陵硫铁矿调查区区域地质

1—市县名称及位置；2—镇名及位置；3—长江；4—第四系；5—古近系；6—白垩系；7—侏罗系；8—三叠系；9—二叠系；10—石炭系；11—泥盆系；12—志留系；13—闪长岩；14—闪长玢岩；15—石英闪长岩；16—石英闪长玢岩；17—花岗闪长岩；18—花岗闪长斑岩；19—地层界限；20—断裂

区内岩浆岩的成岩时代集中于晚侏罗世—白垩纪，是伴随燕山期多次构造运动的产物，岩浆岩主要种类有花岗闪长岩（γδK）、花岗斑岩（γπK）、花岗闪长斑岩（γομK）、花岗岩（γK）、石英闪长岩（δοK）、石英二长岩（ηοK）、石英闪长玢岩（δομK）、闪长玢岩（δμK）、闪长岩（δK）、正长斑岩（ξπK）、玄武安山岩（βαK、αβK）、霞石正长岩、石英斑岩（εοπK）、流纹岩（λK）。岩脉主要有流纹斑岩脉（λπ）、闪长玢岩脉（δμ）、正长斑岩脉（ξπ）。

调查区内岩浆岩主要分布在南部、中北部，属于侵入岩，其形成时期多属燕山期，产状以浅成相岩株、岩枝、岩脉为主，也有岩床产出。侵入岩有 3 个主要特征：岩体空间展布与区域构造吻合，一般侵入岩顺断裂侵入；岩体具明显的侵入接触关系及变质带，岩浆分异现象明显；内生金属矿产的形成与侵入岩关系密切。调查区出露面积较大的侵入岩有铜官山石英二长闪长岩体、金口岭花岗闪长岩体、天鹅抱蛋山石英二长闪长岩体、狮子山辉石闪长岩体及闪长岩体、高山花岗闪长岩体、汪家冲—大磕山一带花岗岩体等。

根据《中国铜陵中酸性侵入岩》，铜陵地区侵入岩划分为橄榄安粗岩系列和高钾钙碱系列。其中高钾钙碱系列侵入岩包括辉长闪长岩、石英二长闪长岩、花岗闪长岩，该系列侵入岩占全区的 80%。调查区大部分为该系列侵入岩。铜陵地区岩浆活动主要发生在 148～137 Ma 的 10 Ma 期间，峰期为 143～141 Ma。调查区岩浆侵入活动主要为燕山期，燕山期岩浆活动持续时间约 15 Ma（132～147 Ma）。岩浆活动时代主要在燕山晚期（J_3～K_1），而且同一岩性的岩浆出现多次侵位现象，岩浆活动方式是脉动式侵位。

（3）地质构造

调查区位于下扬子构造带中马鞍山—贵池隆褶带中部，南北分别以东西向隐伏断裂为界，东西分别以北东向断裂带与中—新生代盆地相邻。构造格局由多期不同方位、不同性质的构造变形相互复合，形成了复杂的构造体系（图 2-12）。

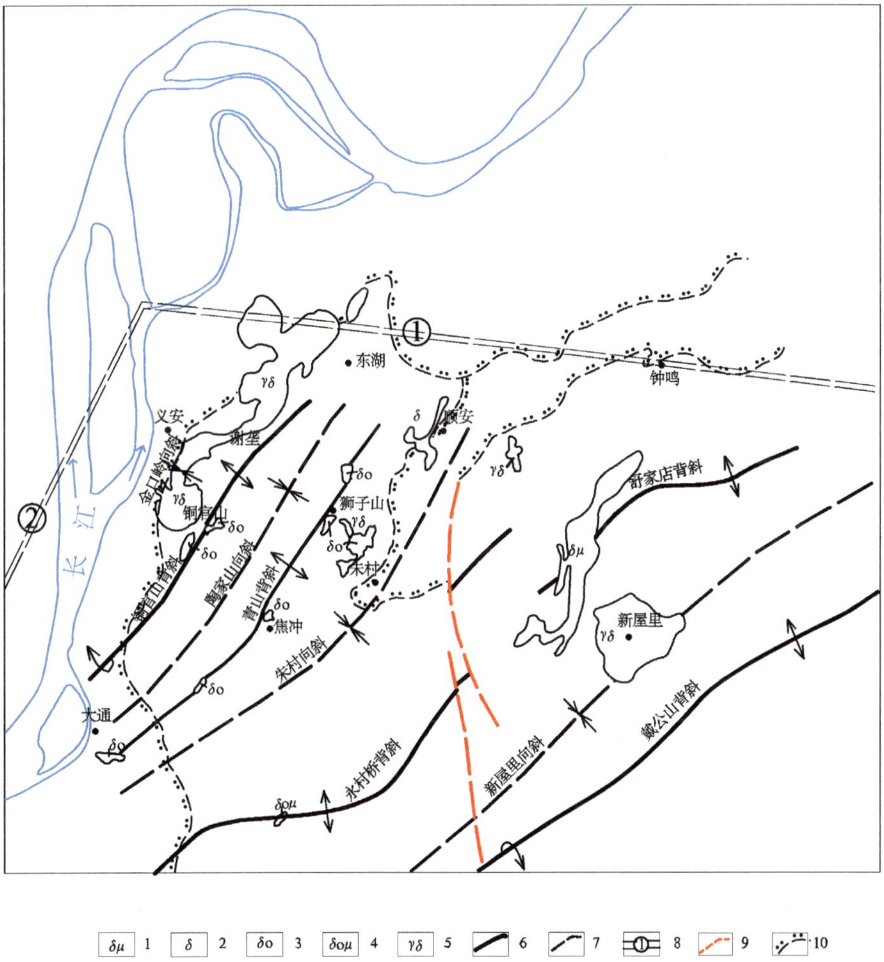

图 2-12　安徽铜陵硫铁矿调查区区域构造纲要

1—闪长玢岩脉；2—闪长岩；3—石英闪长岩；4—石英闪长玢岩；5—花岗闪长岩；6—背斜轴线；7—向斜轴线；8—基底断层及编号；9—断层；10—不整合界线

1）褶皱构造。由北东向背、向斜构成，自西向东分别为金口岭向斜、铜官山背斜、陶家山向斜、青山背斜等。主要褶皱特征见表 2-5。

表 2-5　主要褶皱特征

编号	褶皱名称		轴向 /（°）	长度 /km	宽度 /km	核部主要地层
1	金口岭向斜		35～45	11	2	T_1
2	铜官山背斜		42	18	4	S_{2+3}
3	大通顺安复向斜	陶家山向斜	35	14	5～10	T_1
4		青山背斜	30～40	23		T_1
5		朱村向斜	30～80	25		T_2
6	永村桥背斜		30～80	35	3～6	S_{1+2}
7	舒家店背斜					
8	新屋里向斜		45～60	31	4	T_2
9	戴公山背斜		50～60	20	1～2	S_1
10	中沟向斜		55	40	—	J_3k
11	峨桥背斜		53	42	—	T_1y
12	伏龙山向斜		35	15.7	—	J_3k

2）断裂构造。本区盖层断裂十分发育，主要有北东向、北西向、近南北向 3 组。北东向断裂以逆冲断裂为主，规模较大，与背向斜走向一致，位于背向斜两翼。北西向断裂，区内最为发育，以正断裂为主，横切背斜与向斜构造，使地层沿走向错断不连续；近南北向断裂，多具压扭性，规模一般较大（表 2-6）。

表 2-6　主要断裂

断（裂）层名称	长度 /km	断裂面产状 /（°）			断裂性质	依据
		走向	倾向	倾角		
铜官山—白鹤走向断裂	7.0	50	320	中等	逆冲断裂	地层缺失，见滑动挠曲，破碎角砾岩其间有矿体充填
梅家山—黄狮涝山走向断层	4.5	35	125	较陡	逆冲断裂	地层缺失，发育破碎带及牵引小褶皱
中徐—分水岭走向断裂	3.5	55	325	55～65	逆冲断裂	地层缺失或重复，见牵引小褶曲及次级断裂
仰天宕—大成山走向断裂	3.5	35	125	中等	逆冲断裂	地层缺失，发育断层角砾岩及破碎带
官屯冲—外郎坑走向断裂	6.0	40	310	65～70	正断裂	地层错开，见断层擦痕
凤家祥村—横塘走向断裂	2.7	50	140	60～80	逆冲断裂	地层重复，发育断层角砾岩

续表

断（裂）层名称	长度/km	断裂面产状/（°）			断裂性质	依据
		走向	倾向	倾角		
冲里王—周家村走向断裂	2.6	33	123	64～76	逆冲断裂	地层缺失或重复
猪家山南东走向断裂	2.5	40	130	60	逆冲断裂	地层缺失，见断层角砾岩
戴公山走向断裂	4.0	50	140	50	逆冲断裂	地层缺失，见断层角砾岩
丁山南东走向断裂	3.5	40	130	50～60	逆冲断裂	地层缺失，沿走向地层不连续
铜陵市区断裂带	＞4.0	310～325	NE	中等	正断裂	背斜轴水平位移，两侧产状不一，经浅震勘探，存在2～3条相互平行的小断裂
老庙基—尾砂坝断裂	2.2	320	50	81	正断裂	地层走向不连续，见断层角砾岩
金口岭—宝山断裂	1.6	320	230	较陡	性质不明	两侧地层界线错开，见角砾岩
螺蛳山—铜陵市北断裂	2.0	325	55	较陡	性质不明	两侧地层界线错开，见角砾岩
白鹤—董家店断裂	2.0	320	50	中等	正断裂	两侧地层界线错开，见角砾岩
青山—毛家湾断裂	2.5	302	—	—	性质不明	两侧地层界线错开，见角砾岩
安墩—曹冲断裂	2.6	330	—	—	性质不明	地层错开，见角砾岩
金塘—半山李断裂	9.0	近SN	E	中等	正断裂	切穿永村桥背斜轴，两侧地层沿走向不连续
查家嘴—湾池断裂	10.0	近SN 350	E-NE	中等—陡	逆冲断裂	切穿永村桥背斜轴，两侧地层不连续，见角砾岩
清水镇断裂	90	35	SE	40～60	性质不明	重磁交变带特征清楚
和睦山—峨桥北断层	34	30	—	—	性质不明	航磁异常，呈规则的串珠状排列

（4）水文地质条件

1）地下水赋存条件及分区。调查区的水文地质条件有以石灰岩丘陵为主，地层多样，构造复杂，降水充沛，孔隙水、溶洞裂隙潜水和承压水分布广泛的特点（图2-13）。依据地层岩性、地质构造、含水岩层岩性和地下水补径排规律，将调查区划分为3个水文地质区。

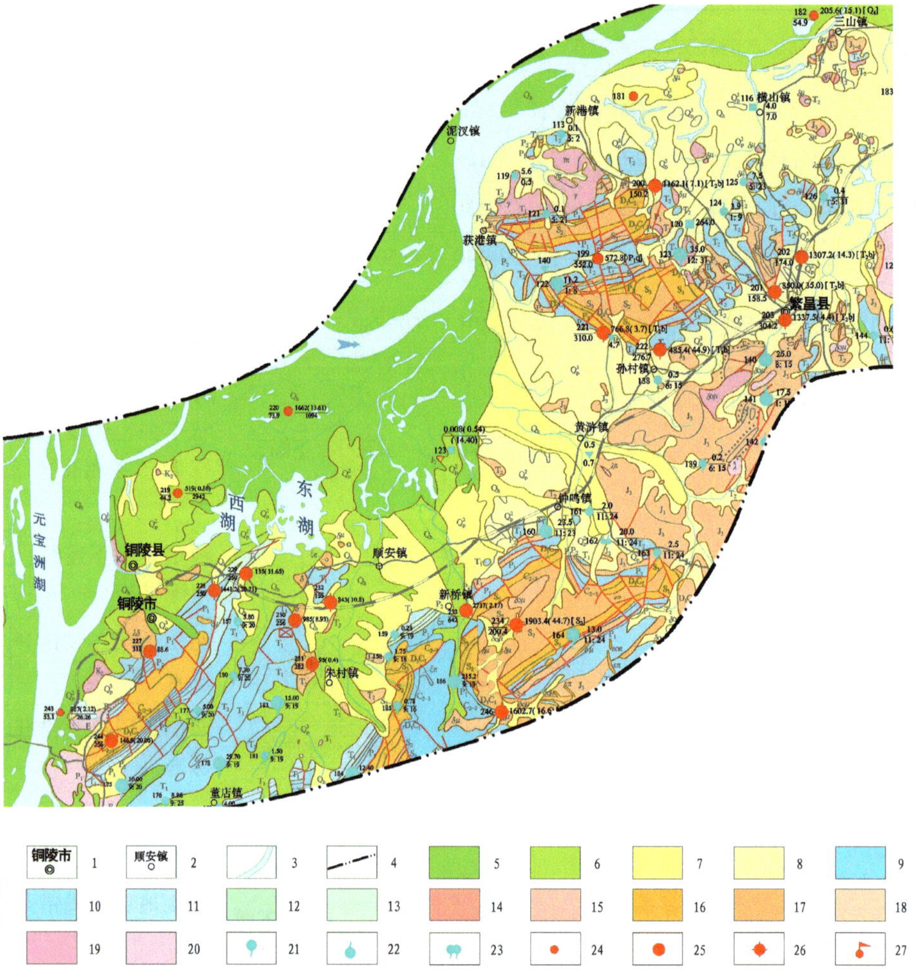

图 2-13 安徽铜陵硫铁矿调查区区域水文地质

1—地级市；2—乡镇；3—河流水系；4—成矿带边界；5—孔隙水（Q>1 000 m^3/d）；6—孔隙水（Q=100～1 000 m^3/d）；7—孔隙水（Q=10～100 m^3/d）；8—孔隙水（Q<10 m^3/d）；9—孔隙岩溶水（Q>1 000 m^3/d）；10—孔隙岩溶水（Q=100～1 000 m^3/d）；11—孔隙岩溶水（Q=10～100 m^3/d）；12—裂隙溶洞水（Q=100～1 000 m^3/d）；13—裂隙溶洞水（Q=10～100 m^3/d）；14—岩浆岩裂隙水（Q=10～100 m^3/d）；15—岩浆岩裂隙水（Q<10 m^3/d）；16—构造裂隙水（$Q_{泉}$=1～3 L/s）；17—构造裂隙水（$Q_{泉}$=0.1～1 L/s）；18—构造裂隙水（$Q_{泉}$≤0.1 L/s）；19—风化裂隙水（$Q_{泉}$=0.1～1 L/s）；20—风化裂隙水（$Q_{泉}$≤0.01 L/s）；21—下降泉；22—上升泉；23—泉群；24—地质孔；25—抽水孔；26—探采结合孔；27—观测井

①沿江冲积平原以孔隙水为主的水文地质区。长江沿岸平原区地表透水性强，降水入渗补给条件好，地下水位与降水量同步变化。长江沿岸地下水与江水关系密切，长观孔资料表明，丰水期江水略高于地下水位，江水补给地下水；平水期江水与地下水位基本持平或略高；枯水期地下水位略高于江水面，地下水补给江水。

②丘陵平原区以裂隙溶洞水为主的水文地质区。主要分布于调查区的中部，地貌以石灰岩丘陵为主，地表岩溶发育。大气降水是石灰岩丘陵区的主要补给来源。降雨沿地表溶隙、岩溶洼地、落水洞直接流入或灌入，在极短时间里迅速到达地下岩溶管道系统。其中一部分径流很短，沿山坡或山脚以下降泉排泄，泉流量变化大，大多数泉常年不干涸；另一部分径流路径较远，通过断裂、层面、接触带及裂隙溶洞向深部运移到各种形式的储水构造，埋藏较深。部分以上升泉或泉群出露地表，泉流量较稳定。

在矿山附近，因受采矿疏干排水影响，岩溶水的天然动态遭到破坏，形成了不同规模的地下水降落漏斗，地下水位出现了不同程度的下降。

③低山区以基岩裂隙水为主的水文地质区。主要分布于调查区东部及南部，地貌多为低山、高丘，地势高，大多组成山脊，构成地表分水岭。大气降水是山区基岩裂隙水的唯一补给来源。降雨沿基岩构造裂隙下渗，径流很短，大部分在溪沟处以下降泉排泄，泉流量随季节变化大，与降水量同步变化，但略有滞后。少部分沿断裂运移到深部裂隙储水构造中或侧向补给岩溶水、孔隙水。

2）地下水类型及特征。依据调查区地下水形成的自然条件、运移规律和赋存空间特征，将调查区地下水划分为松散岩类孔隙水、碳酸盐岩类岩溶水和基岩裂隙水 3 个类型：

①松散岩类孔隙水。区内松散岩类孔隙水分布广泛，主要是沿江冲积层孔隙水。该冲积层厚丘陵地带孔隙水单井水量 100 m^3/d 左右。山区坡麓地带残坡积、冲洪积层及中更新统棕红色黏土层，厚 5～20 m，含水贫乏，单井水量＜10 m^3/d。

②碳酸盐岩类岩溶水。区内岩溶水以三叠系南陵湖组及二叠系栖霞组分布最普遍，多沿向斜谷底及背斜两翼展布。裸露型、覆盖型、埋藏型均有，以覆盖型分布最广。

裸露型：表现为石灰岩残丘，以二叠系栖霞组为主。岩溶现象发育，常见暗河、大泉出露。

覆盖型：表现为向斜谷地，以三叠系南陵湖组为主，岩溶地层大面积被松散堆积物覆盖，覆盖层厚 10～20 m。局部地区存在相对较大的溶洞，其规模随深度增大而减小。岩溶水丰富，一般单井开采量可达 1 000 m^3/d，岩溶相对发育地段可达 2 000 m^3/d 以上。

埋藏型：表现为山前平原和褶皱山地，以二叠系栖霞组为主，多溶蚀裂隙，有较大的溶洞发育，地形位置有利时往往形成自流井。单井开采量一般可达 2 000 m^3/d 以上，但是含水层埋藏较深，一般达 200～300 m。

③基岩裂隙水。碎屑岩地层及岩浆岩体含水微弱，一般仅浅部含微弱风化裂隙水，部分导水富水破碎带单井开采量可达 500～1 000 m^3/d。

根据含水岩组岩性和富水程度的差异，又可将调查区地下水进一步划分为 6 个亚类和 8 个含水岩组（表 2-7）。

表 2-7　安徽铜陵硫铁矿调查区含水岩组划分

地下水		富水性划分		地层代号	含水层岩性	含水岩组分布区
类型	亚类	富水	划分指标（单井涌水量）/（m^3/d）			
松散岩类孔隙水（Ⅰ）		丰富	＞1 000	Q_4^{al}、Q_1^{al}	砂砾及中细砂	沿江冲积层
		中等	100～1 000	Q_1^{al}	含泥砂砾石层	顺安河、新桥河冲积层
		贫乏	10～100	Q_4^{al}、Q_4^{pl}	含泥砂砾石层	陶家山、朱村向斜谷底
		极贫乏	＜10	Q_2、Q_4^{el}	黏土、亚黏土夹碎石	山前坡麓地带
碳酸盐岩类溶水（Ⅱ）	碳酸盐岩类裂隙溶洞水（Ⅱ$_1$）	极丰富	＞2 000	P_1q、C_2h、C_3c	石灰岩	背斜两翼
		丰富	1 000～2 000	T_1n、T_2d	大理岩、角砾状大理岩	向斜翼部及核部
	碳酸盐岩夹碎屑岩裂隙岩溶水（Ⅱ$_2$）	中等	＜1 000	T_1y、T_1h	大理岩夹角岩	背斜翼部
基岩裂隙水（Ⅲ）	一般构造裂隙水（Ⅲ$_1$）	贫乏	＜100	S_2f、S_3m、D_3w、P_1g、P_2l、P_2d、T_2t、J、K_2c	砂岩、页岩、硅质岩、岩浆岩	背斜核部、翼部，向斜核部等
	风化带网状裂隙水（Ⅲ$_2$）					
	岩浆岩系裂隙水（Ⅲ$_3$）					

3）区域地下水补给、径流、排泄条件及动态变化规律。安徽铜陵硫铁矿调查区濒临长江南岸，水系发达，雨量充沛（年平均降水量 1 375.9 mm），地貌类型主要为低山丘陵，地势南高北低、东高西低，地质构造复杂，区域地下水的运动主要受气象水文、地形地貌和地质构造格架控制。

从全区看，地下水流向以此区域东北—西南走向的山脉分水岭为界，沿走向分别向两侧排泄。低山丘陵区既是基岩地下水的补给区，同时也是全区地下水的主要径流区之一。顺安河、黄浒河和峨溪河河谷平原的中上游则是第四系松散岩类地下水的主要补给区和径流区，而河谷平原下游及长江沿江平原位于新构造沉降区，地势低平，地下水壅高而浅埋藏，河流和湖沼密集，地下水运动迟缓，是全区地下水的排泄区。地下水最终排入长江。

①河谷平原松散岩类地下水补给、径流、排泄条件。顺安河、黄浒河和峨溪河河谷上游冲积层及其支谷上游地段的冲积层潜水，常年接受基岩地下水的侧向补给以及降水的强烈垂直入渗补给，向中下游堆积层发生径流和排泄；下游地段冲积层潜水接受降水及上游松散堆积物的地下径流补给，以地面蒸发排泄和以地下径流形式部分排入地表水系，部分继续流向下游松散堆积层径流而排泄，地下径流的总方向与河流斜交；下游河谷平原孔隙承压水和更新统堆积阶地孔隙承压水以接受降水缓慢入渗和上游冲积层的地下径流为主要补给源，以地面蒸发和地下径流流向下游冲积层为主要排泄方式，地下径流主方向近于平行河流。长江沿江平原冲积层潜水以接受降水的垂直入渗补给为主，接受地表水网的常年渗漏补给为次，通过地下径流补给与河流排泄为主，地表蒸发排泄为次，地下径流方向与河流近于垂直，同时又由于河流深切含水层而使其发生密切的水力联系，产生季节性互补作用。

②低山丘陵基岩地下水补给、径流、排泄条件。位于近期沉降带的基岩地下水和新构造上升运动隆起带靠近地形分水岭的地段接受降水的入渗补给，沿张开裂隙、构造破碎带和地表岩溶通道下渗到一定深度，受到局部阻隔，在到达潜水位前转入水平运动，形成上层滞水或暂时性相对孤立的不稳定地下径流，通过泉的形式排泄于沟谷两壁较高处，汇入地表溪流。

基岩裂隙潜水、碳酸盐岩裂隙溶洞潜水的地段在大气降水垂直入渗到达潜水面后，转入以水平运动为主的地下径流，经过短程径流后，一部分地下水以下降泉形式排入低山和丘陵沟谷的下部，汇入地表溪流；另一部分地下水继续以地下径流形式补于山（丘）前缘第四系松散层或其他上覆地层。

裂隙溶洞承压—自流水储水构造、埋藏型裂隙溶洞储水构造以及接触带富水构造的地段在接受降水补给，垂直入渗到达地下水面后，由于主要受构造断裂及岩溶通道等控制而继续向较深部运移，地下水运移到各种形式的储水构造中而大量积聚，排入第四系松散堆积层或以上升泉形式排泄汇入地表河溪。

长江沿江平原之下的基岩裂隙水，以接受上覆第四系冲积层的下渗补给为主，而通过复杂的构造裂隙和断裂系统，又排入第四系冲积层，其补、径、排情况相对复杂。

4）矿区水文地质条件。调查区内矿区较多且分布零散，矿产资源以浅、中埋藏为主，少数矿床规模较大，一般为中小型，矿体成群，形态复杂，受接触带、断裂带控制。每个矿区的水文地质条件各有特点。本区矿床水文地质类型多属岩溶充水矿床，矿床开采常受岩溶威胁。非金属矿床埋藏浅，以露采为主，水文地质条件简单。调查区内主要矿山的水文地质特征如表 2-8 所示。

表 2–8 安徽铜陵硫铁矿调查区主要矿山水文地质特征

矿山名称	采矿方式	含矿层位	顶底板岩性	充水水源	突水因素	水文地质条件
金口岭铜矿	井采	灰岩与岩体接触带	灰岩、花岗闪长岩	断裂脉状水、岩溶水	破碎带	中等
铜官山铜矿	露采 + 井采	黄龙船山灰岩	大理岩、二长花岗闪长岩	岩溶水、裂隙水、大气降水	破碎带、降水灌入溶隙	中等
冬瓜山铜矿	井采	大理岩与岩体接触带、灰岩	灰岩、闪长岩	岩溶水	破碎带裂隙	简单—中等
新桥硫铁矿	露采 + 井采	黄龙船山灰岩	灰岩、石英砂岩	地表水、大气降水、岩溶水	溶隙、降水灌入	中等偏复杂
凤凰山铜矿	井采	大理岩与岩体接触部位	大理岩、花岗闪长岩	大气降水、岩溶水	溶洞	中等
新华山铜矿	井采	大理岩与岩体接触部位	闪长岩、大理岩	岩溶水	接触带、溶洞	中等偏复杂
立新煤矿	井采	二叠系上统龙潭组上部页岩	页岩、硅质灰岩、砂质页岩、细砂岩	大气降水、老窿水、断裂脉状水、裂隙水	老窿、破碎带	简单
老虎头水泥灰岩矿	露采	南陵湖组上段灰岩	第四系黏土及砂砾、三叠系中统东马鞍山组白云岩	大气降水、岩溶水、裂隙水	溶隙、降水灌入	简单

（5）工程地质条件

1）岩体类型的工程地质特征。岩体共划分 3 个建造类型、6 个工程地质岩性综合体类型（表 2–9）。

表 2–9 各类型岩体岩石主要物理力学性质指标

岩体类型			密度 ρ/（g · cm）	抗压强度 R_c/MPa	内聚力 C/MPa	内摩檫角 ψ/（°）	纵波速度 V_p/（m/s）	泊松比 γ
建造类型	岩性综合体类型	地层代号						
岩浆岩建造	花岗闪长岩	$\gamma\delta$	2.47～2.76	69.3～256.9	10.8～32.2	23.8～58	3 000～6 000	0.25～0.10
碎屑石建造	坚硬砂岩、细砂岩	T_2y、D_3w、S_3m、S_2f	2.20～3.0	47～231.9	18.6～28.1	43～83	3 000～4 200	0.20～0.05
	较坚硬砂砾岩、砾岩	R、K_2x、T_2t	2.04～2.5	0.7～40			3 460	0.35
	硅质页岩、砂质页岩	P_3l、P_1g	2.0～2.7	20～40	6.9～30.4	33～58	1 800～5 250	0.25～0.16
碳酸盐石建造	灰岩、生物碎屑灰岩	P_1q、C_3c、C_2h、T_2d、T_1n	2.66	91.6	6.9～13.7	45～60	4 800～6 300	0.25～0.16
	条带状灰岩、泥质灰山石	T_1h、T_1y	2.5～2.75	33.1～145	6.4～24.5	40～59	3 000～6 800	0.36～0.16

①岩浆岩建造类型。坚硬块状闪长岩、花岗闪长岩综合体：狮子山岩体、凤凰山岩体、迪龙冲岩体出露面积较大，谢家垄岩体、金口岭岩体被第四系覆盖，其余均以脉状零星出露。主要为燕山期侵入的闪长岩、花岗闪长岩等，块状结构，新鲜岩石坚硬，工程地质性质良好。但岩体浅部风化强烈，强风化岩体一般为浅黄色，呈粉土及粉质黏土状，强风化带厚薄不均，一般 3～7 m。局部因囊状风化，厚度达 20 m 以上。

②碎屑岩建造类型。

A. 坚硬厚层状砂岩、细砂岩综合体：分布于铜官山、永村桥和舒家店背斜的核部。以志留系坟头—茅山组、泥盆系五通组为主，次为三叠系月山组上段，岩性主要为石英砂岩、石英细砂岩，一般为厚层状结构，局部为薄层状，新鲜岩体节理、裂隙发育，岩石坚硬，力学性质良好。但岩体表部 1～4 m 为强风化带，风化裂隙发育，结构松散，工程地质性质较差。

B. 较坚硬—软弱厚层砂砾岩、砾岩综合体：零星分布于长江右岸，铜官山背斜的南端和大通—顺安复向斜北东倾伏端，由第三系大通群、白垩系宣南组和三叠系铜头尖组组成，岩性为紫红色砂砾岩、砾岩、砾岩杂砂岩、泥质粉砂岩，厚层状结构，泥质、铁质胶结，强度相对较低，水浸泡后崩解量 100%，易风化，强—中等风化带厚 10～20 m。

C. 较坚硬—软弱薄层硅质页岩、砂质页岩综合体：一般在背斜两翼呈条带状分布，但在新庙和瑶山分布面积稍大，岩性以二叠系大隆组、龙潭组、孤峰组下段的硅质页岩、泥质页岩为主，薄层状结构，新鲜岩石较坚硬—软弱，岩体浅部风化强烈，强风化带一般厚 5～10 m，呈土状，遇水易软化。

③碳酸盐岩建造类型。

A. 坚硬厚层状强—中等岩溶化灰岩综合体：主要分布于铜官山、永村桥、舒家店背斜两翼和大通—顺安复向斜、新屋里复向斜。岩性包括三叠系东马鞍山组、南陵湖组、二叠系栖霞组、孤峰组上段和石炭系黄龙—船山组的灰岩、生物碎屑灰岩等，局部大理岩化，厚层状结构，少数为中厚—薄层状，岩溶发育，溶沟、石芽、溶蚀裂隙、岩溶洼地、落水洞、溶洞等普遍分布，局部发育暗河。新鲜岩石坚硬，但浅部岩体因溶蚀、风化作用强烈，节理、裂隙发育，稳定性差。

B. 坚硬薄层状弱岩溶化灰岩、白云岩综合体：呈条带状分布于背斜两翼，岩性为三叠系和龙山组、殷坑组条带状灰岩、泥质灰岩，少量钙质页岩，薄层状结构，岩溶形态零星分布，岩石坚硬，岩体表部 2～8 m 为强—中等风化，工程地质性质较差。

2）土体类型的工程地质特征。区内土体分布较广，沿江平原、支流河谷、山间谷地、山前坡麓地带普遍为土体覆盖。

①卵砾类土。

A. 稍密—中密碎石土（Q_4^{eld}）：零星分布于山前坡麓地带，一般厚 2～5 m，底部与基岩接触，为第四系全新统残坡积物。灰黄、黄色，碎石分选性差，大小不等，一般砾径 2～10 cm，棱角状，碎石间充填泥沙，含量一般 40% 左右，稍密—中密状，透水性强，受压沉降量较大，工程地质性质差。承载力标准值 150～200 kPa。

B. 中密—密实砂砾卵石土（Q_4^{al}）：分布于沿江平原和支流河谷地带，除在河谷上游直接出露外，一般为黏性土覆盖，沿江平原最厚达 14 m，为第四系全新统冲积物，灰黄色，呈浑圆状，具分选性，粒径一般 2～5 cm，砾卵石间充填中细砂，中密—密实，承载力标准值 300～600 kPa。

C. 密实泥砾土（Q_2^{dl+pl}）：广泛分布于丘陵地带，大部分为黏性土覆盖，冲沟有局部出露，厚 5～10 m，最厚 18 m，为第四系中更新统坡洪积物。灰黄色，砾石呈浑圆状，分选性差，粒径一般 1～2 cm，砂卵石间泥质含量较高，一般 30%，局部高达 60%，密实，承载力标准值 500～700 kPa，工程地质条件较好。需要指出的是，长江路以南、淮河路以东，建设路以西地带，该层见土洞，体积一般 0.5～3 m^3，钻孔见洞率达 13%。

②砂性土（Q_4^{al}）。分布于沿江平原，除长江心滩出露于地表外，其余均被黏性土和淤泥类土覆盖，埋深大于 15 m，为第四系全新统冲积物。灰—灰黄色粉砂，局部夹薄层细砂或含砾中砂，饱和，中密，承载力标准值 180 kPa。

③黏性土。

A. 高压缩性亚黏土（Q_4^{al}）：分布于沿江漫滩及长江支流谷地表部，厚 5～15 m，为第四系全新统冲积物，灰黄色，具杂色条纹及铁锰质斑点，稍湿—湿，可—软塑，承载力标准值 160 kPa。

B. 中压缩性亚黏土（Q_2^{dl+pl}）：分布于低丘表部，河谷平原局部地区也有分布，为第四系中更新统坡洪积物。一般厚 3～7 m，最厚达 17 m。褐黄、紫红色，含高岭土与铁锰质浸染条带，局部含砂砾量达 25%，稍湿，可—硬塑，承载力标准值 250 kPa。

C. 中压缩性黏土（Q_2^{dl+pl}）：该类土体分布范围较小，仅在谢家垄—西湖一带有所分布，最大厚 13 m，上覆中压缩性亚黏土，为第四系中更新统坡洪积物。棕黄、棕褐色，局部含砾，稍湿，可—硬塑，承载力标准值 220 kPa。

④特殊类土。

A. 淤泥类土（Q_4^{al}、Q_4^{l}）：分布于沿江漫滩和湖泊洼地。沿江漫滩一般下伏于高压缩性亚黏土之下，埋深 2～4 m，厚 5～25 m；湖泊洼地，一般分布于地表，厚 3～5 m，为第四系全新统冲积物、湖积物。深灰、灰黑色，潮湿—饱和，软—流塑，具高压缩性，承载力标准值 90 kPa。

B. 尾矿（Q^s）：铜官山矿初期沿黑沙河排放的尾矿，在主城区沿长江路一带，一般厚 4～5 m，最厚可达 10 m。灰、褐黄色粉砂，局部夹矿泥，饱和，松散，承载力标准值 100 kPa 左右。

（6）环境地质条件

1）地下水环境特征。调查区地下水环境除受中生代以来古气候、古环境及地质构造运动影响外，还受水文、水文地质条件以及气候条件控制。区内地下水具有空间分布不均，季节性变动大的特征，不同区域地下水的贮存介质，补给、径流、排泄条件，运移、动态特征以及水化学性质均有差异。

调查区内气候湿润，降雨丰富，所以溶滤作用是地下水化学成分形成的主导因素，但因构成地下水化学成分的水文地球化学环境不同，使得溶滤作用方式和强度不同，而形成不同的地下水类型及水化学特征。具体如下：

丘陵区：包括南部笔架山—乌木山、青山—狮子山一带，该区基岩裸露，岩性以二叠系、三叠系碳酸盐岩、碎屑岩为主，次为侵入岩。地势高，地下水径流通畅，水交替迅速，水质类型以 HCO_3-Ca 型为主，pH 为 7～8，为微硬水。在硫化矿床附近，地下水中硫酸根离子增多，出现了 SO_4-Ca・Na、SO_4・HCO_3-Ca 型水。

平原及支流河谷平原地区：包括沿江平原及区域内长江支流平原区，主要由全新统、中更新统的砂性土、黏性土组成，地势平坦，径流条件较好，水质类型主要为 HCO_3-Ca，其次为 HCO_3-Ca・Na、HCO_3-Ca・Mg 型，中性微硬水。

据地下水取样分析测试，除 Fe、SO_4^{2-} 外，重金属元素含量平均值均小于地下水Ⅲ类标准，As 和 Pb 有部分点超标，说明矿区地下水受重金属污染较少，但酸性水影响较大。详细分析评价见第 4 章。

2）土壤环境特征。调查区土壤质地以黏性土为主，根据铜陵市第二次土壤普查成果报告《铜陵土壤》，区内土壤类型以灰潮土、水稻土、红壤土为主，小部分为黄棕壤、沼泽土和石灰岩土。灰潮土、水稻土主要分布于河漫滩、冲沟（第四系全新统粉质黏土、粉细砂）；红壤土、黄棕壤主要分布在岗地（第四系更新统粉质黏土、黏土）；沼泽土主要分布在东西湖低洼湖荡（第四系全新统淤泥质粉质黏土、淤泥）；石灰岩土主要分布在低丘坡麓（第四系中更新统粉质黏土、粉质黏土夹碎石）。主要种植物为玉米、油菜、水稻以及各类蔬菜，部分地段种植苗木、花圃。

3 矿产资源开发利用现状

根据收集的资料和实际调查情况，长江经济带磷矿、硫铁矿、萤石、重晶石等化工矿产资源较为丰富，特别是磷矿和硫铁矿，资源储量均超出全国储量的 50%。

长江经济带磷矿优势比较突出，对保障我国农业与粮食安全具有重要意义。资料显示：2016 年长江经济带磷矿查明资源储量占全国储量的 86%，主要分布在湖北、湖南、四川、贵州和云南（图 3-1），已建成云南昆阳、贵州开阳、贵州瓮福、湖北荆襄、湖北宜昌、四川金河—清平六大磷矿生产基地。长江经济带各省磷矿数量合计为 321 个，按生产状态划分，生产矿山 167 个、闭坑矿山 117 个、在建矿山 337 个；按生产规模划分，大型矿山 43 个、中型矿山 109 个、小型矿山 169 个。

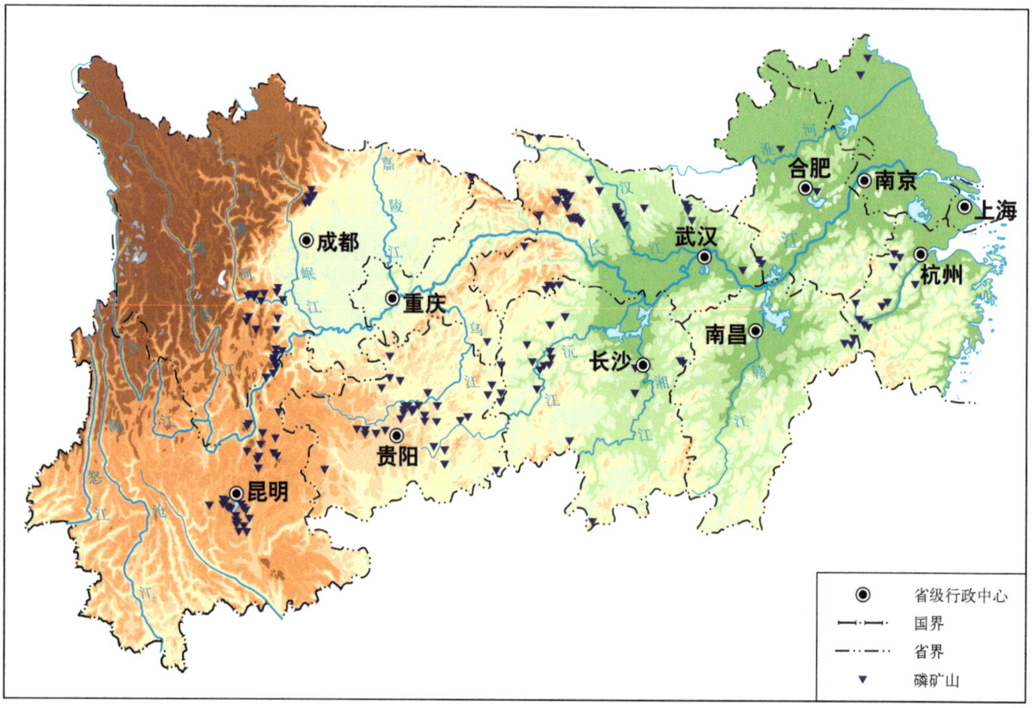

图 3-1　长江经济带磷矿山分布

长江经济带硫铁矿资源极其丰富，仅川南、滇北、黔西的六盘水地区煤系统硫铁矿资源储量就达到65亿t，远景储量400亿t以上，但主要以中低品位为主，平均品位15%～18%。资料显示，截至2016年，长江经济带硫铁矿数量各省合计为138个，主要分布在四川、贵州、安徽（图3-2），已形成四川、安徽（铜陵）两大硫铁矿生产基地。按生产状态划分，生产矿山13个、闭坑矿山107个、在建矿山18个；按生产规模划分，大型矿山6个、中型矿山10个、小型矿山122个。

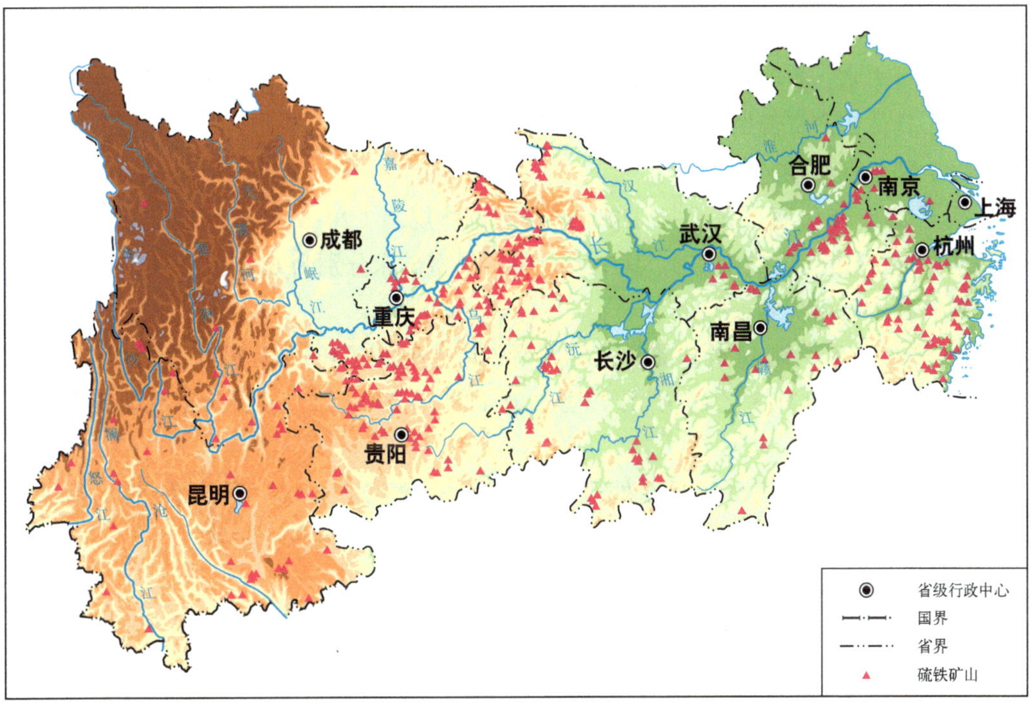

图3-2　长江经济带硫铁矿山分布

本次调查从上述大型磷矿和硫铁矿生产基地中选择了两个典型区作为调查区：鄂西荆襄磷矿调查区和安徽铜陵硫铁矿调查区。从两个调查区位置来看，鄂西荆襄磷矿调查区位于湖北钟祥市境内，呈北北西—南南东带状延伸，因此调查区矿产资源开发利用现状，主要针对钟祥地区展开叙述；安徽铜陵硫铁矿调查区范围包括铜陵大部分地区和繁昌县、南陵县部分地区，由于主要的大型矿山及绝大部分硫铁矿均在铜陵地区，因此调查区矿产资源开发利用现状，主要针对铜陵地区展开叙述。

3.1 矿产资源概况

3.1.1 矿产资源储量与分布

鄂西荆襄磷矿调查区与安徽铜陵硫铁矿调查区，在长江流域所处地理位置不同，矿产资源种类与优势矿种也不同：鄂西荆襄调查区矿产资源种类不多，查明有资源储量的矿产主要为非金属矿产，以磷矿为主，资源储量丰富；而安徽铜陵调查区矿产种类多、储量丰富，查明资源储量矿产有 26 种，优势矿产有铜、金、硫铁矿、水泥用灰岩 4 种。具体矿产资源情况下面分别叙述。

（1）鄂西荆襄磷矿调查区

截至 2015 年年底（据《荆门市矿产资源总体规划（2016—2020 年）》），钟祥市共发现矿产地 29 处（含共生矿），其中大、中、小型矿床分别为 6 处、12 处、11 处，主要为磷矿和水泥用灰岩。

1）磷矿。矿产地 14 处，累计查明资源 / 储量 9.69 亿 t，保有资源 / 储量 5.52 亿 t，其中保有基础储量 1.13 亿 t；矿山 13 家，矿石产量 290 万 t。主要分布在胡集和冷水镇等地。

2）水泥用灰岩。矿产地 7 处，累计查明资源储量 6 146 万 t，保有资源储量 5 491 万 t，其中基础储量 3 330 万 t。主要分布在胡集—双河—冷水镇。

（2）安徽铜陵硫铁矿调查区

截至 2016 年（据《铜陵市矿产资源总体规划（2016—2020 年）》），铜陵地区查明资源储量的矿产有煤、铁、铜、金、银、硫铁矿和水泥用灰岩等 26 种矿产；矿产地 164 处（不含共伴生矿床 169 处），其中大型 17 处、中型 19 处、小型以下 128 处。铜陵地区各矿种具体信息如下：

1）煤炭。产地 22 处，小型以下规模。资源储量 3 781.60 万 t，储量少、煤层薄、煤质差，为高硫、高灰分、低发热量煤，主要分布在碎石岭、西湖、天门、新桥等地区。

2）铁矿。矿产地 29 处及共伴生矿床 22 处，其中有中型矿床 5 处。资源储量 7 804.10 万 t，储量规模小、共伴生矿多，品位低。

3）铜矿。矿产地 44 处及共伴生矿床 14 处，其中有大中型矿产地（矿床）7 处。资源储量铜金属量 229.55 万 t，平均品位 1.03 g/t。

4）金矿。矿产地 16 处及共伴生矿床 39 处，其中有大中型矿产地（矿床）16 处，资源储量金金属量 172 t。岩金平均品位 5.26 g/t，伴生金平均品位 0.66 g/t。

5）银矿。矿产地 1 处及共伴生矿床 26 处，其中有大中型矿床 7 处，资源储量银金属量 3.58 万 t，平均品位 17.57 g/t。

6）铅锌矿。矿产地 6 处及共伴生矿床 25 处，小型以下规模，资源储量铅金属量 12.64 万 t、锌金属量 16.07 万 t，品位 1%～5.67%。

7）铜、金、银和铁主要分布在狮子山、铜官山、新桥、凤凰山等矿田，在新桥、钟鸣等地区分布有小型铁、铜、金、银、铅、锌矿。

8）其他金属矿产有锰、钴、钨、钼、镓、镉等，多为共伴生矿、储量规模小。

9）硫铁矿。矿产地 12 处及共生矿床 17 处，其中有大中型矿产地（矿床）14 处，资源储量 2.26 亿 t，主要分布在狮子山、新桥及铜官山、凤凰山等矿田。

10）水泥用灰岩。矿产地 13 处，其中有大中型矿产地 11 处，资源储量 21.26 亿 t，主要分布在天门镇、铜官山、长龙山等地。

11）水泥配料用砂岩（页岩、黏土）。矿产地 12 处，其中大中型矿产地 7 处，水泥配料用砂岩资源储量 6 909.40 万 t、水泥配料用页岩资源储量 16 152.70 万 t、水泥配料用黏土资源储量 2 050.00 万 t，主要分布在天门镇、大通镇等地。

12）其他非金属矿产有熔剂用灰岩、明矾石、砷、石膏、方解石、建筑石料用灰岩、膨润土等。

3.1.2 矿产资源基本特点

3.1.2.1 鄂西荆襄调查区的矿产资源的基本特点

矿产资源种类不多，以磷矿最为重要。矿产资源主要为磷矿和水泥用灰岩。磷矿资源丰富，该区所在的钟祥市是湖北省乃至全国典型的磷矿资源型大市，累计探明磷矿资源基础储量 9.88 亿 t，占全省的 31.9%，储量居全省第 3 位，总量占全国的 5.6%，是全国三大磷矿基地之一。但磷矿品位偏低，各磷层磷矿石品位偏低，一磷层（Ph_1）品位 23%～28.68%，三磷层（Ph_3）品位 16.23%～17.45%，二磷层（Ph_2）在大峪口—放马山矿段品位 16%～20%，富矿比例小，仅占矿石总量的 2.09%。

矿产资源分布广，区域特色明显。全区各乡镇均有矿产资源分布，其中磷矿保有资源储量的 98% 集中分布在胡集矿区红土山—王集矿段长 18 km，宽 2～6 km 北北西向延伸的狭长带中，并共生冶金、化工、建筑石料用白云岩；水泥用灰岩分布在胡集—双河—冷水镇，市域东部分布也很广。

规模总体偏小，大规模矿床相对集中。中小型矿床占矿产地总数的 79.31%，大型矿床多集中分布在胡集—冷水一带。

3.1.2.2 安徽铜陵调查区的矿产资源的基本特点

矿产种类多、储量丰富。查明资源储量矿产有 26 种，优势矿产有铜、金、硫铁矿、水泥用灰岩 4 种，储量分居全省第 1 位和第 2 位。铜金矿资源保障程度低，硫铁矿水泥用灰岩资源保障程度高。

矿产地分布集中。铜、金、银、铁等金属矿产及硫铁矿主要分布在铜官山、狮子山、新桥、凤凰山等矿田；石灰岩主要分布在铜陵天门镇、长龙山、繁昌县等地。

共伴生矿产多、贫矿多、富矿少。查明储量的共伴生矿产有铁、铜、铅、锌、钴、钨、钼、金、银、硫铁矿等 17 种矿产，有大中型共伴生矿床 39 处。共伴生金属矿产贫矿多、富矿少，采选条件复杂。

总体来看，鄂西荆襄地区资源种类少，优势矿种突出，资源分布广，区域特色明显；安徽铜陵地区资源丰富、种类多，矿产地分布集中，共伴生矿产多。

3.2 矿产资源开发利用现状

3.2.1 矿产资源开发利用现状

3.2.1.1 矿产开发利用基本情况

截至 2018 年年底，调查区开发利用的矿产有磷矿、硫铁矿、铜矿、金矿、水泥用灰岩等 17 种，矿山企业 152 家（表 3-1），其中：生产矿山 69 家、闭坑矿山 77 家、在建矿山 6 家。矿石产量 7 344.87 万 t、矿业产值 97.63 亿元、从业人数 20 973 人。各调查区具体情况如图 3-3 所示。

表 3-1 调查区矿产资源开发利用情况

矿种	矿山企业数量 / 家			
	合计	生产	在建	闭坑
硫铁矿	32	10	2	20
磷矿	12	9	0	3
铜矿	41	13	3	25
金矿	5	2	0	3
铅锌矿	1	0	0	1
铅矿	2	1	0	1
锌矿	1	1	0	0
水泥用石灰岩矿	18	13	0	5
水泥配料用红土	2	2	0	0
水泥配料用砂岩	1	1	0	0
建筑用砂岩	6	4	0	2

续表

矿种	矿山企业数量 / 家			
	合计	生产	在建	闭坑
建筑用石料	1	1	0	0
建筑石料用灰岩	8	0	0	8
石灰岩矿	10	4	1	5
膨润土矿	5	4	0	1
高岭土矿	3	1	0	2
沸石矿	1	1	0	0
角闪岩	1	0	0	1
玄武岩矿	1	1	0	0
砖瓦用砂岩矿	1	1	0	0
总计	152	69	6	77

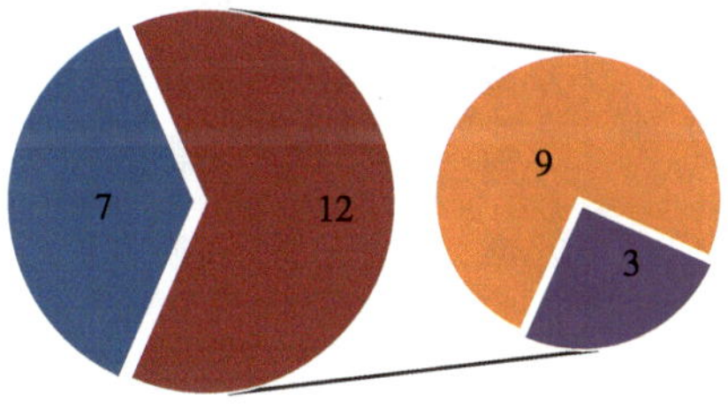

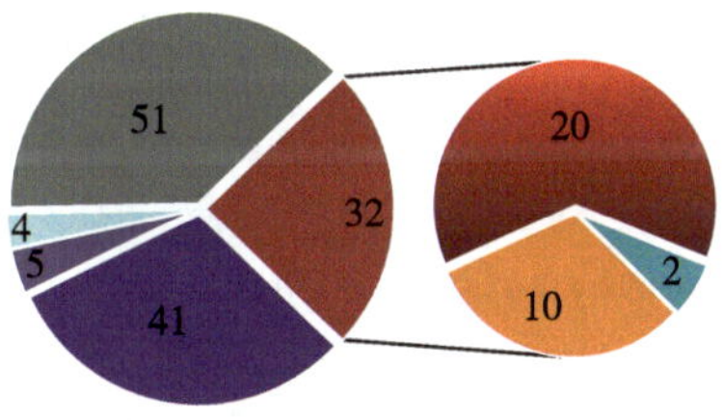

图 3-3 调查区矿山情况

通过实地调查，鄂西荆襄调查区矿山企业共 19 家，按开发利用状态分，有生产矿山 15 家，闭坑矿山 4 家；按矿种分，磷矿矿山 12 家，水泥用石灰岩矿山 7 家。鄂西荆襄磷矿调查区年矿石总产量为 810 万 t，湖北荆襄磷矿资源因为开采年限长等因素，矿石产量萎缩，磷矿石年产量 570 万 t，灰岩矿石年产量 250 万 t。

通过实地调查，安徽铜陵调查区矿山企业共 133 家。按开发利用状态分，有生产矿山 54 家，在建矿山 6 家，闭坑矿山 73 家；按矿种分，有硫铁矿 32 家，铜矿 41 家，金矿 5 家，铅锌矿 1 家，铅矿 2 家，锌矿 1 家，水泥用石灰岩矿 11 家，水泥配料用红土 2 家，建筑石料用灰岩矿 8 家，建筑用砂岩 6 家，建筑用石料 1 家，水泥配料用砂岩 1 家，石灰岩矿 10 家，膨润土矿 5 家，高岭土矿 3 家，沸石矿 1 家，角闪岩 1 家，玄武岩矿 1 家，砖瓦用砂岩矿 1 家。铜陵地区年矿石总产量为 6 534.87 万 t，对比铜陵地区 2015 年矿产开发利用情况，2015 年铜陵地区共有矿山企业 115 家，其中：正在开采矿山 53 家、在建矿山 18 家、停采矿山 44 家，矿石总产量 5 845.45 万 t，集采区矿石产量有了一定的提高，矿山信息如表 3-2 所示。

表 3-2 调查区矿山信息

序号	矿山名称	生产现状	矿区面积 / km^2	生产规模 /（万 t/a）	类型	开采方式	矿种	备注
1	铜陵化工集团新桥矿业有限公司	生产	3.580 3	200	大型	地下 + 露天	硫铁矿	安徽铜陵硫铁矿调查区
2	铜陵县郎坑铁金矿	闭坑	0.513 5	4	小型	井下开采	硫铁矿	
3	铜陵有色股份天马山黄金矿业有限公司天马山硫金矿	生产	0.566 8	23.1	中型	井下开采	硫铁矿	
4	铜陵市狮子山矿业有限责任公司（曹山硫铁矿）	生产	0.066 4	5	小型	井下开采	硫铁矿	
5	铜陵县顺安萧山硫铁矿	闭坑	0.133 7	5	小型	井下开采	硫铁矿	
6	铜陵市白鹤铁金矿	闭坑	0.398 6	4	小型	井下开采	硫铁矿	
7	铜陵县钟鸣叶山铁矿	在建	0.103 2	5	小型	露天开采	硫铁矿	
8	铜陵县钟鸣清泉铁矿	闭坑	0.030 9	4	小型	露天开采	硫铁矿	
9	铜陵县筲箕涝铁矿	闭坑	0.201 9	5	小型	地下 + 露天	硫铁矿	
10	铜陵县钟鸣镇牡陵铁矿	闭坑	0.039 3	5	小型	地下 + 露天	硫铁矿	
11	铜陵县新桥叶湖铁矿	生产	0.259	5	小型	露天开采	硫铁矿	
12	铜陵县新叶铁矿	停产	0.077 2	3	小型	露天开采	硫铁矿	
13	铜陵县小涝竹园头铁矿	停产	0.217 9	5	小型	井下开采	硫铁矿	
14	铜陵县大明铅锌矿	停产	0.114 5	3	小型	地下 + 露天	硫铁矿	
15	铜陵羊耳山铁铜矿	在建	1.161 7	25	小型	井下开采	硫铁矿	
16	铜陵县老虎堂铁矿	闭坑	0.105	5	小型	地下 + 露天	硫铁矿	
17	铜陵县亮天堂铁矿	闭坑	0.140 4	5	小型	露天开采	硫铁矿	
18	铜陵县新建章山铁矿	闭坑	0.209 3	3	小型	井下开采	硫铁矿	
19	铜陵县朱村南洪乌栗山磁铁矿	闭坑	0.059 8	5	小型	井下开采	硫铁矿	

续表

序号	矿山名称	生产现状	矿区面积 / km^2	生产规模 / （万 t/a）	类型	开采方式	矿种	备注
20	铜陵县新桥硫铁矿	生产	0.13	6	小型	露天开采	硫铁矿	安徽铜陵硫铁矿调查区
21	铜陵市狮子山区虎山磁铁矿	生产	0.12	6	小型	井下开采	硫铁矿	
22	繁昌县楼屋基铁矿	闭坑	0.348 8	36	中型	井下开采	硫铁矿	
23	繁昌县荻港镇前山铁矿	生产	0.213 8	5	小型	井下开采	硫铁矿	
24	马钢集团桃冲矿业公司繁昌县长龙山铁矿	生产	0.397 7	50	中型	井下开采	硫铁矿	
25	繁昌县荻港镇杨山铁矿	闭坑	0.683 8	4	小型	地下＋露天	硫铁矿	
26	安徽省芜湖市繁昌县阳冲锌铁矿	闭坑	0.190 2	12	小型	井下开采	硫铁矿	
27	繁昌县铭德铁矿	生产	0.126 3	6	小型	井下开采	硫铁矿	
28	繁昌县繁阳镇李店铁矿	闭坑	1.002 3	6	小型	井下开采	硫铁矿	
29	芜湖市繁昌县马坝乡缸窑铁矿	闭坑	0.550 8	5	小型	井下开采	硫铁矿	
30	繁昌县芦南乡草山铁矿	闭坑	0.064	6	小型	露天开采	硫铁矿	
31	南陵县小工山铁铜矿	生产	0.155 7	5	小型	井下开采	硫铁矿	
32	繁昌县荻港镇青龙山铁矿	闭坑	0.05	5	小型	露天开采	硫铁矿	
33	繁昌县大象陶瓷有限公司毛家山硅质原料矿	生产	0.391 3	50	大型	露天开采	砖瓦用砂岩	
34	铜陵市金顺矿业有限公司白家山铜矿	闭坑	0.108 5	3	小型	井下开采	铜矿	
35	铜陵市狮子山区金九铜矿	生产	0.113 2	3	小型	井下开采	铜矿	
36	铜陵市新华山铜业有限责任公司新华山铜矿	闭坑	0.620 1	16.5	小型	井下开采	铜矿	
37	铜陵县新桥镇宝山铜矿	生产	0.033	3	小型	井下开采	铜矿	
38	铜陵县铁山头铜矿	生产	0.222	6	小型	井下开采	铜矿	
39	铜陵县朱家山铜硫矿	在建	0.541 5	5	小型	井下开采	铜矿	
40	铜陵市铜陵县江家冲铜矿	生产	0.35	3	小型	井下开采	铜矿	
41	铜陵县金榔钱冲铜矿	生产	0.107 5	3	小型	井下开采	铜矿	

续表

序号	矿山名称	生产现状	矿区面积 / km^2	生产规模 / (万 t/a)	类型	开采方式	矿种	备注
42	铜陵县金龙铜矿	闭坑	0.029	3	小型	井下开采	铜矿	安徽铜陵硫铁矿调查区
43	铜陵县闻山铜矿	闭坑	0.031 2	3	小型	井下开采	铜矿	
44	铜陵县大岩头铜矿	停产	0.966 6	6	小型	井下开采	铜矿	
45	铜陵县仙人冲铜矿	生产	0.322	10	小型	井下开采	铜矿	
46	铜陵市凤凰山铜矿	生产	1.790 9	67.3	中型	井工及露天	铜矿	
47	铜陵有色金属（集团）公司铜官山铜矿	闭坑	3.24	119	大型	井下开采	铜矿	
48	铜陵县青阳山铜矿	闭坑	0.481	10	小型	井下开采	铜矿	
49	安徽铜都铜业股份有限公司冬瓜山铜矿	生产	2.851 5	330	大型	井下开采	铜矿	
50	铜陵县朱村南洪向阳铜矿	生产	0.064 5	3	小型	井下开采	铜矿	
51	铜陵县小岭脚银铜铅多金属矿	闭坑	0.358	3	小型	井下开采	铜矿	
52	铜陵市狮子山区西湖东狮子山铜矿	生产	0.014 8	2	小型	井下开采	铜矿	
53	铜陵市大龙潭铜矿	闭坑	0.204 7	3	小型	井下开采	铜矿	
54	南陵县金鑫铜矿	生产	0.031 1	3	小型	井下开采	铜矿	
55	南陵县天赐铜矿	闭坑	0.088 8	3	小型	井下开采	铜矿	
56	南陵县时金铜矿	闭坑	0.019 2	3	小型	井下开采	铜矿	
57	南陵县工山镇大工江海铜矿	闭坑	0.076 8	3	小型	井下开采	铜矿	
58	安徽省南陵县红山铜矿	闭坑	0.043 9	3	小型	井下开采	铜矿	
59	南陵县冲口矿业有限公司	闭坑	0.129	5	小型	井下开采	铜矿	
60	南陵县老虎头铜铁矿	闭坑	0.105 2	6	小型	井下开采	铜矿	
61	南陵县近山铜矿	闭坑	0.046 2	3	小型	井下开采	铜矿	
62	南陵县沙滩角铜矿	闭坑	0.077 5	5	小型	井下开采	铜矿	
63	南陵县团山铜矿	闭坑	0.038 2	3	小型	井下开采	铜矿	
64	南陵县茂盛铜矿	闭坑	0.125 2	3	小型	井下开采	铜矿	
65	南陵县马蹄山铜矿	生产	0.196 9	5	小型	井下开采	铜矿	

续表

序号	矿山名称	生产现状	矿区面积 / km^2	生产规模 / （万 t/a）	类型	开采方式	矿种	备注
66	芜湖市南陵县何湾镇胜成铜矿	闭坑	0.320 8	5	小型	井下开采	铜矿	安徽铜陵硫铁矿调查区
67	南陵县南阳山铜矿	停产	0.471 3	8	小型	井下开采	铜矿	
68	南陵县工山镇南祥铜矿	在建	0.094 5	3	小型	井下开采	铜矿	
69	南陵县金龙铜矿	闭坑	0.046 5	3	小型	井下开采	铜矿	
70	南陵县龙池庵铜铁矿	闭坑	0.172 8	3	小型	井下开采	铜矿	
71	南陵县鸡冠山铜矿	闭坑	0.025 4	2	小型	井下开采	铜矿	
72	南陵县戴腰山铜矿	生产	0.108 8	5	小型	井下开采	铜矿	
73	南陵县陵铜铜矿	闭坑	0.288 8	3	小型	井下开采	铜矿	
74	安徽省南陵县戴家汇铜矿	在建	0.626 6	9.9	小型	井下开采	铜矿	
75	安徽铜陵海螺水泥有限公司石灰石矿	生产	3.73	1 500	大型	露天开采	水泥用石灰岩	
76	铜陵市荣伟水泥有限责任公司泉村采石分公司	闭坑	0.007	10	小型	露天开采	水泥用石灰岩	
77	安徽省铜陵市水泥有限责任公司	闭坑	0.148 2	30	小型	露天开采	水泥用石灰岩	
78	繁昌县古竹岭石灰岩矿	闭坑	0.204 3	200	大型	露天开采	水泥用石灰岩	
79	马钢集团桃冲矿业公司繁昌县荻港老虎垅石灰岩矿	生产	0.267 8	60	中型	露天开采	水泥用石灰岩	
80	繁昌县杨山东水泥用石灰石矿	生产	0.512 4	257	大型	露天开采	水泥用石灰岩	
81	繁昌县库山矿区水泥石灰岩矿	生产	1.608	1 200	大型	露天开采	水泥用石灰岩	
82	芜湖海螺水泥有限公司箬帽山—戴家店矿区水泥用石灰岩矿	生产	2.532 9	801	大型	露天开采	水泥用石灰岩	
83	安徽荻港海螺水泥股份有限公司石灰石矿	生产	1.052 1	470	大型	露天开采	水泥用石灰岩	
84	安徽荻港海螺水泥股份有限公司老虎头水泥石灰岩矿	生产	0.979 7	419	大型	露天开采	水泥用石灰岩	

续表

序号	矿山名称	生产现状	矿区面积 / km^2	生产规模 / （万 t/a）	类型	开采方式	矿种	备注
85	繁昌县国源矿业有限责任公司芦南石灰石矿	闭坑	0.070 4	10	小型	露天开采	水泥用石灰岩	安徽铜陵硫铁矿调查区
86	繁昌县桃花尖水泥配料用砂岩矿	生产	0.283 1	120	大型	露天开采	水泥配料用砂岩	
87	繁昌县新港镇大磕山水泥配料用红土矿	生产	0.129 3	3.85	小型	露天开采	水泥配料用红土	
88	繁昌县新凌红土矿	生产	0.119 1	4	小型	露天开采	水泥配料用红土	
89	铜陵成武建材有限公司	闭坑	0.06	10	小型	露天开采	石灰岩矿	
90	铜陵市东顺矿业有限责任公司	闭坑	0.039 8	10	小型	露天开采	石灰岩矿	
91	铜陵市跃进石料有限责任公司	闭坑	0.039	15	小型	露天开采	石灰岩矿	
92	铜陵市狮子山区振兴采石场	闭坑	0.024 9	10	小型	露天开采	石灰岩矿	
93	繁昌县国源矿业有限责任公司长江石灰石矿	生产	0.118 5	52	中型	露天开采	石灰岩矿	
94	繁昌县国源矿业有限责任公司润联石灰石矿	生产	0.049 8	50	中型	露天开采	石灰岩矿	
95	繁昌县荻港镇洞山石厂	生产	0.170 9	60	中型	露天开采	石灰岩矿	
96	繁昌县荻港独山石灰石矿	生产	0.117 4	50	中型	露天开采	石灰岩矿	
97	南陵县霄锋矿业有限公司	在建	0.034 4	70	中型	露天开采	石灰岩矿	
98	南陵县工山镇新岭石灰石厂	闭坑	0.039 9	50	大型	露天开采	石灰岩矿	
99	安徽省铜陵县张家冲铅锌矿	闭坑	0.957 8	35	中型	井下开采	铅锌矿	
100	芜湖文武玄武岩矿业有限公司	生产	0.18	50	大型	井下开采	玄武岩矿	
101	铜陵县桐兴硫铁矿	生产	0.379 5	5	小型	井下开采	锌矿	

续表

序号	矿山名称	生产现状	矿区面积 / km²	生产规模 / (万 t/a)	类型	开采方式	矿种	备注
102	铜陵县金泉铅锌矿	生产	0.368 3	3	小型	井下开采	铅矿	
103	南陵县龙山铅锌矿	闭坑	0.5	2	小型	井下开采	铅矿	
104	铜陵市丰润膨润土矿业有限公司	生产	0.197 3	3.12	小型	露天开采	膨润土矿	
105	铜陵汇龙膨润土有限公司	停产	0.042 6	2	小型	露天开采	膨润土矿	
106	铜陵金狮矿业有限责任公司	生产	0.025	2	小型	露天开采	膨润土矿	
107	繁昌县清水塘膨润土矿	生产	1.604 9	4	小型	露天开采	膨润土矿	
108	芜湖飞尚非金属材料有限公司黄浒膨润土矿	生产	7.298 2	23	大型	露天开采	膨润土矿	
109	铜陵华金矿业有限责任公司	生产	0.866 8	15	小型	井下开采	金矿	
110	铜陵县黄狮涝金矿	闭坑	0.570 5	9.9	中型	露天开采	金矿	
111	铜陵县棋子冲金矿	闭坑	0.273 4	50	中型	地下 + 露天	金矿	安徽铜陵硫铁矿调查区
112	铜陵市狮子山区朝山金矿	生产	0.171 2	3.5	小型	井下开采	金矿	
113	铜陵市狮子山区包村金矿	闭坑	0.074 6	3	小型	地下 + 露天	金矿	
114	繁昌县国源矿业有限责任公司赭圻石厂	闭坑	0.032	1	小型	露天开采	角闪岩	
115	繁昌县国源矿业有限责任公司恒顺矿	生产	0.401 3	80	大型	露天开采	建筑用石料	
116	繁昌县新港里冲吴冲砂岩矿采石厂	闭坑	0.126 7	52	大型	露天开采	建筑用砂岩	
117	繁昌县荻港镇分水岭煤矸石矿	闭坑	0.802 7	20	大型	露天开采	建筑用砂岩	
118	繁昌县国源矿业有限责任公司渣岭石英砂岩矿	生产	0.121 9	80	大型	露天开采	建筑用砂岩	
119	繁昌县红花山金广矿业有限公司	生产	0.073 4	50	大型	露天开采	建筑用砂岩	
120	安徽省繁昌县荻港海荻石矿	生产	0.065 4	52	中型	露天开采	建筑用砂岩	

续表

序号	矿山名称	生产现状	矿区面积 / km^2	生产规模 / (万 t/a)	类型	开采方式	矿种	备注
121	繁昌县长安石料有限公司	生产	0.632 5	231	大型	露天开采	建筑用砂岩	安徽铜陵硫铁矿调查区
122	铜陵市大通大院石料厂	闭坑	0.271 7	5	小型	露天开采	建筑石料用灰岩	
123	铜陵市金华石片厂	闭坑	0.274 1	10	小型	露天开采	建筑石料用灰岩	
124	铜陵市木排冲石料厂	闭坑	0.217 4	2	小型	露天开采	建筑石料用灰岩	
125	铜陵市狮子山区西湖狮子山石料厂	闭坑	0.024 7	30	小型	露天开采	建筑石料用灰岩	
126	铜陵县董店福利石灰加工厂	闭坑	0.042 2	30	小型	露天开采	建筑石料用灰岩	
127	铜陵县浙皖石子加工厂	闭坑	0.060 8	10	小型	露天开采	建筑石料用灰岩	
128	铜陵市西湖阳白山石料厂	闭坑	0.139 2	10	小型	露天开采	建筑石料用灰岩	
129	南陵县金林矿业有限公司	闭坑	0.139 3	90	大型	露天开采	建筑石料用灰岩	
130	繁昌县新港镇克里村高岭土矿	闭坑	0.049 2	1	小型	露天开采	高岭土矿	
131	繁昌县国源矿业有限公司瑜山高岭土矿	闭坑	0.487 3	1	小型	露天开采	高岭土矿	
132	繁昌县国源矿业有限责任公司蜘蛛山矿	生产	0.229 4	80	大型	露天开采	高岭土矿	
133	芜湖红花山沸石矿业有限公司	生产	0.162 7	5	小型	露天开采	沸石矿	

续表

序号	矿山名称	生产现状	矿区面积 / km^2	生产规模 / （万 t/a）	类型	开采方式	矿种	备注
134	玉真采石场	生产	0.12	20	小型	露天	水泥用石灰岩	鄂西荆襄磷矿调查区
135	葛洲坝钟祥水泥厂	生产	0.393	90	中型	露天	水泥用石灰岩	
136	钟祥市德宝石业	生产	0.24	45	小型	露天	水泥用石灰岩	
137	钟祥市金瑞采石场	停产	0.09	10	小型	露天	水泥用石灰岩	
138	钟祥市中和建材公司	生产	0.35	45	小型	露天	水泥用石灰岩	
139	钟祥市新生钠长石石料厂	生产	0.009	10	小型	露天	水泥用石灰岩	
140	天禹采石场	生产	0.0332	30	小型	露天	水泥用石灰岩	
141	王集磷矿	生产	2.25	100	大型	地下	磷矿	
142	大峪口磷矿	生产	8.154 7	150	大型	地下	磷矿	
143	熊家湾磷矿	生产	1.904 9	45	中型	地下	磷矿	
144	喜人化工磷矿	生产	1.249 8	40	中型	地下	磷矿	
145	放马山磷矿	生产	2.477 1	60	中型	地下 + 露天	磷矿	
146	龙会山磷矿	生产	13.68	150	大型	地下	磷矿	
147	红土山磷矿	生产	1.517 3	10	小型	地下	磷矿	
148	腰子山磷矿	生产	0.4	10	小型	地下	磷矿	
149	刘冲磷矿	闭坑		10	小型	地下	磷矿	
150	联合磷矿	闭坑		6	小型	地下	磷矿	
151	秦冲磷矿	生产	3.37	5	小型	地下	磷矿	
152	治国磷矿	闭坑	0.24	3	小型	地下	磷矿	

3.2.1.2 主要矿产开发利用情况

（1）硫铁矿

调查区开发利用硫铁矿矿山 32 处（图 3-4），其中大型矿山 1 处，中型 3 处，其余均为小型矿山。按生产状态划分情况如下：生产矿山 10 处，其中铜陵化工集团新桥矿业有限公司为大型矿山，另含中型矿山 2 处，矿石总产量 311.1 万 t；闭坑矿山 20 处，含 1 处中型矿山，其余均为小型矿山；在建矿山 2 处，均为小型矿山。按开采方式划分情况如下：生产矿山中井下开采 7 处，露天开采 2 处，井工和露采混合矿山

1 处；未生产矿山（含闭坑、停产、在建）中井下开采 11 处，露天开采 6 处，井工和露采混合矿山 5 处。硫铁矿主要分布在狮子山、新桥及钟鸣镇一带。

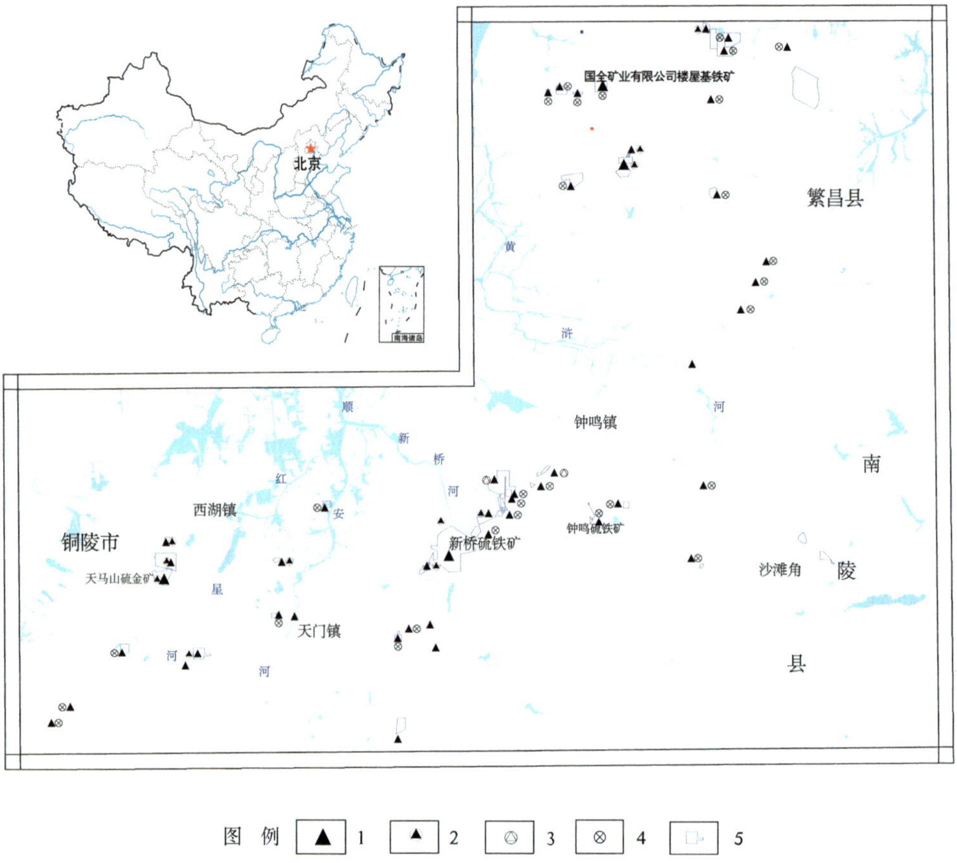

图 3-4　调查区硫铁矿分布

1—硫铁矿；2—生产矿山；3—在建矿山；4—闭坑矿山（停产和废弃）；5—采矿权范围

（2）铜矿

调查区开发利用铜矿矿山 13 个，其中大型矿山 1 个，中型矿山 1 个，其余均为小型或是零星小矿山。矿石总产量 440.3 万 t。铜矿是铜陵市矿产开发利用的支柱矿产。

（3）金矿

调查区开发利用金矿矿山 2 个，均为小型或是零星小矿山。矿石总产量 18.5 万 t。

（4）水泥用灰岩

调查区开发利用水泥用灰岩矿山 14 个，其中大型矿山 6 个，中型矿山 2 个。矿石总产量 4 947.0 万 t，水泥用灰岩矿也日益成为铜陵市及荆襄地区矿业开发支柱之一。

（5）建筑石料用灰岩

调查区建筑石料用灰岩开发利用矿山 5 个，均为小型矿山。矿石总产量 292.0 万 t。

（6）磷矿

调查区开发利用磷矿山 12 个，其中大型矿山 3 个，中型矿山 3 个，小型矿山 6 个。生产矿山 9 个，矿石总产量 570 万 t。磷矿是钟祥市矿产开发利用的支柱矿产。

3.2.1.3 荆襄地区磷矿资源利用及磷化工发展现状

（1）荆襄地区磷矿资源开发利用历史

荆襄磷矿集中开采区位于湖北钟祥县境内，呈北北西—南南东带状延伸，长达 60 km，磷矿集采区面积 240 km^2。资料显示，荆襄磷矿资源储量矿石量超过 8 亿 t，P_2O_5 量约 1.45 亿 t，平均品位为 17.9%，累计探明有开采价值储量 3.45 亿 t。但经过 50 多年的开采，可采磷矿石储量已不足探明基础储量的 20%。

磷矿自 20 世纪 50 年代末开采至今，为我国工农业经济发展做出了巨大贡献。目前主体矿山进入衰退期，大批矿山相继闭坑。经过多年开采，胡集、磷矿、双河、冷水、客店 5 个磷矿资源乡镇中，已有磷矿、双河、冷水、客店 4 个镇磷矿资源基本枯竭，现仅有胡集地区尚有部分磷矿资源可供开采。放马山磷矿、熊家湾磷矿已成为危机矿山。大批磷化企业因资源枯竭停产倒闭。地质环境保护压力日益增大，由于历史等原因遗留地质环境问题较多。根据《国家发展改革委员会　国土资源部　财政部关于印发第二批资源枯竭城市名单的通知》（发改东北〔2009〕588 号），2009 年，钟祥市被批准为第二批资源枯竭城市。

磷矿资源开发为湖北将磷化工及后续加工产业的形成与发展，尤其是包括磷化工在内的化工产业形成支柱产业奠定了基础。以磷矿资源为依托，调查区内形成了新洋丰肥业、大峪口化工、科海化工等多家较强实力的磷矿开发与加工企业，建立了国内有影响力的化工基地（图 3-5）。另外，还有一些磷肥企业小而分散，不具备应有的规模经济优势；技术落后，物耗能耗高，资源和能源浪费严重。磷化工产业极大地促进了当地经济发展，但也影响调查区水土及生态环境。

图 3-5　鄂西荆襄磷矿调查区化工产业园

（2）湖北省磷化工发展现状

以磷矿资源为依托，湖北省内形成了一批具有较强实力的磷矿开发与加工企业，建立了在国内占有重要地位的磷化工生产基地群。其中，磷矿粉加工企业有83家，主要分布在宜昌、保康、钟祥矿区，从事加工高品位磷矿石粉；磷化工企业有60多家，主要分布在宜昌、保康、钟祥、神农架、鹤峰、孝感等矿区，按产品可划分为两大类：①以精细磷化工产品为主的企业共有10家，产品主要为黄磷、磷酸、六偏磷酸钠等；②化肥生产企业共有50多家，其中生产高浓度磷肥企业2家，过磷酸钙企业42家，钙镁磷肥企业8家，重钙企业1家。虽然磷化工企业数量较多，但其规模、管理水平、生产能力及科技水平等差距较明显，真正产品质量优良、科技水平较高的企业较少。

目前，湖北省磷化工产品在保证磷肥等初级磷化工产品满足市场需求的基础上，围绕提高磷矿产品附加值为目标，重点在精细磷化工产品研发、生产上求突破。坚持“由普通磷酸盐向功能性精细磷酸盐、由大规模单一品种向系列化多品种方向发展”的原则，强化科技成果转化和技术创新力度，紧紧围绕工业级、饲料级、食品级、药品级、试剂级、电子级等多系列的精细产品进行开发。

（3）荆襄地区磷化工发展现状

目前，荆襄地区胡集、双河、磷矿3镇先后建成了磷化企业共50多家，主要产品有磷酸一铵、磷酸二铵，还有碳酸氢铵、硝铵等。现将区内磷化工企业具体情况分述如下：

1）胡集地区现有磷化企业生产项目共约40家，其中，生产普钙化工企业有22家，生产磷酸一铵、磷酸二铵的企业有8家（其中2家是硫黄制酸，6家是硫铁矿制酸），生产复合肥、钙镁磷肥的生产项目10家，生产饲钙的生产项目1家。具体包括湖北大峪口化工有限责任公司、湖北科海化工科技有限公司、湖北省鄂中化工有限公司、湖北省鄂中化工有限公司、中农沃峪化工、湖北金明洙化工有限公司、神农楚丰肥业有限公司、湖北澳佳肥业有限公司、钟祥市五洋矿肥有限公司、湖北钟祥鸿浩化工有限公司等。

2）双河地区有磷化工企业4家，其中，生产合成氨1家、硝基复合肥1家，硫黄制酸、磷酸一铵、磷石膏改性增强球1家，硫黄制酸、硫铁矿制酸、磷酸一铵1家。另外还有水泥建材企业1家。具体包括钟祥凯龙楚兴化工有限责任公司、湖北鄂中楚兴化工有限公司、湖北春祥化工有限公司、湖北晋煤金楚化肥有限责任公司。

3）磷矿地区有磷化企业9家，其中，规模以上磷化企业4家。主要有硫铁矿制酸生产能力50万t/a，硫黄制酸20万t/a，磷铵生产能力40万t/a。具体包括湖北省鄂中化工有限公司、湖北钟祥禾丰化工有限公司、荆门市荆钟化工有限责任公司、湖北华毅化工有限公司、钟祥市大生化工厂、钟祥市磷矿镇秦冲新兴化工厂、钟祥市磷矿镇顺发硫酸渣处理厂等。

目前，荆襄地区已形成了以胡集镇磷化循环经济工业园和双河镇、磷矿镇 2 个磷化工业区为核心的“一园两区”集聚格局。自 2007 年以来钟祥市磷化工业获得了快速发展，已经成为区域经济的第一大支柱产业。

总体来说，荆襄将磷矿资源优势逐步转化为磷及磷化工产业优势，进而转变为经济优势，坚持资源要素驱动与创新驱动相结合及可持续发展的战略。以荆襄磷矿空间分布上的相对集中性构建相匹配的产业集群和化工基地，提高产业集中度，实现集约化生产。不断改善自身不足，培育产业后发优势，促使磷矿产业规模与效益并进，实现独立几大磷矿、磷化工基地向磷矿及磷化工产业集群的转变，形成自身效益优、辐射能力强、社会贡献大的特色产业。

3.2.2　矿业远景开发规划

3.2.2.1　铜陵地区矿业远景开发规划

铜陵地区主要的矿山集中分布于铜陵市范围，因此矿业远景开发规划主要参照《铜陵市矿产资源总体规划（2016—2020 年）》，并结合调查区实际情况进行了开发规划（表 3-3）。

表 3-3　规划期目标

类型	指标名称	指标	指标属性
矿业经济	矿业产值	120 亿～130 亿元，年均增长 5%～7%	预期性
矿产资源调查评价与矿产勘查	地质调查	皖江经济带（铜陵市）综合地质调查 开展 1 ： 5 万铜陵市城市地质调查	预期性
	矿产勘查	铜陵地区铜矿省级整装勘查	预期性
	新增大中型矿产地	5～6 处	预期性
	主要矿产新增资源储量	铁矿：0.5～1（铁矿石 / 亿 t） 铜矿：80～90（铜 / 万 t） 金矿：30～40（金 /t） 铅锌矿：8～10（铅锌 / 万 t） 水泥用灰岩 :1～2（矿石 / 亿 t）	预期性
矿产资源年开采量	矿石开采总量	6 500 万～7 000 万 t，年均增长 2%～3%	预期性
	主要矿种矿石总量调控指标	铜矿：650 万～700 万 t 金矿：65 万～75 万 t 硫铁矿：180 万～200 万 t 水泥用灰岩：4 300 万～4 500 万 t	预期性

续表

类型	指标名称	指标	指标属性
矿业转型与绿色发展	矿山总数	90 家	约束性
	大中型矿山比例	45%	约束性
	主要矿种矿山“三率”达标率	铁矿：80%； 铜矿：80%； 金矿：60%； 硫铁矿：80%； 水泥用灰岩：90%	约束性
	绿色矿山达标数量	35～40 家	预期性
矿山环境保护与治理恢复	历史遗留矿山治理恢复面积	700 hm^2	约束性
	矿区土地复垦面积	296 hm^2	约束性
	矿区治理恢复面积	867 hm^2	约束性

（1）2020 年目标

加快找矿勘查，增加矿产资源储量，提高资源保证程度，提高矿产品供应能力和资源开发利用水平，形成节约高效、环境友好的绿色矿业发展模式，为打造世界铜都，进一步提升铜陵市矿业发展的质量和效益，建成以铜为基，铜采选冶加工、硫磷化工、水泥建材及多种矿业发展新格局。

稳定提高矿产资源供给能力。规划 10 个重点矿区，建设 8 个资源产业基地，提高铜、金矿开采量，调控硫铁矿和水泥用灰岩开采量，新增铅锌矿和铁矿供给能力。

不断提高资源合理利用水平。进一步优化开发利用布局，不断提高矿山规模化集约化程度，大中型矿山比例超过 45%。节约与综合利用水平显著提高，矿产资源产出率提高 15%。

加快矿山地质环境治理恢复。基本形成绿色矿山建设新格局，矿山地质环境得到有效保护和及时治理，规划 46 个矿山治理重点项目，规划矿山治理恢复面积 867 hm^2、历史遗留矿山废弃地治理面积 700 hm^2。

（2）2025 年远景目标

实现铜、金、铁找矿新突破，不断提高铜金矿资源保障程度；不断推进矿业结构优化，不断提高矿产品供给能力；大力实施节约与综合利用，转变利用方式，提质增效，实现矿业转型升级；推进绿色矿业建设，实现“环境友好”的绿色矿业发展模式，实现资源开发与经济社会发展、生态环境保护相协调的发展格局。

3.2.2.2 荆襄地区矿业远景开发规划

荆襄地区主要位于钟祥市，因此地区矿业远景开发规划主要参考《荆门市矿产资源总体规划（2016—2020 年）》，并结合调查区实际情况进行了开发规划。

（1）2020 年目标

1）开发利用方向和总量调控方面。实施开采总量调控的矿种以磷矿、水泥用灰岩为主，其中，磷矿近期关闭年产小于 5 万 t 的小矿山，严格控制采矿权总数，采矿权审批实行“减一增一”。加大供给侧改革力度，控制年度开采总量，深化矿业权整合和采选、加工企业产销对接，15 万 t/a 以下的小矿山全部关闭退出，新建矿山开采规模不得低于 50 万 t/a，促进资源进一步向大型重点磷化工企业集中。严禁采富弃贫，浪费资源；积极推进资源整合和采、选、加工一体化，实现“采选结合，矿肥结合、矿化结合，肥化结合”；制定优惠政策，鼓励企业充分利用中低品位磷矿；鼓励企业开发高浓度磷肥和精细磷化工产品；强化磷矿石综合利用，限制高品位磷矿石外销。提高磷矿资源利用效率和经济效益。到 2020 年，磷矿采矿权总数控制在 10 个以内，矿石产量控制在 400 万 t（标矿）。

2）矿产资源开发利用布局方面。明确以胡集磷化工业园为平台，大力发展磷化工产业，重点抓好胡集、双河、磷矿镇等乡镇的磷化工配套产业。在胡集镇再新建 1 座 120 万 t 选矿厂，则选矿能力将达 490 万 t/a。为此按照统筹规划、因地制宜、发挥优势、规模开采、集约利用、协调发展的总体思路，以市场为导向，以资源为基础，以后续加工企业为依托，构建与区域经济发展相适应，与工业布局相协调的矿业开发利用布局。

①胡集地区。重点发展磷化工产业，采、选、加工一条龙，协调发展。

②双河、磷矿镇地区。重点发展磷化配套产业及建材工业。

③双河、冷水、长滩、东桥等乡镇。重点发展建材产业。

矿产资源综合利用水平方面：在规划近期水平上，开采回采率、选矿回收率平均提高 2%～3%；综合利用型矿山企业数量提高 4%～6%，共伴生矿产综合利用率明显提高。

3）勘查开发战略布局

加强磷矿、水泥配料用砂岩、电石用灰岩及耐火黏土、地热、矿泉水等重点矿种的勘查，为现有磷化工、水泥生产企业及市重点项目提供可靠的资源保障。严格控制磷矿采矿权总数和开采总量，冷水磷矿区和朱堡埠磷矿区的小磷矿逐步退出，在胡集磷矿区具备条件的矿段实施现有矿山扩产改造或新建规模矿山；改造提升磷化工产业，依托胡集经济开发区、双河江北工业区和磷矿镇工业集中区三大磷化工业集中区，打造 500 万 t 新型高端复合肥生产基地、200 万 t 精细磷化工基地和资源综合利用“双百工程”示范基地。支持葛洲坝集团和神雾集团原料生产基地建设，做好基地选址和资源接续工作。钟祥市要积极创建绿色矿业发展示范区，鼓励大中型磷矿山开展国家级绿色矿山建设。

（2）2025 年展望期目标

矿产资源保障程度进一步提高，资源供应能力持续稳定。矿产开发利用布局与结构继续优化，资源保护更加有效，绿色矿业发展示范区基本建成，矿山生态环境全面改善，矿业实现全面转型升级和绿色发展，形成资源充足、开发有序、高效利用、环境优良、矿地和谐的现代矿业新格局，促进矿产资源合理开发利用和经济、社会、资源环境的协调发展。到 2025 年，磷矿采矿权总数控制在 8 个以内，矿石产量控制在 418 万 t。

4 主要矿山地质环境问题

矿产资源的开发利用，一方面为该区域工业化进程提供矿物原料，促进了社会经济发展和社会进步；另一方面，也造成了一系列的矿山环境问题，给生产建设和人民生活带来很大的危害。不同矿种、不同开采方式的矿山在采矿过程及其相关活动中均会产生不同程度的地质环境破坏现象。

4.1 矿山地质环境问题类型及分布特征

4.1.1 矿山地质环境问题类型

根据本次实地野外调查、资料搜集以及室内资料的整理分析，调查区内矿山环境问题主要有地质灾害，主要包括岩溶塌陷，采空区塌陷，崩塌、滑坡等；土地资源破坏；地形地貌景观破坏；对水资源的影响破坏，主要为含水层破坏；矿山废渣、废水对环境的影响，主要为水土污染等。

4.1.1.1 矿山地质灾害

（1）地面塌陷

地面塌陷是该区井采矿山最突出的一种地质环境问题，其发生、发展，挤占、破坏了大片农田，影响农业生产，对房屋建筑、道路、水利工程以及矿山自身安全都存在严重的威胁。地面塌陷按其表现形式及塌陷原因，分为采空地面塌陷与岩溶地面塌陷。

（2）滑坡

滑坡主要为矿山露天边坡失稳造成的矿山地质环境问题，常会造成设备损毁、停产及采场报废等灾难性后果。调查区内开采生产中的矿山和闭坑废弃矿山都存在露采边坡失稳引发的地质灾害。

（3）崩塌

崩塌同滑坡相似，主要为矿山露天边坡失稳引发的矿山地质环境问题，造成矿山设备损毁、停产等灾难性后果。生产中的矿山或者闭坑废弃的矿山的露天采场的高陡边坡易发生崩塌。

4.1.1.2 矿业开发对土地资源破坏

矿业开发是本区重要工业基础，但在矿业开发的同时，对土地资源的影响与破坏日益严重。矿产资源开发活动导致土地原有功能丧失、土壤质量下降的现象。主要表现为矿山地面塌陷（地裂缝）破坏土地，固体废物堆排压占土地，露天开采剥离挖损土地、土壤污染等。调查区内主要表现为露天采场、工业场地、固体废物堆、尾矿库占用土地对土地资源的破坏。

4.1.1.3 矿业开发对地形地貌景观破坏

矿山建设和采矿活动中而改变原有的地形条件与地貌特征，造成土地损坏、山体破损、岩石裸露、植被破坏等现象。采矿场占地尤其是露采矿山对地形地貌景观破坏较大，调查区内大部分建材矿山均为露天开采，造成土层植被破坏，水土流失、土地生产能力下降等岩石裸露现象。

4.1.1.4 矿业开发对含水层的影响与破坏

矿业开发对含水层的影响与破坏主要是开采矿山大量抽排地下水，改变了区内地下水流向和地下水均衡，使地下水位频繁升降，水力坡度变陡，形成开采或疏干漏斗区。调查区位于沿江成矿带，对水资源的影响比较大。

4.1.1.5 矿山废渣、废水对环境的影响

矿山废渣以煤矸石、冶炼渣、磷石膏、废石堆、尾矿为主，这些固体废物种类繁多，成分较复杂，有毒有害物质含量较高，堆存期间对当地的大气、水土污染严重。矿区废水源于矿坑排水、选矿水以及废石场、尾砂库淋溶水、磷石膏堆淋滤水等，这些废污水未经或稍作处理即直接或间接地排入附近的沟、塘，对环境尤其是地表水环境危害较大，污染事故时有发生。调查区内以硫铁矿矿山为主的酸性废水排放造成附近农田污染尤为严重。

4.1.2 矿山地质环境问题分布特征

矿山地质环境问题的分布有一定的地域性，其分布规律与矿产分布有一定关系。分别从主要矿山地质环境问题的分布特征（图 4-1、图 4-2）、不同矿种的矿山地质环境问题分布特征和不同区域的矿山地质环境问题分布特征 3 个角度进行阐述。

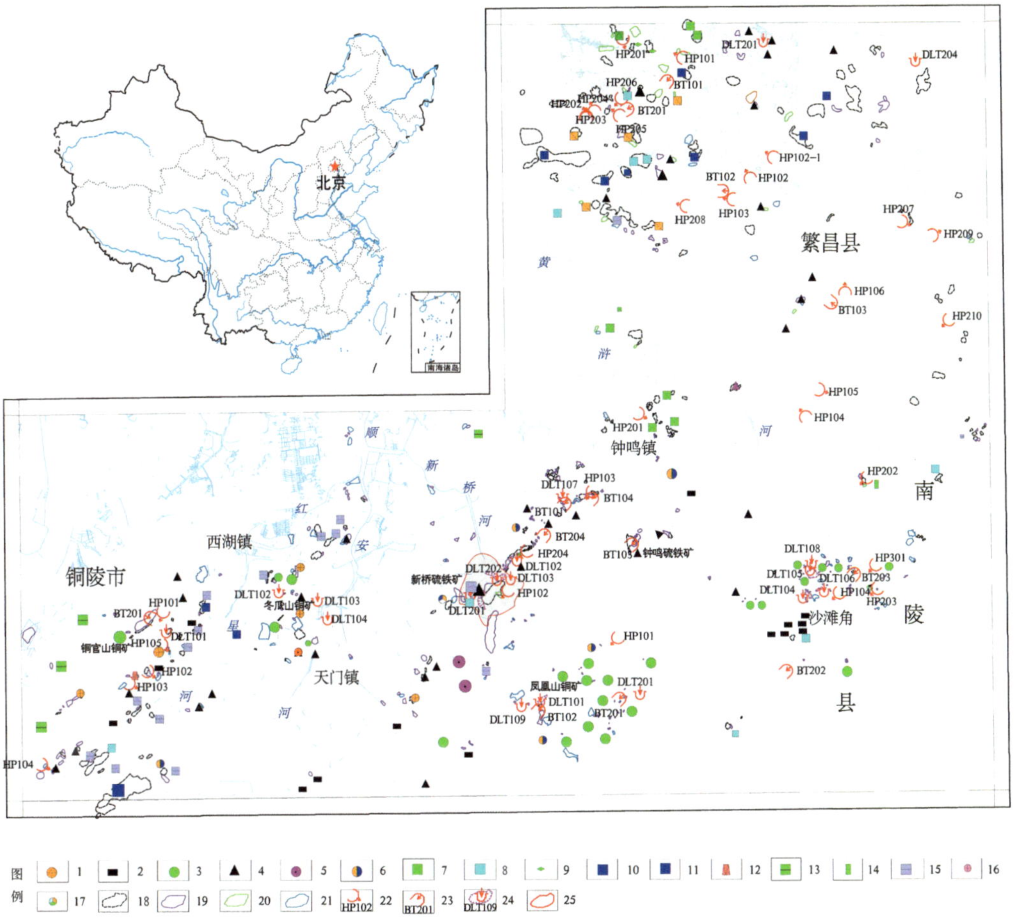

图 4–1 安徽铜陵硫铁矿调查区矿山地质环境问题分布

1—金矿；2—煤矿；3—铜矿；4—硫铁矿；5—锰矿；6—铅锌矿；7—膨润土；8—石灰岩矿；9—高岭土；10—水泥配料用砂岩；11—水泥用石灰岩矿；12—冶金用石英岩；13—砖瓦用黏土矿；14—玄武岩；15—建筑用石料；16—银矿；17—多金属；18—露天采场；19—固体废物；20—工业广场；21—尾矿库；22—滑坡位置及编号；23—崩塌位置及编号；24—地面塌陷位置、编号及范围；25—地下水降落漏斗范围

4.1.2.1 主要矿山地质环境问题分布特征

（1）矿山地质灾害分布特征

本次调查的调查区内 152 个矿山中，发生或曾经发生过地质灾害的矿山有 48 个，涉及有磷矿、硫铁矿、铜矿、铁矿、硫金矿、石灰石矿、膨润土矿等多种类型矿山，发生的地质灾害有地面塌陷、滑坡、崩塌等。具体分布特征分述如下：

1）地面塌陷。

①岩溶塌陷。岩溶塌陷易发生在低洼处；调查区内易发生岩溶塌陷的地层为荆襄磷矿区奥陶系下统红花园与南津关组（O_1l）泥质灰岩以及铜陵硫铁矿区二叠系下统栖霞组（P_1q）和三叠系下统南陵湖组（T_1n）碳酸盐岩；岩溶塌陷大多发生在矿山强排

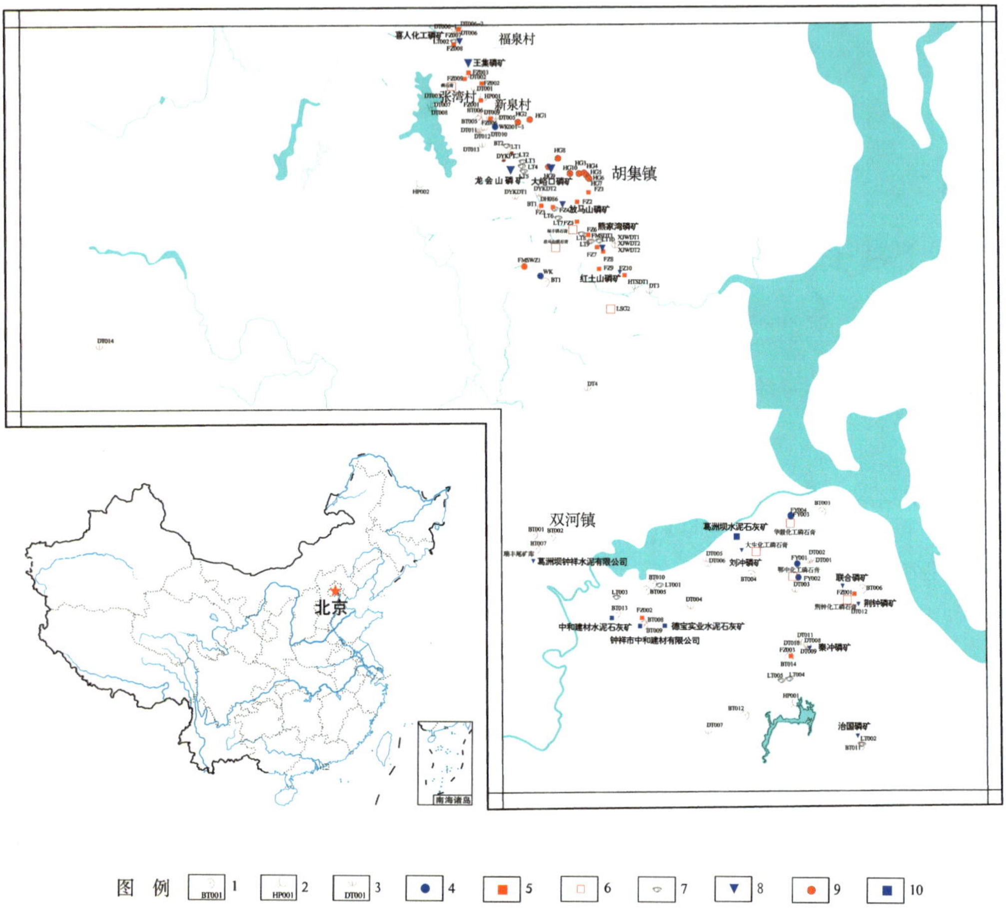

图 4-2 鄂西（荆襄）基地矿山地质环境问题分布

1—滑坡位置及编号；2—崩塌位置及编号；3—地面塌陷位置及编号；4—废液；5—废渣；6—磷石膏堆；7—露天采场；8—磷矿；9—化工厂；10—水泥用石灰岩矿

水期间，汛期、暴雨、连阴雨季节也较为常见。岩溶塌陷主要分布在熊家湾磷矿、大峪口磷矿、龙会山磷矿、朝山金矿、新华山铜矿、金九铜矿、新桥硫铁矿等矿区及周围区域。

②采空塌陷。调查区内的采空塌陷主要由磷矿地下开采、金属类矿山地下开采的采空区引起，由于早期地下开采的矿山未对采空区进行回填处理，且部分矿山现已闭坑，使矿山附近存在采空塌陷隐患。主要分布于喜人化工磷矿、大峪口磷矿、铜官山铜矿、金口岭铜矿、冬瓜山铜矿、凤凰山铜矿、天马山硫金矿等矿山。

2）滑坡。滑坡灾害多发生于矿山工业场地、露天采场、排土场，在阴雨天气下的露天采场的高陡边坡失稳易发生滑坡，此外排土场边坡堆放不稳存在滑坡隐患；调查区发生滑坡的矿山主要有南陵县金龙铜矿、新桥叶湖铁矿、新桥硫铁矿、天马山硫金矿、黄狮涝金矿等，石岭铅锌矿排土场、白鹤铁金矿三工区排土场、叶湖铁矿排土场、钟鸣硫铁矿排土场董店堆浸公司堆浸场、凤凰山铜矿排土场、新桥硫铁矿排土场等矿山排土场存在滑坡隐患。

3）崩塌。同滑坡类似，崩塌多发生在露天采场的高陡边坡，调查区发生的崩塌主要分布在喜人化工磷矿、龙会山磷矿、大峪口磷矿、清泉铁矿、仙人冲铜矿、铜陵县钟鸣镇牡陵铁矿、铜陵县钟鸣叶山铁矿、南陵县小工山铁铜矿、中和建材有限公司采石场等矿山。

（2）土地资源破坏分布特征

矿山占用及破坏土地资源是一个普遍性的环境地质问题，绝大多数矿山或多或少、不同程度地存在占用破坏土地资源的问题，或者为固体废物、采矿场占用及破坏土地资源，或者为矿山地面工程建设占用土地资源，或者为地面变形破坏土地资源。

调查区内对土地资源破坏较大的露天采场主要分布在以海螺水泥灰岩矿为代表的建材类矿山；铜官山铜矿、天马山硫金矿等大型多金属矿山；新桥硫铁矿、牧陵硫铁矿等硫铁矿矿山。

固体废物排土场主要分布在对应的多金属矿山附近，例如龙会山磷矿区排土场、铜官山矿排土场、新华山矿排土场、石岭铅锌矿排土场、白鹤铁金矿三工区排土场、叶湖铁矿排土场、钟鸣硫铁矿排土场、董店堆浸公司堆浸场、凤凰山铜矿排土场、新桥硫铁矿排土场、龙会山磷矿排土场等。

尾矿库主要分布在对应的矿山附近，调查区内较大的尾矿库有大峪口磷矿尾矿库、老鸦岭尾矿库、水木冲尾矿库、相思谷尾矿库、林冲尾矿库等。

磷石膏堆主要分布在磷矿区及其周边，规模较大的磷石膏堆场有洋丰中磷磷石膏堆、大峪口磷石膏尾矿库、新洋丰磷石膏堆、鄂中磷石膏堆、华毅磷石膏堆等。

（3）地形地貌景观破坏分布特征

露天采场和规模较大的排土场是地形地貌景观破坏的主要因素。具体分布特征同上述土地资源破坏中的露天采场和排土场分布特征。

（4）含水层破坏分布特征

矿业开发对水资源的破坏主要表现形式为对含水层的破坏。矿山大量地抽排地下水造成含水层破坏，主要分布在新华山铜矿—朝山矿区、冬瓜山铜矿区、新桥硫铁矿矿区、天马山金硫矿—华金矿、张湾—峡卡河（大峪口磷矿）、放马山—熊家湾磷矿一带。

（5）水土污染分布特征

矿山废土、废渣对水土环境造成污染多为多金属矿山、硫铁矿山和相关的选矿厂、磷化工企业堆积磷石膏库附近区域。水土污染尤其是土壤重金属污染严重区域，主要分布在白鹤铁金矿—铜官山铜矿—天马山硫金矿一带、冬瓜山铜矿—萧山硫铁矿一带、焦冲硫金矿—桐兴硫锌矿一带、新桥硫铁矿—黄金洞硫铁矿一带、筲箕涝铁矿—牧陵硫铁矿一带、凤凰山铜矿—江家冲铜矿一带、南陵县团山铜矿—芦柴塘煤矿、荆襄磷矿磷石膏堆积区一带。

4.1.2.2 不同矿种的矿山地质环境问题分布特征

调查区目前已查明资源储量的矿产有 27 种，已开发利用的矿产有 20 种，矿产地 193 处。矿种包括有色金属及贵金属矿、化工原料矿、建筑材料矿、冶金辅助原料矿及其他非金属矿等矿产种类。其中磷矿、硫铁矿、铜、金、水泥用灰岩是调查区内五大优势矿产。调查区内不同矿种的矿山其开采、运输方式存在差异，从而引起的矿山地质环境问题不同。与矿种矿山虽然生产规模不同，但基本具有相同的矿山地质环境问题类型。

实地调查发现，磷矿、硫铁矿、铜矿（伴生硫铁矿）、（硫）金矿等矿山以井下开采为主，引起的地质环境问题较多，主要为矿山地质灾害、矿区水土污染和含水层破坏，其次为地形地貌景观破坏及土地资源破坏。

石灰岩、膨润土矿、水泥配料黏土矿等建材及其非金属矿山均为露天开采，地质环境问题较单一，主要为地形地貌景观破坏及土地资源破坏，少部分存在矿山地质灾害和含水层破坏问题。

4.1.2.3 不同区域的矿山地质环境问题分布特征

矿山地质环境问题分布特征与矿产资源分布有着直接联系。调查发现，随矿山分布的特点矿山地质环境问题的分布具有一定的集中性和地域性，调查区内可划分为以下 9 个主要矿山地质环境问题区。

（1）铜官山矿山地质环境问题区

位于铜陵市铜官区南部，铜官山—天马山—章山一带，区内有铜官山铜矿、天马山硫金矿、黄狮涝金矿等矿山。矿山地质环境问题主要为露天采场、尾矿库对土地资源和地形地貌景观的破坏；露采边坡失稳引发的崩塌、滑坡；地下开采采空区引发的采空塌陷。

（2）狮子山矿山地质环境问题区

位于铜陵市铜官区东部和义安区南部，区内有萧山硫铁矿、狮子山铜矿、新华山铜矿等矿山。矿山地质环境问题主要为矿山地下开采造成的采空塌陷和含水层破坏引发的岩溶塌陷；尾矿库、露天采场对土地资源和地形地貌景观的破坏；废渣堆放造成的水土污染。

（3）新桥矿山地质环境问题区

位于铜陵市义安区顺安镇新桥，区内有某矿业有限公司、铜陵县新桥硫铁矿、黄金洞硫铁矿等。矿山地质环境问题主要为含水层破坏；岩溶塌陷；矿山酸性水排放造成的水土污染；露天采场、排土场对土地资源及地形地貌景观破坏；露采边坡失稳引发的崩塌、滑坡地质灾害。

（4）桃园矿山地质环境问题区

位于铜陵市义安区钟鸣镇，区内有铜陵县钟鸣叶山硫铁矿、耳山铁铜矿、铜陵县筲箕涝硫铁矿等。矿山地质环境问题主要为矿山地下开采引发的采空塌陷；露采边坡失稳造成的崩塌、滑坡地质灾害；闭坑矿山固体废弃物堆雨水冲刷淋滤作用造成的水土污染。

（5）凤凰山矿山地质环境问题区

位于铜陵市义安区顺安镇凤凰山街道，区内有凤凰山矿业药园山铜矿、铜陵县江家冲铜矿、铜陵县仙人冲铜矿等。矿山地质环境问题主要为矿山开采抽排地下水造成的岩溶塌陷；尾矿库、排土场对土地资源的破坏。

（6）南陵矿山地质环境问题区

位于芜湖市南陵县西部，区内有南陵县沙滩脚铜矿、南陵县小工山铜矿等众多小型地下开采铜矿矿山。矿山地质环境问题主要为矿山地下开采引起的采空塌陷；露天采场、固体废物堆、尾矿库对土地资源的破坏。

（7）繁昌矿山地质环境问题区

位于芜湖市繁昌县，区内有某水泥股份有限公司、桃冲矿业长龙山铁矿、毛家山硅质原料矿等矿山。矿山地质环境问题主要为露天采场和工业场地对土地资源及地形地貌景观的破坏；废石废渣堆放受降水淋滤作用造成的水土污染。

（8）胡集镇磷矿矿山地质环境问题区

主要分布于胡集镇王集—大峪口—龙会山—放马山—熊家湾磷矿山地区。矿山地质环境问题主要为矿山地下开采引起的采空塌陷；露天采场、固体废物堆、尾矿库对土地资源的破坏；矿区疏干排水造成的地下水含水层破坏及引发的周边张湾—峡卡河地区岩溶塌陷；紧邻磷矿山的化工企业产生的磷石膏堆放受降水淋滤等造成的水土污染。

（9）双河镇矿山地质环境问题区

位于双河镇斑竹村地区，以及利河流域磷石膏堆放区。矿山地质环境问题主要为早期采矿活动对含水层造成破坏引发的岩溶塌陷；磷石膏露天堆放受降水淋滤等造成的水土污染。

4.2 矿山地质环境问题及其危害

根据本次实地野外调查、资料搜集以及室内资料的整理分析，调查区内矿山环境问题有地质灾害，主要包括岩溶塌陷，采矿区塌陷，崩塌、滑坡等；土地资源破坏；地形地貌景观破坏；对水资源的影响破坏，主要为含水层破坏；矿山废渣、废水对环境的影响，主要为水土污染等。

在矿业活动的矿石开采、矿石选冶及加工利用两个阶段，产生了不同的矿山地质环境问题及危害。

4.2.1 开采阶段

不同矿种在开采阶段产生的主要矿山地质环境问题不同。磷矿集采区开采阶段主要的矿山地质环境问题为含水层破坏、地质灾害；硫铁矿集采区开采阶段主要的矿山地质环境问题为地质灾害、含水层破坏、土地资源破坏和地形地貌景观破坏。

4.2.1.1 地质灾害

地质灾害主要是在开采阶段产生的。调查区地质灾害较发育，主要地质灾害类型为岩溶塌陷、采空塌陷、滑坡、崩塌。经统计，调查区内共有地质灾害 101 处（表 4-1），其中，地面塌陷 36 处，滑坡 34 处，崩塌 31 处。地质灾害规模以小型为主。

表 4-1 调查区地质灾害规模统计

规模类型	大型、特大型	中型	小型	合计
岩溶塌陷	4	3	5	12
采空塌陷		5	19	24
滑坡	2	2	30	34
崩塌	7	9	15	31
合计	13	19	69	101

据统计，调查区地质灾害由于矿山原因引发的地质灾害 75 处，非矿山原因引发的地质灾害 25 处（图 4-3）。在矿山原因引发的地质灾害中，磷矿山引发的地质灾害共 21 处，包括地面塌陷 13 处，崩塌 8 处；硫铁矿山引发的地质灾害共 14 处，包括地面塌陷 5 处，滑坡 4 处，崩塌 5 处。

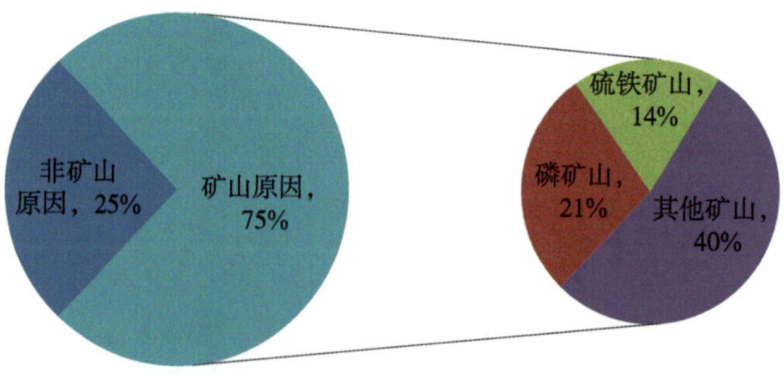

图 4-3 调查区地质灾害分类统计

调查区地质灾害具体情况如下。

（1）地面塌陷。本次调查发现地面塌陷 36 处，包括岩溶塌陷 12 处和采矿塌陷

24 处。据统计，地面塌陷共产生塌洞（坑）数十处，影响面积共 7.789 × 10^6 m^2，规模以小型为主。其中鄂西（荆襄）磷矿区张湾村岩溶塌陷、斑竹村岩溶塌陷、管冲村岩溶塌陷为大型，大峪口磷矿采空塌陷、王集磷矿采空塌陷为中型；铜陵硫铁矿区叶家湖塌陷为大型，朝山村塌陷、新民村塌陷、万迎山采空塌陷、新湖村塘坝组塌陷和塌里牧采空塌陷为中型。岩溶塌陷的产生原因与周边矿山开采、抽排水有关，采空塌陷主要为矿山地下采矿引起。

1）岩溶塌陷。20 世纪 50 年代之前，在岩溶充水矿山就有岩溶塌陷出现，20 世纪 50—70 年代区内尚且零星出现，规模小，成灾轻，未被人们所重视。进入 20 世纪 80 年代，地方经济飞速发展，矿产资源及岩溶水资源被大量开采，岩溶塌陷日益频繁，尤其是一些矿山疏干排水引发了大规模的岩溶塌陷，损失巨大。矿山疏干排水引发的岩溶塌陷一般对矿山附近的房屋、农田造成损毁，房屋墙体开裂、房屋倒塌；农田耕地面积的减少，农作物减产。

实地调查发现近年来随着矿山开采管理的规范化，矿山疏干排水引发的大规模岩溶塌陷少有发生，只在大型矿山附近有小规模的岩溶塌陷偶尔发生。目前区内仍存在隐患的岩溶塌陷有朝山村塌陷、新湖村朱冲组塌陷、新湖村塘坝组塌陷、张湾—峡卡河地区岩溶塌陷。本次调查中硫铁矿山岩溶塌陷 2 处，磷矿山岩溶塌陷 1 处（表 4-2）。

表 4-2 岩溶塌陷统计

	序号	名称	始发时间/年	塌坑个数/个	塌坑深度/m	塌陷口径/m	塌坑影响面积/10^6 m^2	规模	威胁对象		目前状态	备注
									人	财产/万元		
本次重点调查	1	凤凰山铜矿岩溶塌陷	2006	1	3～4	3	0.02	小型	0	15	基本稳定	
	2	新湖村塘坝组塌陷	2013	3	0.5～2	2～10	0.166	中型	20	240	不稳定	硫铁矿山
	3	新湖村朱冲组塌陷	2017	1	10	8	0.000 4	小型	5	30	不稳定	硫铁矿山
	4	朝山村塌陷		5	1～3	1～5	0.134	中型	0	90	不稳定	
	5	管冲村岩溶塌陷					1.10	大型		200	基本稳定	已治理
	6	张滩村岩溶塌陷		1	8	50	0.002	小型		20	基本稳定	部分治理
	7	建设村岩溶塌陷		1	15	20	0.000 6	小型	2	10	基本稳定	已治理
	8	周家冲岩溶塌陷					0.005 5	小型		100	基本稳定	已治理

续表

	序号	名称	始发时间/年	塌坑个数/个	塌坑深度/m	塌陷口径/m	塌坑影响面积/10^6 m^2	规模	威胁对象		目前状态	备注
									人	财产/万元		
以往资料	9	斑竹村岩溶塌陷	1998	38	1.5～3.5	2.5～18	3.2	大型	—	400	基本稳定	已治理
	10	张湾村岩溶塌陷	2002	55	3～12	7～15	1.14	大型	—	200	基本稳定	磷矿山
	11	新民村塌陷	1970	20	5～6	—	0.4	中型	0	100	基本稳定	—
	12	叶家湖塌陷	1987	20	1.5～5	—	1.5	大型	0	100	基本稳定	—

注：部分资料来源《安徽省铜陵市地质灾害调查与区划报告》（2002 年）。

典型岩溶塌陷分析：

①新桥矿典型岩溶塌陷区

A. 基本情况。调查区内典型岩溶塌陷区为新桥硫铁矿岩溶塌陷区，据矿山资料，区内自 1973 年起已累计发生塌洞 150 余个，影响面积 110×10^4 m^2。矿区多次出现大规模岩溶塌陷，破坏了大量的矿山设施，矿区民房和耕地也受到一定的影响，并多次造成井下突水淹井事故，经济损失巨大。

1973 年矿床水文地质补勘阶段南、北两组大口径钻孔抽水期间，当时共产生塌陷 10 处，主要分布于南 D1、北 D2 孔附近。1977 年矿山基建掘进阶段，−230 m 巷道突水被淹，在措施井排水恢复期间，共产生塌陷 20 余处，主要分布在矿区东翼措施井附近。1984 年矿区西翼疏干试验阶段，南、北两组疏干工程排水期间，共产生塌陷 30 处，塌陷主要分布在疏 1 孔附近的盛冲河新、老河道内，在矿区中部 21～23 线产生 5 条长达 300～400 m 的裂缝。1986 年矿山基建掘进后进一步疏干阶段，在矿区 31 线 G9 孔附近形成了一个较为宽广的地下水降落漏斗，在漏斗范围内产生了较严重的塌陷、地裂，共产生塌陷 70 处，老矿部至牛山一带发生大面积的地面沉降，西灌渠渡槽也因地表沉降出现开裂和下沉。塌陷区经过地表防渗和注浆堵水综合处理后。1990 年以后，矿区西翼降落漏斗基本形成，加之南部塌陷区经过地表防渗处理后，塌陷明显减少。但在连续阴雨和暴雨季节，塌陷仍有少量复活、新增现象，共产生塌坑约 20 处。2017 年 4 月下旬，采坑西翼的朱冲组一民房院内发生塌陷一处（图 4-4），塌坑东侧地面可见地裂缝。

（a）塌坑

（b）地裂缝

图 4-4 朱冲组岩溶塌陷

B. 本次调查。在本次调查工作期间，采坑西翼的朱冲组一民房院内于 2017 年 4 月下旬发生塌陷，塌陷坑呈四方形，长约 8 m，深约 10 m。塌坑东侧地面可见地裂缝，长约 4 m，宽 0.5～2 cm，走向基本沿塌坑四周向外辐射（图 4-5），房屋墙面可见裂缝，长约 2 m，宽 0.5～2 cm。塌坑目前已被回填，回填物为第四系黏土及少量碎石，土石方约为 100 m^3。塌陷原因为新桥硫铁矿长期开采形成采空区，同时抽排地下水，造成地下水位波动，加剧了岩溶发育情况，采空塌陷和岩溶塌陷叠加造成，此外还受连续降雨天气影响。

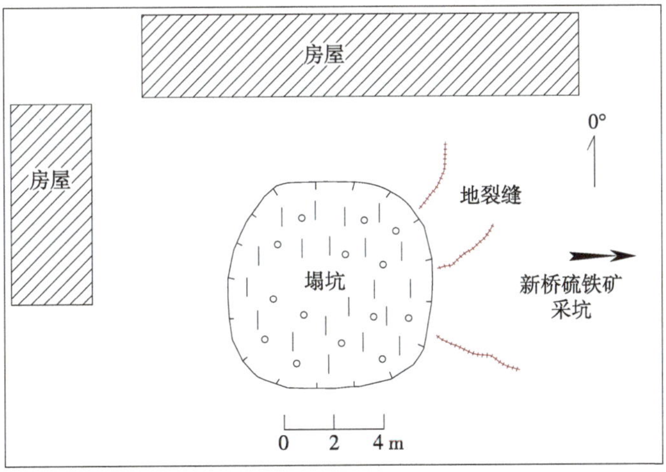

图 4-5 朱冲组岩溶塌陷平面位置

在采坑东西两个岩溶影响集中区分别布置钻孔 SZK10、SZK11、SZK12，并对 SZK10、SZK11 进行抽水试验（图 4-6），获取了地层情况和含水层水文地质参数。结合以往钻孔资料分析可知，矿区第四系厚 10～30 m，自上而下可分为 3 层。表层为亚黏土，厚 2～4 m；中部为砂砾层，厚 4～8 m，富含孔隙水，渗透系数 k=6.66～111.33 m/d；下部为泥砾层，结构紧密，透水性弱，渗透系数 k=0.02～0.58 m/d。泥砾层局部缺失，成为地表水及浅层孔隙水进入地下的通道，也为地表塌陷主要部位。下伏基岩为二叠系栖霞组灰岩，为矿体直接顶板，厚 198 m，岩溶发育，钻孔见洞率 46.3%，钻孔岩溶率 0.2%～9.0%，平均岩溶率 2.74%，岩溶发育于 120～150 m，含水丰富，单位涌水量 0.240～3.116 L/（s · m）。

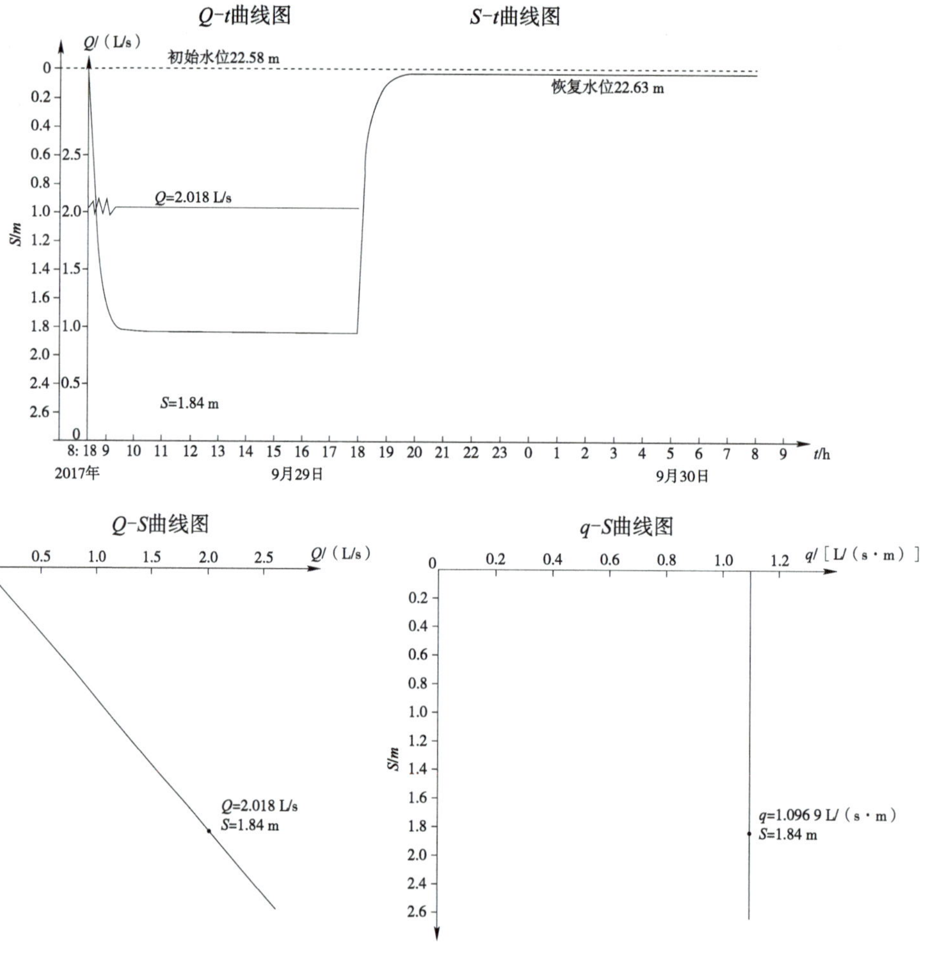

图 4-6　SZK11 孔抽水试验成果

在采坑东翼塘埂组一带布置物探剖面 WT01、WT02、WT03，在采坑西翼朱冲组一带布置物探剖面 WT12、WT13、WT26（图 4-7）。物探剖面解译结果显示：塘埂组和朱冲组一带岩溶发育程度相对较高，多分布在地势低洼地带。区内第四系覆盖厚度为 10～20 m，主要成分为碎石土、角砾土、粉质黏土，总体土层松软，渗透性较强，呈低视电阻率特征，视电阻率值为 100～200 Ω · m。下伏基岩区，视电阻率相对升高，视电阻率横向连续性较差，说明基岩裂隙发育，岩石破碎程度较高。据圈定的视电阻率异常特征，推测岩溶及土洞大部分为单一、孤立存在，形态主要为圆形、椭圆形，且多为水、黏土等低电阻物填充（小于 50 Ω·m），埋深为 20～50 m，主要分布在碎石土及角砾土与基岩面接触带部位。

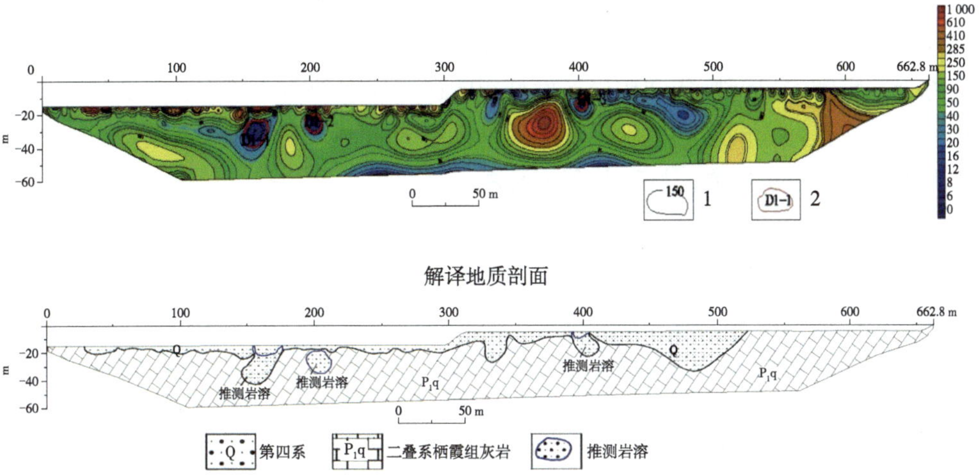

（a）WT01

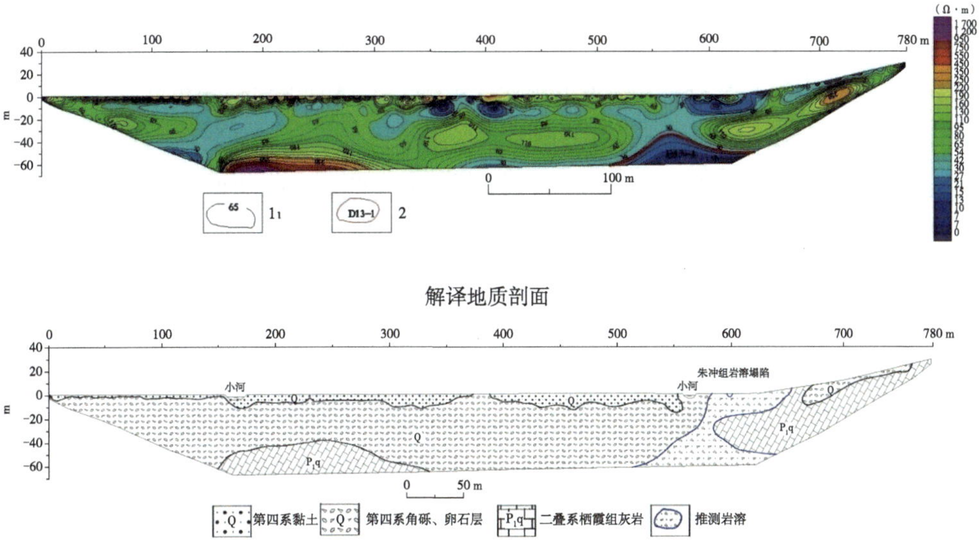

（b）WT13

图 4-7　朱冲组一带物探剖面视电阻率反演断面图、解译地质剖面

1—视电阻率等值线及标注；2—异常范围及编号

C. 基本特征。从形态上看，塌坑呈圆形、椭圆形、长条形、矩形、不规则形等。圆形、椭圆形是主要形态，塌坑直径一般为 1～5 m，最大 20 m。坑深一般为 1～5 m，最深 12 m。塌坑边缘常见连续分布的环状地裂缝，宽 3～20 mm，长几厘米至数十米。

从分布方面看，塌陷集中分布在采坑的西翼和东翼两个区域。地形上，塌陷集中在朱冲、圣冲谷地等低洼集水地段，圣冲河老河道、朱冲河附近塌坑尤为集中。塌陷区基岩均为二叠系栖霞组、茅口组灰岩，浅部岩溶洞穴、开口溶槽、溶隙发育。时间上，矿山基建抽排地下水易发生塌陷；1990 年后，矿区西翼降落漏斗形成后，塌陷零星出现，主要与降雨有关。此外，塌陷分布在岩溶地下水主径流带、排泄带、地下水位较浅且变幅较大、双含水层分布地段，地下水降落漏斗范围内。

综上，可圈定出新桥硫铁矿岩溶发育影响区域范围如图 4-8 所示，主要可分为采坑西翼朱冲、圣冲塌陷影响区和采坑东翼塘坝组塌陷影响区；叶家湖塌陷影响区主要为水源地超采地下水导致，与矿山活动无关。

岩溶塌陷作为新桥硫铁矿的主要地质灾害，矿山对已发生的塌陷进行了勘查治理工作，回填塌坑和局部采用混凝土封堵岩溶开口通道，塌陷区地表防渗处理，对易塌陷的盛冲河老河道进行了改道，并修建了人工混凝土河槽，在朱冲谷底边缘开挖了防洪沟，进行防渗处理，起到了地表排洪导流的作用。矿区西翼圣冲、朱冲塌陷经过治理后，塌陷明显减少，但每年连续阴雨和暴雨季节，塌陷仍有复活、新增现象。矿区东翼，随着露采场开拓加深，塌陷仍相对活跃。

②鄂西磷矿区张湾村岩溶塌陷

A. 基本情况。张湾—峡卡河岩溶塌陷区位于王集矿区东南侧，全区均处于其疏排地下水影响范围之内。据不完全统计，岩溶塌陷已造成村内 5 座水库全部干涸，3 处泉眼绝流，曾造成 96 户 380 人饮水出现严重困难，干旱时也影响胡集镇区 5 万余人生活用水。据不完全统计，采矿造成农田及山体塌陷灾害，90% 的耕地因采矿造成的水土流失而被迫改为旱田，损害农田 3 000 余亩[①]，农民收入大幅减少，并引发多起事故。

张湾村地面塌陷主要集中在峡卡河水库的尾坝位置，顺沟系水流南北向线性分布，主要发育在东侧山体坡脚与水库交接部位，平面形态呈串珠状，单坑多呈圆形，坑口直径 3～12 m，深 7～15 m。2002 年 5 月该区开始出现变形。发育规模最大的一处位于塌陷区南端，椭圆形陷坑面积约 0.03 hm^2，发育陷坑大小不等，形态各异，以圆形、椭圆形平面形态为主。塌陷最大深度约 8 m。目前部分已被村民回填。

例如 2007 年 8 月，某村民在用拖拉机拉生活用水时，因地陷骤发，当场死亡；某村民在放牧时，耕牛陷入 4 m 多深的深坑中；2008 年 6 月，新修的通村公路突然垮塌超过 30 m。

2012 年，钟祥市人民政府本着消除地质灾害隐患、保护地下水系、涵养地表水源、恢复生态植被、增加土地供给、改善当地人居环境质量的目的，向中央财政申请矿产资源枯竭城市矿山地质环境治理专项资金，对钟祥市矿山进行地质环境治理工程，其中张湾—峡卡河治理区为其核心治理区域之一。

---

① 1 亩 ≈0.066 7 hm^2。

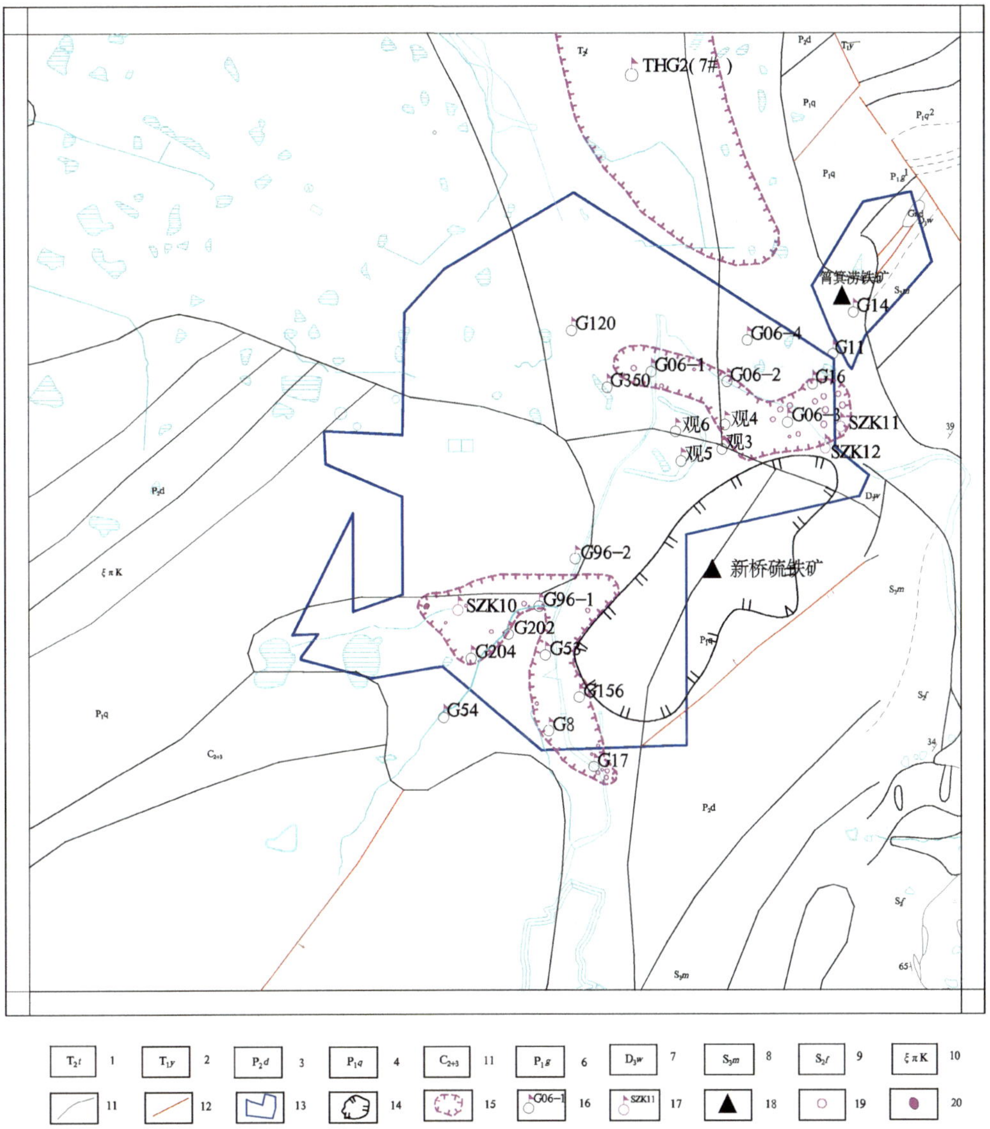

图 4-8　新桥硫铁矿区岩溶塌陷分布

1—三叠系中统铜头尖组：紫红色粉砂岩、页岩；2—三叠系下统殷坑组：黄绿色、灰色页岩夹灰岩；3—二叠系上统大隆组：灰岩、页岩、硅质泥灰岩、页岩夹燧石层；4—二叠系下统栖霞组：燧石灰岩、沥青质灰岩；5—石炭系中上统船山组、黄龙组：灰岩、白云岩；6—二叠系下统孤峰组；7—泥盆系上统五通组：石英砂岩；8—志留系上统茅山组：长石石英砂岩夹粉砂质页岩；9—志留系中统坟头组：粉黄绿色页岩及细砂岩；10—白垩系正长斑岩；11—地质界线；12—断层；13—矿权范围；14—新桥硫铁矿采坑范围；15—岩溶塌陷范围；16—观测孔；17—本次调查施工孔；18—硫铁矿位置；19—以往塌坑；20—本次调查塌坑

B. 本次调查。为进一步探查该地质环境影响区岩溶塌陷、溶洞、基岩起伏等情况，在张湾村一带布置了 12 条高密度电法剖面测量。通过对高密度电法反演资料分析可以得出：地表浮土为 200～2 000 Ω · m，视电阻率相对呈高阻；在 L10、L3、

L2、L1、L4、L5 线视电阻率为 10～50 Ω · m，视电阻率相对较低，推断此处基岩含有裂隙较多，尤其在 L2 线上 290～350 m 视电阻率从浅到深均较低，且在测线 L9 上 250～280 m 段视电阻率较低，推断此处基岩层层有较多裂隙，可能发育溶洞（图 4-9）。在 L6、L7、L8 线中部约 180 m 范围内存在高阻异常，推断此处可能有局部空区。而在 L6 线上 340～370 m 段，L8 线上 340～360 m 段有一低阻异常带，推断此处有溶洞发育。

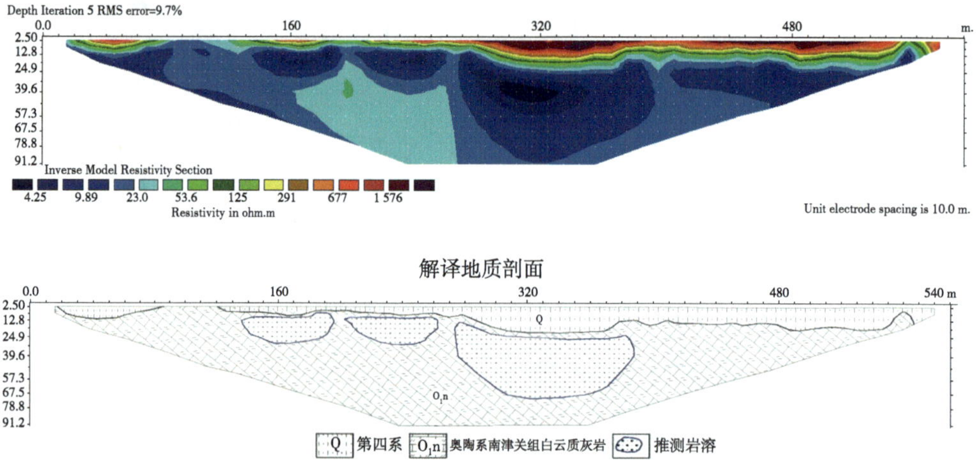

（a）L2

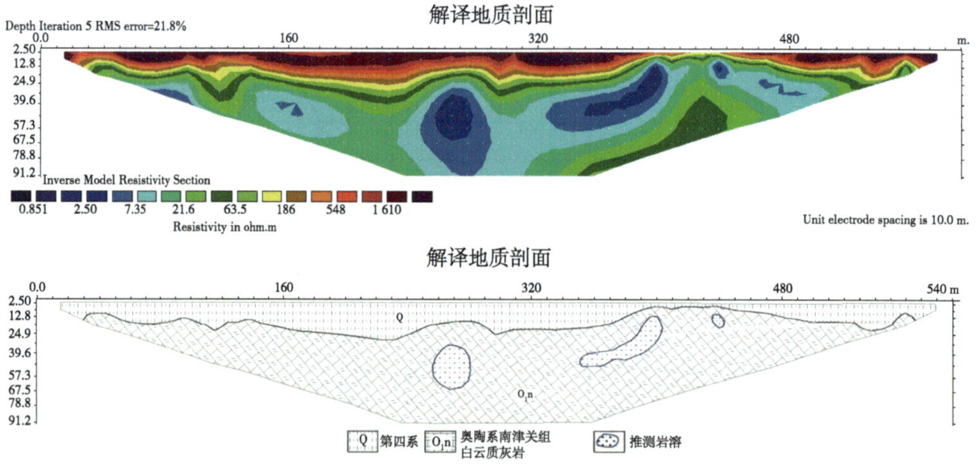

（b）L9

图 4-9　张湾村物探剖面视电阻率反演断面图、解译地质剖面

物探剖面解译结果显示：该区域内下伏岩性主要为可溶的泥质灰岩、白云岩，岩体破碎、构造发育，地下水径流条件较好，沿构造带方向分布发育的大量溶洞，主要含水层已渐渐疏干，岩溶塌陷基本稳定。但是，周边矿区的深部开采活动，还可能造

成地下水位的变化，致使上部覆盖层应力平衡状态发生改变，进而失稳发生塌陷。

C. 塌陷稳定性预测分析。张湾—峡卡河岩溶塌陷区部分已回填并治理，且根据周边矿山排水数据资料可知，其周边矿山开采至今自身排水造成地下水降落漏斗范围扩大，各主要含水层已逐渐被疏干，地下水水位已基本稳定。同时，经过近几年的地面塌陷，地下岩溶发育区和上部覆盖层土体的应力已经基本建立起一种新的平衡状态，岩溶塌陷趋于稳定。

2）采空塌陷

采空区塌陷是仅次于岩溶塌陷的一种灾害。收集资料分析显示，调查区共约有15座矿山出现此种灾害，影响面积 $422\times10^4\ m^2$。据不完全统计，因采空塌陷造成的直接经济损失逾亿元。塌陷发生时间集中在20世纪70—90年代。

凤凰山矿、狮子山矿、铜官山矿、金口岭矿4座铜矿山的塌陷面积约37 hm^2。金口岭铜矿笔架山空区尚有50 hm^2 未处理，严重影响城市规划建设。狮子山矿区东、西狮子山矿段塌陷区超过400 hm^2 未充填。

鄂西荆襄磷矿调查区喜人化工磷矿、王集磷矿、大峪口磷矿3座磷矿山的采空塌陷面积约143 hm^2，塌陷受地下采空区影响，周边山体上有明显的塌陷出露带，出露岩层为灰岩、泥灰岩，严重影响矿区生产。

收集资料中所涉及的采空塌陷大多数时间发生久远，部分矿山矿井已停止开采且已经进行了采空区回填、塌坑治理、居民搬迁避让等工作。目前调查区内采空塌陷隐患点有近山铜矿采空塌陷、塌里牧采空塌陷、铜光新村采空塌陷、清泉铁矿采空塌陷、钱冲铜矿采空塌陷、铜光新村采空塌陷、缸窑采空塌陷，威胁人员安全503人，威胁财产5 815万元。本次调查重点调查了不稳定且具有潜在危害的采空塌陷，其中硫铁矿山采空塌陷3处，磷矿山采空塌陷12处（表4-3）。

表4-3 采空塌陷统计

序号	名称	始发时间	塌坑个数/个	塌坑深度/m	塌陷口径/m	塌坑影响面积/($10^6\ m^2$)	规模	威胁对象		目前状态	备注
								人	财产/万元		
1	万迎山采空塌陷	2000	1			0.126	中型			基本稳定	
2	近山铜矿采空塌陷	2001	2		3～9	0.031 5	小型		100	不稳定	
3	沙滩角采空塌陷	2016.6	1	2.5	5.4～6.2	0.054	小型		200	基本稳定	
4	塌里牧采空塌陷	1996	4	15	10～60	0.185	中型		500	不稳定	

续表

序号	名称	始发时间	塌坑个数/个	塌坑深度/m	塌陷口径/m	塌坑影响面积/(10^6 m^2)	规模	威胁对象		目前状态	备注
								人	财产/万元		
5	筲箕涝铁采空塌陷		1		60～100	0.007	小型		1 000	基本稳定	硫铁矿山
6	仙人冲铜矿采空塌陷		1	>5	5	0.003 01	小型		500	基本稳定	
7	清泉铁矿采空塌陷		1	2	100～130	0.103	小型		500	不稳定	硫铁矿山
8	钱冲铜矿采空塌陷		1	1.5	5	0.000 03	小型		500	不稳定	
9	黄狮涝金矿采空塌陷		1		10	0.007 85	小型		1 000	基本稳定	
10	铜光新村采空塌陷	2015.2	1	12	20	0.029	小型	500	1 500	不稳定	
11	缸窑铁矿采空塌陷		1	9	90～110	0.01	小型	1	5	不稳定	硫铁矿山
12	枣园采空塌陷		1	1	6～10	0.003 2	小型	2	10	稳定	
13	喜人化工磷矿采空塌陷	1999.7	1	10	12	0.25	中型		10	不稳定	磷矿山
14	喜人化工磷矿采空塌陷	2002.3	1	3	5	0.05	小型		2	不稳定	磷矿山
15	王集磷矿采空塌陷	2005	2	15	12	0.24	中型		50	基本稳定	磷矿山
16	大峪口磷矿采空塌陷	2007	1	4	70	0.89	中型		50	基本稳定	磷矿山
17	大峪口磷矿采空塌陷	2012	1	1	6	0.004 3	小型		20	基本稳定	磷矿山
18	龙会山磷矿采空塌陷	2004	1	15	—	0.026	小型		10	基本稳定	磷矿山
19	龙会山磷矿采空塌陷	1999	1	15	—	0.017	小型		10	基本稳定	磷矿山

续表

序号	名 称	始发时间	塌坑个数/个	塌坑深度/m	塌陷口径/m	塌坑影响面积/(10^6 m^2)	规模	威胁对象		目前状态	备注
								人	财产/万元		
20	放马山磷矿采空塌陷		1	10	15	0.020	小型		10	基本稳定	磷矿山
21	熊家湾矿区采空塌陷	1998	1	12	30	0.013	小型		5	基本稳定	磷矿山
22	刘冲磷矿采空塌陷	2002	1	8	15	0.041 4	小型		5	基本稳定	磷矿山
23	联合磷矿采空塌陷		1	10	10	0.002 3	小型		2	基本稳定	磷矿山
24	秦冲磷矿采空塌陷	2006	1	3	15	0.040	小型		2	基本稳定	磷矿山

典型采空塌陷分析：

①黄狮涝金矿采空塌陷

黄狮涝金矿经十几年开采，井下存在大量空区，由于空区未做充分处理，并且遗留时间较长，面积较大，地压活动迹象已经非常明显，地表已发生不同程度的移动，使矿区多处地表发生塌陷，地面出现了较多的裂缝，在 3 号矿体范围内出现地表塌陷坑 5 个，其中最大塌陷坑直径 100 m 左右，深约 60 m，呈锥形。较小塌陷坑直径 10～20 m 不等，矿体露头附近出现地裂缝。地表塌陷和地裂缝不仅破坏了地表植被，威胁地面通行安全，而且直接沟通了地表水与井下的水力联系，导致采空区积水，极易发生突水事故，给井下生产带来严重安全隐患。

②铜光新村采空塌陷

铜光新村采空塌陷位于金九铜矿矿区，主井口 270° 方向 240 m 处的山坡，周边地势北高南低。据调查和走访当地村民，该塌陷发生于 2015 年 2 月 16 日，起初塌陷坑呈圆柱形，次日塌陷周边土体崩塌，滑落向坑内，现在塌坑外围直径约 20 m，深约 12 m，呈不规则漏斗状深坑，塌坑状态不稳定，还在继续扩大（图 4-10）。周边有 8 间房屋坍塌陷入坑内，15 间房屋损坏开裂，已无法居住，大部分房屋已拆除。在周边双狮路有两条地裂缝，最大宽度约 5 cm，长约 9 m，间距约 1 m，目前未加剧发展。当地政府已组织相关单位进行工程勘察，了解采空塌陷下部情况及塌陷原因并提出治理方案。经勘查，采空塌陷影响范围为 2.9 万 m^2，受影响住户 103 户，直接经济损失大于 1 500 万元（图 4-11）。

图 4-10　铜光新村采空塌陷

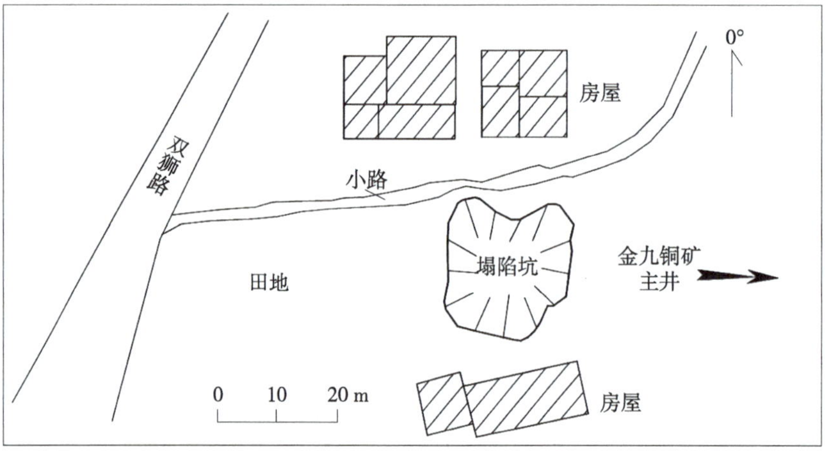

图 4-11　铜光新村采空塌陷平面位置

据调查分析塌陷原因：周边矿山开采形成采空区，使上部岩土层在自重和上覆岩土体的压力作用下，产生向下的弯曲和移动，最终失稳而塌陷。

③王集磷矿采空塌陷

采空区塌陷位于王集磷矿区，分布于王集至张湾村公路西侧，采空区走向为西南至东北方向，周边山体上有明显的塌陷出露带，出露岩层为灰岩、泥灰岩，颜色为灰白色，层状构造，裂隙稍发育，裂隙面见石英夹层。采空塌陷呈长列式，走向为西南至东北方向，塌陷面积约 240 000 m^2，塌陷侧壁多见小型崩塌，地质灾害规模等级属于巨型地面塌陷（图 4-12）。

④刘冲磷矿采空塌陷

刘冲磷矿区分布于原郢胡路公路北侧，采空区走向为东南至西北方向，周边山体上有明显的塌陷出露带，出露岩层为灰岩、泥灰岩，颜色为灰白色，层状构造，裂隙稍发育，裂隙面见石英夹层。采空塌陷呈长列式，走向为东南至西北方向，塌陷面积约 18 876 m^2，塌陷侧壁多见小型崩塌。目前刘冲磷矿采空塌陷区已进行治理，主要措施为在下方修建压脚墙，并对塌陷区进行地面回填，对坡面进行绿化工程。调查时，塌陷区目前处于稳定状态（图 4-13）。

图 4-12　王集磷矿采空区塌陷

图 4-13　刘冲磷矿采空区塌陷

（2）滑坡

滑坡是调查区内主要的地质灾害，主要分布在矿山附近，滑坡的发生是多种因素作用的结果。具体表现：矿山开采形成的高陡边坡是滑坡发生与否的主导因素，如开采形成的边坡过陡（60° 以上），临空面过高（一般十米至数十米），矿体上覆的松散层剥离程度不够或未进行剥离，给滑坡创造了极为有利的条件；降水量的大小、降水强度、降水的时空分布特征是灾害发生的诱导因素，滑坡的发生多数是在强降水年份的汛期；岩体中发育的原生节理或裂隙、软弱结构面的存在、劈坡时的应力调整和释放，在一定程度上对矿山边坡的稳定产生不良的影响。调查区内矿区滑坡发生次数多，但规模不大，滑坡体积多为 105～120 000 m^3。本次共调查滑坡及隐患共 34 处，其中 2 处大型，2 处中型，其余均为小型。其中矿山原因引起的滑坡 13 处，包括硫铁矿矿山滑坡 4 处；非矿山原因引起的滑坡及隐患点 21 处。主要的滑坡特征详见表 4-4。

表 4-4　调查区主要滑坡特征

序号	名称	始发日期	规模 /m^3	规模等级	物质组成	滑动面	地形坡角 /(°)	起因	状态	备注
1	汇龙膨润土滑坡	2016.6	12 000	小	碎石土	土层内错动带	40	矿山开采	已治理	
2	芜湖文武玄武岩矿业滑坡	2016	9 600	小	黏土夹碎石	土体与基岩接触面	50	矿山开采	已治理	

续表

序号	名称	始发日期	规模 /m³	规模等级	物质组成	滑动面	地形坡角 /(°)	起因	状态	备注
3	南陵县金龙铜矿滑坡	2014年以前	10 000	小	碎石土	老滑面	40	矿山开采	已治理	
4	新桥叶湖铁矿滑坡	2016	4 800	小	碎石土	土体与基岩接触面	60	矿山开采	隐患点	硫铁矿山
5	叶山铁矿滑坡	2016.7	24 000	小	碎石土	老滑面	20	矿山开采	已治理	硫铁矿山
6	新桥硫铁矿滑坡		28 000	小	砂岩	层理面	40	矿山开采	已治理	硫铁矿山
7	上牧冲组滑坡	2016.6	120 000	中	碎石土	土体与基岩接触面	55	矿山开采	隐患点	
8	碗村滑坡	2016.6	12 500	小	黏土	土体与基岩接触面	28	切坡降雨	已治理	
9	丁山余滑坡	2016.6	2 400	小	黏土	土层内错动带	30	切坡降雨	已治理	
10	天马山硫金矿滑坡	2017.7	960	小	黏土	土层内错动带	37	矿山开采	已治理	
11	石岭铅锌矿排土场滑坡隐患点				碎石土	尚未滑动，但存在隐患	60	矿山开采	已治理	
12	章山铁矿滑坡	2016.6	105	小	碎石土	土体与基岩接触面	40	矿山开采	未治理	硫铁矿山
13	新建堆浸公司滑坡		1 600	小	页岩	层理面	45	矿山开采	未治理	
14	黄狮涝金矿滑坡	2017.8	5 400	小	黏土	土体与基岩接触	30	矿山开采	未治理	
15	峨山镇凤形村峨山头滑坡	2016.7		特大	碎石土	覆盖层与基岩接触面	45	矿山开采	正在治理	
16	肖家湾滑坡	1998	128 000	中	含砾黏土	土体与基岩接触面	40	切坡降雨	未治理	
17	丁家冲滑坡		4 500	小	含砾黏土	土体与基岩接触面	48	切坡降雨	隐患点	
18	北山水库滑坡		4 800 000	大	碎石土	覆盖层与基岩接触面	70	切坡降雨	隐患点	

非矿山原因类滑坡及隐患点多为村民切坡建造房屋，破坏了山体的原有结构，长期以来受雨水冲刷的影响，山坡失稳，表层碎石土和植被滑落破坏房屋。当地国土部门对此类滑坡及隐患点进行定期排查治理，竖立警示牌，部分隐患点已经进行工程治理，目前状态稳定，有效地保障了人民群众生命财产安全。

典型滑坡特征：

1）天马山硫金矿滑坡。位于天马山矿山副井口 180° 方向约 30 m 处的山坡，地势南高北低。滑坡长约 50 m，宽约 60 m，坡度为 37°，滑坡体主要为第四系红褐色黏土，几乎不含砂砾，周边植被覆盖良好。滑坡原因为矿山修建矿井平台切坡和降雨。目前矿山已进行治理工程，滑坡面已被修整成台阶状，顶部滑坡面坡度较大，有再次发生滑坡的可能性，滑坡下方已建立危险标识牌（图 4-14）。

（a）滑坡照片

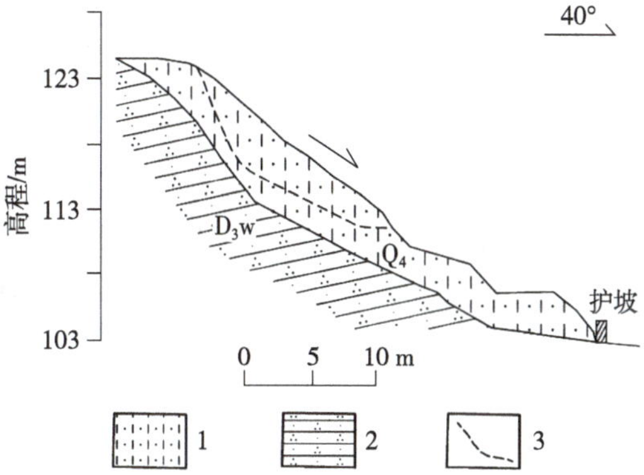

（b）滑坡剖面

1—黏土；2—石英石英；3—滑动面

图 4-14　天马山硫金矿滑坡

2）黄狮涝金矿滑坡。位于矿山堆放场北侧（图 4-15），据调查，滑坡发生于 2017 年 8 月底。滑坡所处原始斜坡坡度较陡大于 45°，所处地质环境的地层为石炭系灰岩。滑坡长约 60 m，宽约 30 m，滑坡厚度 1～5 m，坡向 135°，呈不规则舌形，滑坡体成分为红褐色含砾黏土。目前滑坡状态较稳定，未进行清理。堆放场正在进行恢复治理工程，开采面表面覆盖有大量第四系含砾石黏土，且开采面坡度较大，在连续强降雨后导致覆盖层失稳发生滑坡。此处有继续发生滑坡的可能性，建议设立警示牌并进行定期巡视。

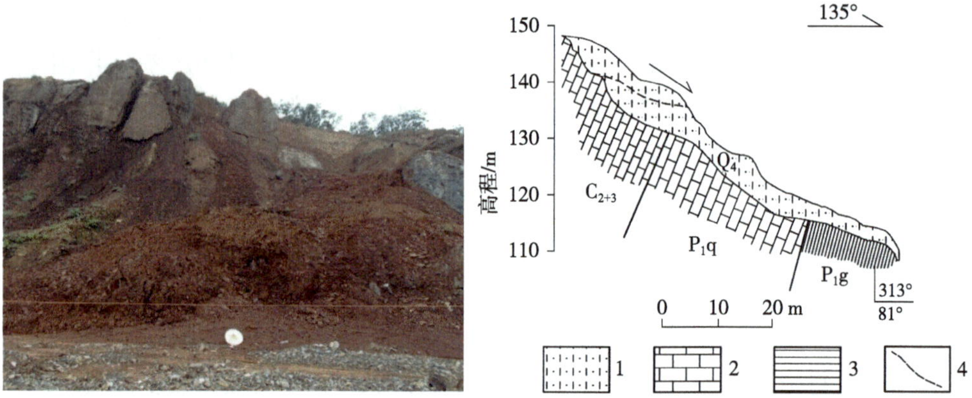

（a）滑坡照片

（b）滑坡剖面

1—黏土；2—灰岩；3—页岩；4—滑动面

图 4–15 黄狮涝金矿滑坡

（3）崩塌

矿区内崩塌的发生与滑坡相似，也是多种因素作用的结果。矿山开采形成高陡边坡是崩塌发生的主导因素，岩体中发育的原生节理或裂隙、软弱结构面的存在、劈坡时的应力调整和释放，在一定程度上对矿山边坡的稳定产生不良的影响。

崩塌在调查区发育相对较少，主要发生在矿区露天采场的高陡边坡，经调查发现崩塌及隐患点共 31 处，其中 7 处为大型，9 处为中型，其余均为小型（表 4–5）；5 处为硫铁矿矿山引发，8 处为磷矿山引发。主要危害为威胁矿山生产安全、压覆矿产资源，破坏矿山地表设施。

表 4–5 崩塌特征统计

序号	名称	始发日期	规模 /m^3	规模等级	物质组成	地形坡角 /（°）	起因	目前状态	备注
1	清泉铁矿崩塌		12 000	小	黏土	90	矿山开采	稳定	硫铁矿山
2	仙人冲铜矿崩塌	2016	900	小	碎石土	45	矿山开采	稳定	
3	铜陵县钟鸣镇牡陵铁矿崩塌隐患	2016.3	2 500	小	岩石	50	矿山开采	不稳定	硫铁矿山
4	铜陵县钟鸣叶山铁矿崩塌隐患	2015.1	60 000	中	岩石	90	矿山开采	不稳定	硫铁矿山
5	南陵县小工山铁铜矿		640 000	中	黏土	80	矿山开采	稳定	硫铁矿山
6	凤凰山矿业公司小铁矿崩塌隐患		27 000	中	岩石	70	矿山开采	不稳定	

续表

序号	名称	始发日期	规模 /m^3	规模等级	物质组成	地形坡角 / (°)	起因	目前状态	备注
7	小涝竹园头铁矿崩塌	2015	20 000	中	碎石土	25	矿山开采	稳定	硫铁矿山
8	张山组崩塌	1984.4	10	小	碎石土	70	切坡、降雨	不稳定	
9	铜官山铜矿崩塌隐患点			小	岩石	70	矿山开采	不稳定	
10	桥下组崩塌	2016.6	6	小	碎石	65	切坡、降雨	不稳定	
11	新建组崩塌	1985.6		小	碎石	70	切坡、降雨	不稳定	
12	范马村东风组崩塌	1986.5		小	岩石	75	切坡、降雨	不稳定	
13	圻村组后冲组崩塌	2015	15	小	碎石土	30	降雨	不稳定	
14	新洋丰尾矿库崩塌		2 500	小	土质	35	降雨	较稳定	隐患点
15	大峪口磷矿崩塌	2012	1 320	小	岩质	52	矿山开采	较稳定	磷矿山
16	放马山金山林石料厂露采区崩塌		300 000	大	岩质	70	矿山开采	较稳定	隐患点
17	龙会山磷矿虎山矿段崩塌		6 750	小	岩质	45	降雨	较稳定	磷矿山
18	龙会山磷矿崩塌	2009	70 000	中	岩质	52	矿山开采	较稳定	磷矿山
19	王集磷矿崩塌	1994.9	120 000	大	岩质	48	矿山开采	较稳定	磷矿山
20	王集磷矿崩塌	2014	600	小	岩质	80	降雨	较稳定	磷矿山
21	喜人化工崩塌	1999.7	120 000	大	岩质	50	地面塌陷	较稳定	
22	喜人化工崩塌	2002.3	4 000	小	岩质	45	地面塌陷	较稳定	
23	刘冲磷矿崩塌		64 000	中	土质	45	降雨	较稳定	磷矿山
24	治国磷矿崩塌		34 000	中	岩质	50	降雨	较稳定	磷矿山
25	秦冲磷矿崩塌	2009	25 000	小	岩质	70	降雨	较稳定	磷矿山
26	张湾—王集公路崩塌	2009	10 000	中	岩质	50	切坡	较稳定	
27	夏冲村崩塌		640 000	大	岩质	38	切坡	较稳定	隐患点

续表

序号	名 称	始发日期	规模 /m^3	规模等级	物质组成	地形坡角 / (°)	起因	目前状态	备注
28	夏冲村崩塌		120 000	大	岩质	70	切坡	较稳定	隐患点
29	联合村荆钟化工崩塌	2016	250 000	大	岩质	55	切坡	较稳定	
30	某建材公司采石场崩塌		500 000	大	岩质	50	矿山开采	较稳定	隐患点
31	某水泥公司采石场崩塌		56 000	中	岩质	65～80	矿山开采	较稳定	隐患点

典型崩塌特征：

1）铜官山铜矿崩塌隐患点。位于铜官山铜矿露天采坑边坡（图 4-16），边坡坡度为 70°，高约 25 m，大理岩危岩体位于边坡底部 15 m 处，风化裂隙极发育，受阳光暴晒和雨水影响，造成岩体夹杂碎石土崩落。崩塌滑落碎石土约 4 500 m^3，碎石土靠山体斜坡堆积，呈扇形，堆高 13 m。由于崩塌发生在矿区内，矿山正在进行恢复治理工作且周围无房屋和矿山设备，造成的经济损失不大。此处仍有可能继续发生崩塌的隐患，建议设立警示牌并进行定期巡视。

2）张湾—王集公路崩塌。位于钟祥市胡集镇张湾村至王集镇出村公路西侧，由矿石开采形成的围岩崩塌体，曾多次有大块滚石崩落。危岩体为白云岩开采遗留高陡泥质灰岩质边坡，坡高 30～40 m，坡角近 50°，坡长约 270 m，危岩体崩塌体积约 10 000 m^3。现由钟祥市国土部门进行边坡治理工程（图 4-17），该岩质边坡采用主动防护网 + 喷播植草进行护坡。近公路侧设置一条顺路走向排水沟，排水沟总长 300 m。主要工程量为土方开挖回填 2 707 m^3、栽植桂花 865 株、主动防护系统 19 155 m^2。

图 4-16　铜官山铜矿崩塌隐患点

图 4-17　张湾—王集公路崩塌治理

4.2.1.2 土地资源破坏

主要是硫铁矿集采区矿石开采对土地资源的破坏。磷矿集采区矿石开采对土地资源破坏程度较小。

调查区内矿山数量多，且开采时间久（开始于20世纪五六十年代），受当时技术条件的限制，矿产资源开发对水土环境造成了严重破坏，尤其是对土地资源的破坏。经调查，开采阶段主要包括3个方面：露天采场、废石（土、渣）堆场、矿山地质灾害（地面塌陷和滑坡）。详情如下：

（1）露天采场破坏土地情况

露采矿山修建露采场占用与破坏土地、植被资源，调查区共有131处露天采场，总面积2 070.58 hm^2，区内主要矿山露天采场情况见表4-6。

表 4-6 调查区主要矿山露天采场占地面积

序号	矿山名称	占地面积 / hm^2	序号	矿山名称	占地面积 / hm^2
1	铜陵金狮矿业有限责任公司	9.15	22	劲松—晨光石料厂	11.42
2	铜陵市汇龙膨润土矿	5.70	23	西湖狮子山石料厂	14.74
3	铜陵县叶山硫铁矿	6.23	24	铜陵县新桥硫铁矿	8.57
4	铜陵县钟鸣镇牡陵硫铁矿	16.91	25	荻港海螺老虎头石灰岩矿	213.36
5	铜陵化工集团新桥硫铁矿	78.41	26	分水岭煤矸石矿	29.42
6	凤凰山药园山铜矿	10.17	27	国源矿业蜘蛛山矿	24.08
7	铜陵县新桥叶湖硫铁矿	16.77	28	国源矿业恒顺矿	66.61
8	大峪口磷矿	23.00	29	新港克里—瑜山高岭土矿	19.25
9	放马山磷矿	20.00	30	海螺库山水泥石灰岩矿	34.71
10	荣伟—五星—郑东石料厂	15.00	31	荻港老虎垅石灰岩矿	47.55
11	海螺敕山—伞形山石灰石矿	194.88	32	长安石料有限公司	22.48
12	海螺水泥虎山石灰石矿	40.80	33	芜湖飞尚膨润土矿	20.44
13	铜陵市木牌冲石料厂	14.85	34	清水塘膨润土矿	18.93
14	福光铅锌矿	4.70	35	杨山东水泥用石英砂岩矿	30.82
15	董店福利石灰石矿	6.70	36	荻港海荻石矿	15.23
16	铜陵市金华石片厂	16.57	37	海螺箬帽山—戴家店矿区水泥用石灰岩矿	123.29
17	铜官山铜矿	44.67	38	金山林石料厂	20
18	青山石料厂	15.31	39	金瑞石料有限公司	4.08
19	新华山铜矿露天采坑	16.17	40	玉真石料厂	96
20	狮子山包村金矿	2.90	41	新生钠长石石料有限公司	0.36
21	狮子山振兴采石场	12.58			

经调查统计发现，建材类石灰岩等矿山由于开采方式为露天开采，对土地资源的破坏占用危害最大，占地面积较大的建材矿山有海螺水泥老虎头石灰岩矿、敕山—伞形山石灰石矿、箬帽山—戴家店矿区水泥用石灰岩矿、玉真石料厂等。硫铁矿矿山露天采场占地面积 126.89 hm^2，涉及的矿山有铜陵化工集团新桥硫铁矿、铜陵县钟鸣镇牡陵硫铁矿、铜陵县叶山硫铁矿、铜陵县新桥硫铁矿、铜陵县新桥叶湖硫铁矿。磷矿山露天采场占地 43 hm^2，涉及的磷矿山有大峪口磷矿、放马山磷矿，均为早期开采露天采场，现已覆盖植被，恢复情况较为良好。

（2）废石（土、渣）堆场等占用与破坏土地情况

废石（土、渣）堆场等占用与破坏土地、植被资源，调查区共有排土场、废石堆场 126 处，总占用土地面积约 600.00 hm^2。主要大型排土场、废石堆基本情况见表 4-7，占地面积 252.80 hm^2，占总固体废物压占土地资源面积的 40%。除矿山建造的大型排土场外，其余固体废物堆零星分布于矿山附近，占地面积小，分布不规则。

表 4-7　调查区主要矿山排土场、废石堆基本情况

序号	矿山名称	排土场面积 / hm^2	堆积量 / 万 t	备注
1	叶山铁矿排土场	9.7	96	硫铁矿
2	新华山铜矿排土场	14.5	730	302 万 m^3
3	白鹤铁金矿排土场	1.3	10	
4	董店金矿排土场	6.76	71	
5	叶湖铁矿排土场	8.1	202	
6	凤凰山矿区药园山铜矿排土场	19.4	900	
7	董店堆浸排土场	8.67	83.73	
8	钟明硫铁矿排土场	14.21	14.7	硫铁矿
9	新桥硫铁矿排土场	67	1 364.6	硫铁矿
10	大峪口磷矿排土场	24	175	磷矿
11	放马山磷矿排土场	18	75	磷矿
12	红土山磷矿废石堆	5	1.05	磷矿
13	熊家湾磷矿废石堆	0.2	1.2	磷矿
14	新洋丰化工厂废石堆	22	56	
15	王集磷矿排土场	1.2	18	磷矿
16	喜人化工磷矿排土场	0.8	6.4	磷矿
17	龙会山磷矿排土场	15	1 100	磷矿
18	金山林采石场废石堆	0.8	4	
19	玉真采石场废石堆	12	24	

续表

序号	矿山名称	排土场面积 / hm^2	堆积量 / 万 t	备注
20	乐乡关制砖厂废渣堆	0.064	0.02	
21	葛洲坝钟祥水泥厂废石堆	4	15.6	
22	荆钟化工废渣堆	0.1	0.2	
总计		252.804	4 948.5	

（3）矿山地质灾害占用和破坏土地情况

地面塌陷和滑坡等矿山地质灾害占用与破坏土地资源，共发现 23 处（规模较大），总占地面积 22.59 hm^2。以地面塌陷对土地资源的破坏为主。

综上所述，因矿山开采共破坏土地资源 2 693.17 hm^2，其中，耕地面积 54.14 hm^2，林地面积 2 521.4 hm^2，草地面积 10.4 hm^2，园地面积 1.12 hm^2，建筑用地面积 0.01 hm^2，其他地类面积 106.1 hm^2，分别占压占损毁土地总面积的 2.01%、93.62%、0.39%、0.04%、0.00% 和 3.94%，具体情况见表 4-8。矿山中的露天采场是对土地资源破坏的主要表现形式，矿山压占损毁对林地影响最大。

表 4-8　矿山压占损毁土地资源统计

类型	压占毁损土地类型面积 /hm^2						合计 / hm^2	备注
	耕地	林地	草地	园地	建筑用地	其他		
露天采场	12.8	2 010.11	2.1			45.57	2 070.58	
		146.95				7.6	154.55	硫铁矿矿山
		40.23				2.77	43	磷矿矿山
废土（石）堆场	38.2	492.87	8.27	1.12		59.54	600	
	2.47	138.81	0.75	1.12		6	149.15	硫铁矿矿山
	1.08	57.78	0.64			4.7	64.2	磷矿矿山
地面塌陷	3.14	6.79	0.03		0.01	0.69	10.66	
	0.001						0.001	硫铁矿矿山
		2.56				0.19	2.75	磷矿矿山
崩塌		0.2				0.3	0.5	
		0.2					0.2	硫铁矿矿山
滑坡		11.43					11.43	
		1.08					1.08	硫铁矿矿山
合计	54.14	2 521.4	10.4	1.12	0.01	106.1	2 693.17	
	2.471	287.04	0.75	1.12	0	13.6	304.98	硫铁矿矿山
	1.08	100.57	0.64	0	0	7.66	109.95	磷矿矿山

其中：调查区内硫铁矿矿山开采破坏土地资源 304.98 hm^2，破坏的形式主要为露天采场和废土（石）堆场，压占损毁土地类型主要为林地；调查区内磷矿矿山开采破坏土地资源 109.95 hm^2，破坏的形式主要为露天采场，压占损毁土地类型主要为林地。

4.2.1.3　地形地貌景观破坏

矿山开采活动在压占破坏土地资源的同时也对地形地貌造成了破坏，特别是露天采场和规模较大的排土场。露天采场挖损山体使岩石直接裸露，破坏原生地形地貌景观；排土场压占覆盖土地，改变原生地形地貌结构。

调查区内主要大型露天采场有新桥硫铁矿露天采场、铜官山铜矿露天采场、新华山铜矿露天采场（图 4-18）、铜陵海螺水泥有限公司石灰石矿露天采场（图 4-19）、玉真石料厂露天采场，排土场有新桥硫铁矿排土场（图 4-20）、新华山铜矿排土场、凤凰山铜矿排土场和石岭铅锌矿排土场等，对地形地貌景观破坏较大。

图 4-18　新华山铜矿露天采场

图 4-19　铜陵海螺水泥有限公司石灰石矿露天采场

铜官区南侧铜官山露天采场、黄狮涝金矿露天采场等对市区周围山体原生地形地貌景观破坏；G50 高速公路铜陵段可见海螺水泥敕山—伞形山水泥用石灰岩矿、董店福利石灰岩加工厂、西湖狮子山石料厂、振兴采石场、劲松石料厂等对原生地形地貌景观破坏（图 4-21）；S320、S321 省道两侧可见凌阳石灰岩矿、海螺水泥箬帽山—戴家店矿区水泥用石灰岩矿等对地形地貌景观破坏；沿新大道、各县道两侧均可见硫铁矿、铜矿、采石场等露天采场、排土场对地形地貌景观的破坏。

图 4-20　新桥硫铁矿排土场

图 4-21　露天采场对景观的破坏

4.2.1.4　含水层破坏

调查区内矿山疏排地下水类型以碳酸盐岩裂隙溶洞水为主，碎屑岩裂隙水相对较少。大中型矿床埋藏于地下水侵蚀基准面以下，开拓较深矿坑采排水量较大，乡镇矿山矿床规模小，多数埋藏于地下水侵蚀基准面以上，开拓较浅，采排地下水量较小。调查资料显示，早期全区矿山日排水量一般为 8.50 万～13.00 万 t，多数排放至附近河流、沟渠自然流失，造成地下水资源均衡破坏，目前排放量较大的矿山为新桥硫铁矿、冬瓜山铜矿、天马山硫金矿、放马山磷矿等矿区（图 4-22）。

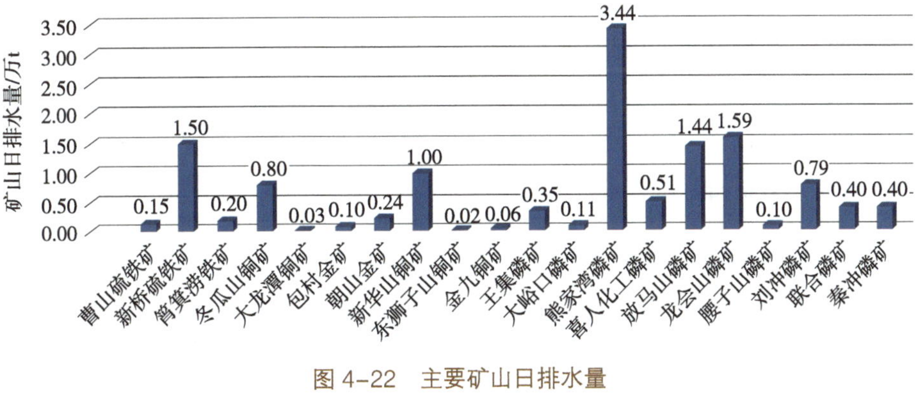

图 4-22　主要矿山日排水量

矿山长时间、大降深疏排地下水使得矿区及周边地区地下水位持续下降，加剧了区域地下水资源不均衡，造成矿区及邻近地下水资源枯竭，如狮子山矿区、熊家湾矿区，50 余年的矿山开采导致区域地下水位逐年下降，周边单位供水井废弃。同时由于矿山开采较集中，导致地下水水位降深过大，形成了很多地下水降落漏斗（表 4-9），主要分布在新华山铜矿—朝山矿区、冬瓜山铜矿区、新桥硫铁矿矿区、天马山金硫矿—华金矿、张湾—峡卡河地区（王集—大峪口磷矿附近）、放马山—熊家湾矿区一带，且呈逐年扩展形势。

表 4–9　主要矿山开采对地下水位影响统计

矿山名称	日排水量 / m^3	开采前水位埋深 / m	开采后水位埋深 / m	降落漏斗影响半径 / m	备注
冬瓜山铜矿	8 000	4.92	150.6	1 972	
朝山金矿	2 400	11.49	37		
新桥硫铁矿	15 000	10	110	676	
筲箕涝铁矿	3 000	5	33	272	已停产
天马山金硫矿	10 000	40	240	2 762	
华金矿业公司	1 000	40	240	2 507	
王集磷矿	3 500	120	210	3 000	
大峪口磷矿	1 064	120.5	210	3 000	
熊家湾磷矿	34 363	75	340	9 000	已停产
喜人化工磷矿	5 086	120	260	2 600	
放马山磷矿	14 400	60	320	7 000	
龙会山磷矿	15 860	120	320	5 000	部分已停产
腰子山磷矿	1 000	125	240	3 000	
刘冲磷矿	7 867	50	200	4 000	已闭坑
联合磷矿	4 000	54	90	—	已闭坑
秦冲磷矿	4 000	60	90	700	
总计	130 540				

（1）冬瓜山铜矿区

主要为狮子山矿区，包括冬瓜山铜矿、包村金矿、大龙潭铜矿 3 矿，本次调查中仅冬瓜山铜矿处于生产状态，其余各矿由于灾害或经济原因均处于关停状态。区内地下水漏斗主要受冬瓜山铜矿排水影响，目前冬瓜山铜矿主要开采中段为 -1 000 m 左右，受矿山长期排水影响，区内基岩地下水天然动态遭到破坏，埋藏较深，已位于基岩面之下，位于区内龙湖路以东的 ZK750，初期水位埋深 4.92 m（1981 年 12 月），后期水位埋深 150.60 m（2011 年 3 月），降幅达 145 m。根据《东隆服装厂岩溶塌陷地质灾害勘查报告》（2011 年），冬瓜山形成的降落漏斗边缘为东西向纬一路，漏斗中心位于冬瓜山铜矿回风井。

（2）新华山—朝山矿区

包括朝山金矿、新华山铜矿、金九铜矿等5矿，本次调查中仅朝山金矿处于生产状态，其余各矿由于灾害或经济原因均处于关停状态。该区地下水资源丰富，根据《朝山村岩溶塌陷地质灾害勘查报告》（2012年）描述，20世纪90年代区内地下水埋深11.49～14.8 m，地下水变动带位于土体和基岩面附近，但在周边矿山排水影响下，目前区内地下水埋深已降至34～37 m。新华山铜矿为了恢复建设，于2011年10月中旬开始在其1号采场进行排水试验，日排水量1 500 m^3，排水前地下水位标高在 -20 m左右，试验历时50余天，水位降至 -64 m。2011年12月11日朝山村境内便发生大面积塌陷。自2011年12月15日新华山铜矿停止排水试验后，矿山周边地下水呈逐步回升态势，区域地下水回升了6.5～7.0 m（图4-23）。由此可见矿山抽排水对周边含水层影响破坏较大。

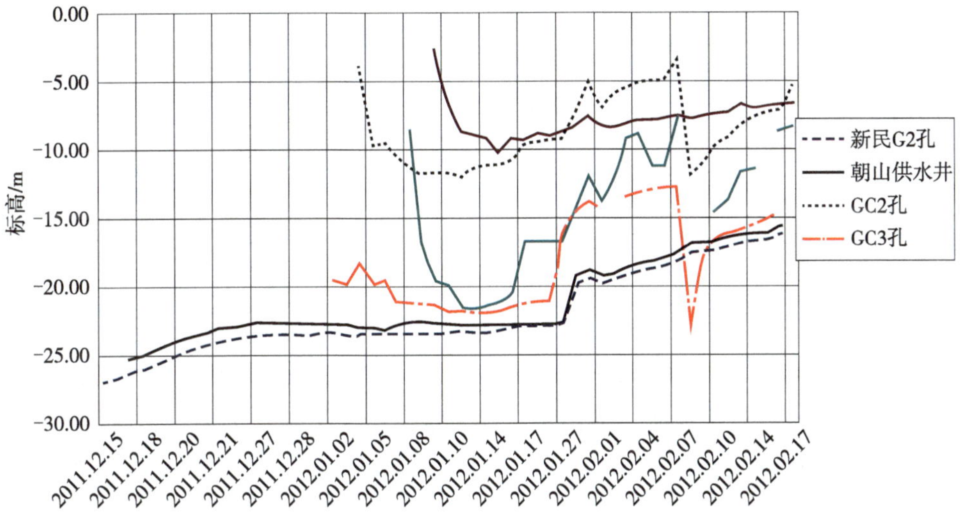

图4-23　朝山村地下水位变化曲线

（3）天马山金硫矿—华金矿业矿区

区内矿山包括天马山金硫矿、华金矿业公司、五松金矿、天山矿业有限公司、五松煤矿、五松硫铁矿共6个矿，本次调查中仅天马山金硫矿、华金矿业公司处于生产状态，其余矿均已关闭。区内地下水开采历史悠久，从20世纪的铜官山铜矿到现今的天马山硫金矿，根据《五松村十五居民组岩溶塌陷勘查报告》（2015年4月），华金矿业有限公司降落漏斗半径2 507 m，天马山降落漏斗半径2 762 m。

（4）新桥硫铁矿矿区

该矿区主要疏排地下水矿山有铜化集团新桥硫铁矿。新桥矿总排水量一般 10 000～15 000 m^3/d。收集到的资料显示，开采前水位埋深为 10 m，开采后水位埋深为 110 m，由于矿山长期排水、矿井突水破坏了矿区地下水天然动态，东、西两翼各形成地下水降落漏斗。

本次工作选取了新桥硫铁矿露天采坑西北方向不同距离的 3 个水文钻孔，将钻孔的 2015 年水位情况进行对比，发现地下水位和钻孔与采坑的距离成反比，距离越远，地下水位越高。说明矿山的长期开采形成的地下水降落漏斗仍然存在（图 4-24）。

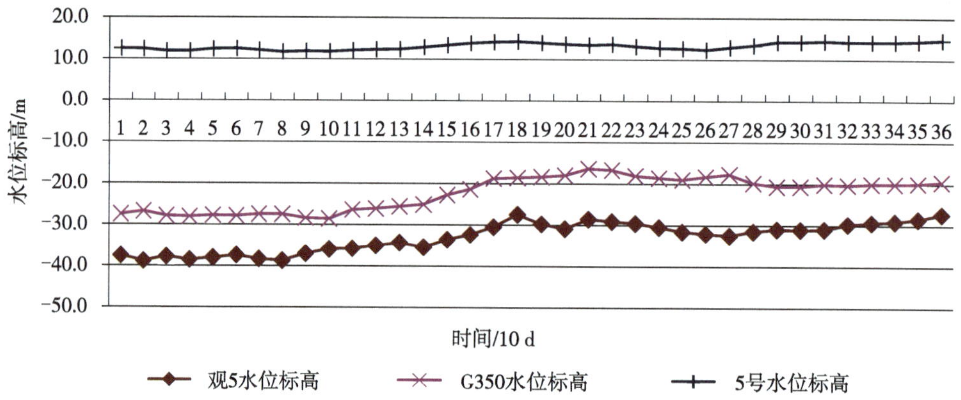

图 4-24　2015 年观 5、G350、5 号水文孔水位标高变化情况

通过分析新桥矿矿山水文钻孔的 2013—2017 年监测数据（观 5，位于新桥硫铁矿露天采坑西北外侧），发现矿山抽排水对地下水位产生了很大影响，2013—2015 年的水位随着矿山抽排水起伏变化，但近两年水位变化规律就发了变化：水位逐渐上升，并趋于平稳状态，特别是 2017 年水位的起伏波动幅度很小（图 4-25）。通过调查得知原因：矿山在露天采坑北侧进行了帷幕注浆工程，将露天采坑与地下水系统隔离开，随着工程的进度，北侧的地下水位逐渐摆脱了矿山抽排水的影响。

根据《铜陵县顺安镇新湖村塘坝村民组岩溶塌陷地质灾害勘查报告》，西翼地下开采系统矿坑周围形成了较为宽阔的相对稳定的降落漏斗，漏斗中心水位标高 -110.28 m（G96-1，2011 年 12 月 21 日）；东翼露采系统降落漏斗范围相对较小，漏斗中心水位标高约 -90 m，岩溶含水层地下水的平均水力坡降为 17.15%。

通过收集以往钻孔水文观测资料，结合本次施工钻孔水文观测，可大致圈出新桥硫铁矿降深漏斗影响范围（图 4-26），漏斗大致仍以钻孔 G96-1 为中心，水位标高为 -87 m（2016 年 9 月 21 日），最大影响半径 1 037 m，漏斗较为稳定。与资料收集的漏斗中心水位数据（-90～-110.28 m）相比，降落漏斗中心水位有所升高，进一步说明了矿山露天采坑帷幕注浆工程的成效。

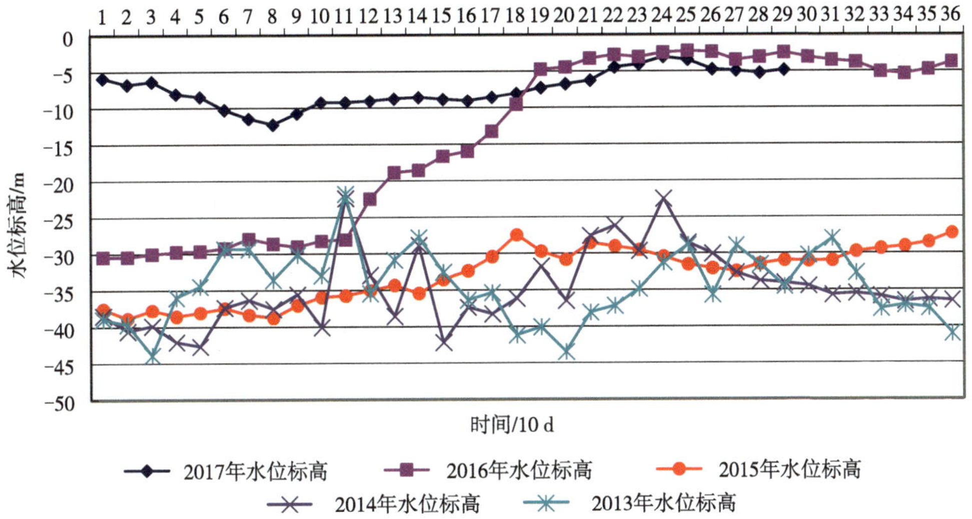

图 4-25 2013—2017 年观 5 水文孔水位标高变化情况

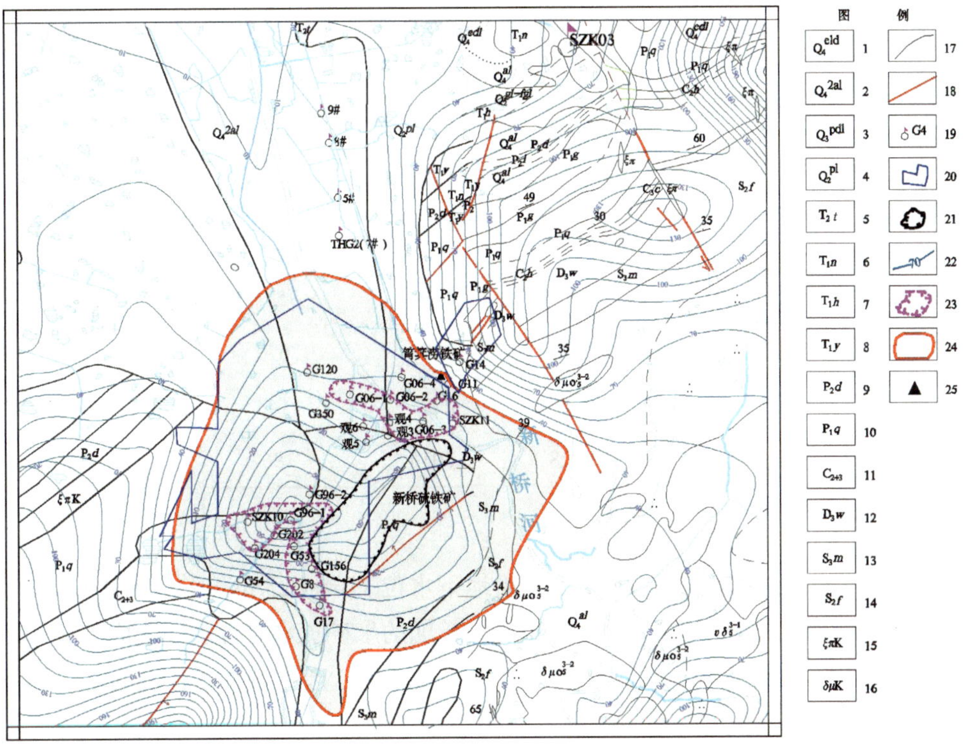

图 4-26 新桥硫铁矿地下水降落漏斗范围

1—残破积层；2—冲积层；3—洪坡积层；4—洪积层；5—铜头尖组；6—南陵湖组；7—和龙山组；8—殷坑组；9—大隆组；10—栖霞组；11—船山组、黄龙组；12—五通组；13—茅山组；14—坟头组；15—正长斑岩；16—闪长玢岩；17—地质界限；18—断层；19—观测孔；20—矿权范围；21—新桥硫铁矿采坑范围；22—等水位线；23—岩溶塌陷；24—地下水漏斗范围；25—硫铁矿山

（5）张湾—峡卡河一带（王集—大峪口磷矿附近）

张湾—峡卡河一带位于王集、大峪口磷矿区东南侧，全区均处于其疏排地下水影响范围之内。峡卡河水库为区域内的大型地表水体，属国家一级饮用水水源，正常库容量为 1 850 万 m^3。早期以大气降雨及地下水（以泉眼形式）补给。后受邻近区域采矿影响，地下水补给量减弱，库区补给以大气降雨为主。根据资料搜集，峡卡河水库历年库容及水位近几年在逐年降低（表 4-10）。

表 4–10　峡卡河水库历年库容水位线

年份	全年来水量 / 万 m^3	最高水位线 /m	年份	全年来水量 / 万 m^3	最高水位线 /m
1972	432.4	121.92	1985	825.13	123.55
1973	1 278.8	122.93	1986	279.56	120.58
1974	669.5	122.97	1987	632.16	120.05
1975	964.8	121.83	1988	702.2	120.30
1976	380	121.97	1989	1 262.01	126.66
1977	729.32	120.51	1990	1 527.2	128.35
1978	550.75	117.88	1991	1 432.63	126.49
1979	153.26	121.53	1992	697.7	126.48
1980	1 636.4	127.99	1993	1 111.1	126.26
1981	613.65	127.45	1994	757.9	126.69
1982	1 124.75	122.76	1995	678	126.3
1983	1 458.73	125.66	2012	145	115.42
1984	1 056.56	125.28	2013	86	115.41

资料来源：钟祥市峡卡河水库管理处。

据调查，大峪口磷矿开采前陡山沱组地下水位 116～125 m，平均 120.5 m，经过长期的开采排水，地下水位下降了约 90 m，长期的采矿疏水对含水层造成破坏，形成了区域性的地下水位下降。邻近峡卡河水库容量减少，产生各种水环境问题，引发了岩溶塌陷及地面沉降。

钟祥市峡卡河水库正常库容量为 1 850 万 m^3，早期受大气降雨及地下水以泉眼形式补给，长期以来一直是下游地区的农田、集镇生活用水的主要供水水源地。20 世纪 50 年代，由于采矿大量疏排地下水，地质环境条件发生了较大的改变，地下水补给量减弱，致使区域内地下水位下降、水库干枯，人畜无水饮用，农田无水灌溉。据不完全统计，目前，已造成村内 5 座水库全部干涸，3 处泉眼绝流，造成多户人饮水出现严重困难。由于蓄水严重减少，干旱时也影响到胡集镇区 5 万余人生活用水。

（6）放马山—熊家湾矿区

由于放马山—熊家湾磷矿区处于地下水排泄区，早年地下水位丰富，矿坑排水量大，排水量超过 30 000 m^3/d，早年的长期疏干排出地下水，已使区域地下水位大面积、大幅下降，形成了以矿区位中心的地下水降落漏斗，影响半径约 9 km。同时地下水位下降引起了周边岩溶洞穴上伏岩层的不稳定，产生岩溶塌陷。如 1998 年矿区南面 7 km 出双河镇斑竹村地面塌陷，以 207 国道为中心，长约 3.2 km，宽 1.0 km，面积约 320 hm^2，严重威胁 207 国道的安全，影响了当地人民群众生产生活，引起了当地政府及湖北省自然资源厅的重视并做出了响应，2010—2012 年开展了矿山地质环境治理项目，对塌陷区进行了治理。

4.2.2　矿石选冶及加工利用阶段

不同矿种在矿石选冶及加工利用阶段产生的主要矿山地质环境问题不同。磷矿集采区在此阶段主要的矿山地质环境问题：磷石膏堆引起的土地资源破坏、地形地貌景观破坏和水土污染；硫铁矿集采区在此阶段主要的矿山地质环境问题为水土污染、土地资源破坏、地形地貌景观破坏。

4.2.2.1　土地资源破坏

在矿石选冶及加工利用阶段，磷矿集采区对土地资源的破坏程度相对较大，其次是硫铁矿集采区。

（1）土地资源破坏概况

调查区内矿山数量多，开采时间久，受当时技术条件限制，磷矿集采区磷产品加工过程中产生的磷石膏堆、矿渣堆、尾矿堆等对土地资源造成了严重的破坏，其次，硫铁矿集采区工业广场、尾矿库对土地资源的破坏也较为严重。

1）磷石膏堆占用和破坏土地情况。磷石膏堆是多年来磷矿区“矿肥结合”的产物，主要分布在鄂西荆襄磷矿调查区。调查区共有磷石膏堆场 12 处，总占用土地面积 454.09 hm^2（表 4-11）。磷石膏堆积成山，造成了严重的土地资源压占破坏，磷石膏堆场的生产开挖填筑，场内外公路的开挖填筑平整，均造成了地表植被的毁坏，使原土壤抗冲蚀性降低，加剧了水土流失和水土污染。

其中：科海化工科技有限公司磷石膏尾矿库建于张湾村摩天岭，由库砂堆积系统、回水系统等部分组成，占地面积 260 亩，有效容积 270 万 m^3，使用年限 27 年，年储存量约 10 万 m^3，2011 年投入使用。

洋丰中磷磷石膏堆场地处钟祥市双河镇丽山村，由水池坝、回水池、库砂堆积系统以及排（回）水管线等构成，占地约 2 000 亩，库容约 2 250 万 m^3，渣场堆积至 250 m 高程，库底高程 160 m，坝高 90 m。

表 4-11　荆襄磷矿磷石膏堆调查统计

序号	名称	占地面积 /hm²	有效容积 / 万 m³	年储存量 / 万 m³	使用年限 / 年	投入使用时间	备注
1	科海化工科技有限公司磷石膏尾矿库	17.34	270	10	27	2011	张湾村摩天岭
2	洋丰中磷磷石膏堆	133.34	2 250	30			双河镇丽山村
3	大峪口磷石膏尾矿库	122	2 000	100	20		黑冲
4	放马山磷石膏堆	18	250				放马山矿区
5	新洋丰磷石膏堆	69.65	2 380	900	23.8	2010.06	石桥驿镇白马村
6	红土山磷石膏堆	10					红土山矿区
7	新瑞丰磷石膏堆	13.33	147	15	10	2015.11	石桥驿镇白马村
8	鄂中磷石膏堆	33.34	1 000	50	20	2013.11	磷矿镇刘冲村
9	华毅磷石膏堆	29	500	50	10	2014.4	磷矿镇刘冲村
10	荆钟磷石膏堆	7.5	150	20	16.2	2009	磷矿镇联合村
11	大生化工磷石膏堆	0.29					
12	林子山磷石膏堆	0.3					
总计		454.09					

大峪口磷石膏尾矿库位于钟祥市荆襄磷化工厂西南 3.5 km 的黑冲，拦渣坝布置在黑冲口，初期坝坝型为透堆石坝，坝顶设计标高 165 m，后期坝用磷石膏堆积，终期坝顶标高为 220 m，坝高 82 m，总库容 2 000 万 m³。尾矿库使用约 20 年，平均年湿法排放含固量 20 % 的磷石膏渣浆约 100 万 m³。

2）矿山工业广场占用和破坏土地情况。矿山工业场地、地面辅助设施、运输道路等占用和挖损土地、植被资源，共有 121 处，总面积 304.65 hm²。

工业场地占地面积大小与矿山规模有直接关系，规模较大的矿山（如冬瓜山铜矿、铜陵化工集团新桥硫铁矿、凤凰山药园山铜矿）因矿山开采时间长、产量大，因此矿山生产系统和辅助生产系统服务的地面建筑物、构筑物以及有关设施较多，占地面积较大。

3）尾砂库占用与破坏土地情况。尾砂库占用与破坏土地、植被资源，区内尾砂库74个，总占地面积456.56 hm^2（表4-12）。

表4-12 调查区尾矿库情况

序号	名称	所属矿山	占地面积 / hm^2	堆积量 / 万t	状态
1	老虎头尾矿库	黄狮涝金矿	11.3	173	闭库
2	老鸦岭尾矿库	冬瓜山铜矿	90.9	2 387.4	使用中
3	杨山冲尾矿库	冬瓜山铜矿			闭库
4	水木冲尾矿库	天马山硫金矿	44.3	940.17	闭库
5	响水冲尾矿库	天马山硫金矿			闭库
6	林冲尾矿库	凤凰山矿区药园山铜矿	33.8	637	闭库
7	相思谷尾矿库				闭库
8	金口岭尾矿库	天马黄金矿业公司金口岭矿区	0.95	14.5	闭库
9	新华山铜矿尾矿库	新华山铜矿	2	18	闭库
10	大龙潭铜矿尾矿库	大龙潭铜矿	1.329	33.2	闭库
11	萧山硫铁矿尾矿库	顺安萧山硫铁矿	3.65	—	闭库
12	金塔矿业尾矿库	铜陵县金塔矿业有限公司	1.4	10	闭库
13	金九铜矿尾矿库	金九铜矿	1.63	10	使用中
14	叶家湾铁矿尾矿库	叶家湾铁矿	2.8	35	闭库
15	焦冲金硫矿尾矿库	铜陵紫金矿业焦冲金硫矿	1.7	12.55	使用中
16	铜陵县新桥硫铁矿尾矿库	铜陵县新桥硫铁矿	5.32		使用中
17	新建章山铁矿尾矿库	新建章山铁矿	5.42		闭库
18	阳山选厂尾矿库	阳山选厂	6.74		使用中
19	拐冲尾矿库	桃冲矿业长龙山铁矿	11.75	438.1	闭库
20	阳冲铁矿尾矿库	阳冲锌铁矿	6.53	80.62	闭库
21	和尚宕尾矿库	凌阳矿业有限责任公司	6.52		闭库
22	大峪口磷矿尾矿库	大峪口磷矿	35.4	174.6	使用中
23	放马山磷矿尾矿库	放马山磷矿	16.3		使用中
24	楚丰磷矿尾矿库	楚丰磷矿矿业公司	0.6		使用中
25	洋丰化工厂尾矿库	洋丰化工有限公司	50	900	使用中
26	瑞丰化工厂尾矿库	瑞丰化工有限公司	0.3	16	使用中
27	其他尾矿库		115.92		

调查区内的尾矿库主要为山谷型尾矿库和平地型尾矿库两种类型，其中山谷型尾矿库以大中型为主，对土地资源面积破坏大。平地型尾矿库多为距离矿山开采较远的选矿厂，直接在平地上开挖修建尾矿库，主要对耕地造成破坏。

综上所述，因矿石选冶及加工利用共破坏土地资源 1 215.30 hm^2，其中，耕地面积 75.99 hm^2，林地面积 1 093.61 hm^2，草地面积 35.48 hm^2，园地面积 0.64 hm^2，建筑用地面积 0.40 hm^2，其他地类面积 9.18 hm^2，分别占压占损毁土地总面积的 6.25%、89.99%、2.92%、0.05%、0.03% 和 0.76%，具体情况如表 4-13 所示。磷石膏堆和尾矿库是对土地资源破坏的主要表现形式。矿石选冶及加工过程中，土地损毁对林地影响最大。

表 4-13　矿山压占损毁土地资源统计

类型	压占毁损土地类型面积 /hm^2						合计 / hm^2	备注
	耕地	林地	草地	园地	建筑用地	其他		
工业广场	46.29	249.57	4.83		0.40	3.56	304.65	
	0.5	10.24					10.74	硫铁矿矿山
尾矿库	29.36	396.67	28.09	0.64		1.8	456.56	
	3.92	5.31					9.23	硫铁矿矿山
	0.6	51.1					51.7	磷矿矿山
磷石膏堆	0.34	447.37	2.56			3.82	454.09	
		138.76	1.24				140	磷矿矿山
合计	75.99	1 093.61	35.48	0.64	0.40	9.18	1 215.30	
	4.42	15.55	0	0	0	0	19.97	硫铁矿矿山
	0.6	189.86	1.24	0	0	0	191.7	磷矿矿山

其中：调查区内硫铁矿矿山破坏土地资源 19.97 hm^2，破坏的形式主要为工业广场和尾矿库，压占损毁土地类型主要为林地；调查区内磷矿矿山破坏土地资源 191.7 hm^2，破坏的形式主要为磷石膏堆，压占损毁土地类型主要为林地。

（2）磷石膏堆压占破坏土地问题及危害

目前，鄂西荆襄磷矿调查区在磷矿开采的基础上已形成和发展了多个磷化工及后续加工产业，其中包括磷化工在内的化工产业已经形成了当地的支柱性产业，新洋丰肥业、大峪口化工等实力较强，已形成了磷化工基地，产品大类可划分两大类：一类是以精细磷化工产品为主，主要是黄磷、磷酸、六偏磷酸钠等；另一类是化肥，主要包括高浓度磷肥、过磷酸钙、钙镁磷肥等。因此，受“矿肥结合”影响，磷矿区主要矿山废渣为磷矿在生产化工产品中产生的磷石膏。

因此，本次重点对磷石膏堆场进行调查研究，基本查清长江经济带磷化工排放磷石膏产量及分布情况，查清调查区磷石膏的堆放及利用现状，分析其理化性质以及可能造成的环境影响，为磷石膏堆合理治理、处置和综合利用提供了基础资料与服务。

1）长江经济带磷石膏产量及分布情况。目前，我国磷石膏主要采用堆存方式处理，累计堆存量超过 5 亿 t，而利用率不到 40%（表 4-14），对生态环境影响巨大。

表 4-14 我国历年磷石膏的生产量和利用量统计

年份	磷石膏生产量 / 万 t	磷石膏利用量 / 万 t	综合利用率 / %	备注
2010	6 200	1 260	20.32	主要集中在长江经济带包括湖北、云南、贵州、四川、安徽五省，占全国磷石膏总排放量的 80%
2011	6 800	1 600	23.52	
2012	7 000	1 700	24.29	
2013	7 000	1 900	27.14	
2014	7 600	2 300	30.26	
2015	8 000	2 650	33.12	
2016	7 600	2 770	36.44	
2017	7 500	2 900	38.67	
合计	57 700	17 080	29.22	

从磷石膏空间分布格局上看，磷石膏主要分布于长江经济带（图 4-27），必须将磷石膏资源分布与各地方经济、环境状况相结合，才能更好地实现磷石膏资源的再次利用。

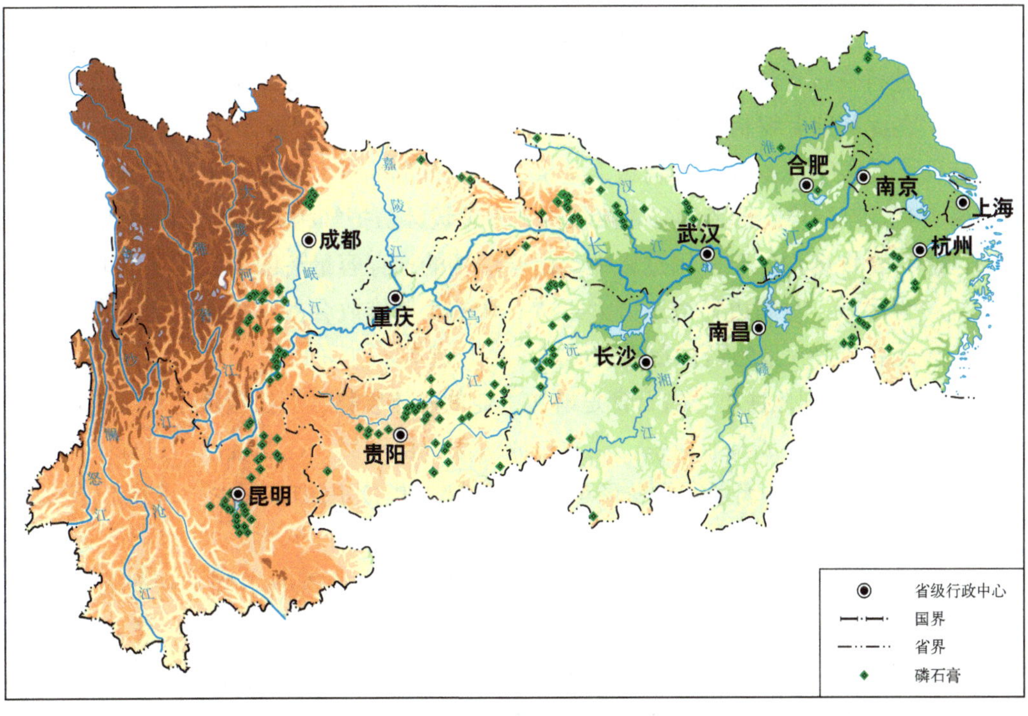

图 4-27 长江经济带磷石膏堆分布位置

通过资料搜集及实际调查，基本查明了长江经济带各省磷化工排放磷石膏产量（表 4-15），磷石膏年产量总计 7 000 多万 t，主要分布在湖北、云南、贵州、四川 4 个省。

表 4-15 长江经济带磷化工排放磷石膏数量统计

序号	省份	磷石膏产生量 /（万 t/a）	备注
1	贵州	2 259	
2	湖北	2 395	
3	湖南	19	
4	江苏	15	
5	四川	802	
6	云南	1 850	
合计		7 340	

注：数据资料来源为中国磷肥协会。

根据调查，为了保证磷石膏渣场坝体的安全性，大型磷石膏堆场在选择及方案设计时均遵守国家相应规章制度及行业规范。首先，选择有利的地形条件（如有利的沟谷及低洼地带），通常三面环山，呈 D 字形；其次，在方案设计时系统全面考虑了防洪、坝基坝体稳定、防腐防渗等多方面具体内容，例如，采用百年一遇降雨频率，考虑筑坝方法，采用千年一遇降雨频率考虑防洪对策，采取三排帷幕注浆防渗防漏以稳定坝基，进行磷石膏渗流稳定试验、固结试验、坝体安全模拟试验等以获得可靠的设计参数，在此基础上编制了相应的水土保持方案、环境影响报告等。

然而，受限于成本技术等问题，其余小型磷石膏堆场大部分为干排干堆，利用汽车将磷石膏运至渣堆，选择沟谷直接填放，并未设计防护等相关措施。在现状条件下，调查区磷石膏堆场均处于使用过程中，由于渣场的堆存容量有限，夏季暴雨时渣场回水处理较为困难，对周边环境压力大；磷石膏的长期堆放会占用大量的土地资源，而且每年为此要花费大量的运行费用，增加了生产成本。

2）磷石膏的理化性质。磷石膏是磷化工业的固体废物，湿法磷酸生产工艺都是通过硫酸分解磷矿粉生成萃取料浆，然后过滤洗涤制得磷酸，过滤洗涤的过程中同时产生磷石膏废弃物。磷石膏就是湿法磷酸生产时排出的固体废物，每生产磷酸 1 t 生成磷石膏 4～5 t。

磷矿主要矿物为磷块岩或磷灰石等，根据化合物阴离子不同，磷矿石又分为氟磷灰石［$Ca_5(PO_4)_3F$］、碳氟磷灰石［$Ca_5(PO_4, CO_3)_3(F, OH)$］、羟基磷灰石［$Ca_5(PO_4)_3(OH)$］、氯磷灰石［$Ca_5(PO_4)_3Cl$］等。自然状态下，各种磷灰石大多具有稳定的化学性质，其中以氟磷灰石最为稳定。

化学反应式为

$$Ca_5(PO_4)_3F+5H_2SO_4+11H_2O \longrightarrow H_3PO_4+HF+5CaSO_4 \cdot 2H_2O\text{（磷石膏）}$$

磷石膏一般呈粉状，因含有 8%～15% 的附着水呈浆体状，颗粒直径一般为 5～150 μm，其主要成分为 $CaSO_4 \cdot 2H_2O$，含量可为 70%～90%，呈酸性，pH 为 1.5～4.5；其中所含的次要成分随矿石来源不同而异，成分较为复杂，一般都含有 Ca、Mg 类磷酸盐、碳酸盐及硅酸盐，此外，还含有少量的有机磷、硫、氟类化合物。磷石膏的外观一般呈灰白、灰、灰黄、浅黄、浅绿等多种颜色，微溶于水。

①磷石膏物理力学性质。对磷石膏进行物理力学性质分析，对分析磷石膏堆放边坡稳定性及破坏模式研究具有重要的意义。统计其物理力学性质指标如表 4-16 所示，分析得出：磷石膏中的粗颗粒越多，晶体越大，内摩擦角越大。级配越好，内摩擦角越大；颗粒均匀，内摩擦角越小。磷石膏的原始密度越大，晶体之间接触点多且紧密，则晶体间的咬合力越大。随着含水量的逐渐增大，磷石膏的内摩擦角有减小的趋势，表现出一定的软化性。磷石膏还具有一定的结晶特性和一定的化学反应，其具体特性还需进一步研究。

表 4-16　磷石膏物理力学性质指标统计

<table>
<tr><th colspan="2">物理力学性质</th><th>指标值</th><th>备注</th></tr>
<tr><td colspan="2">比重</td><td>2.3～2.9</td><td></td></tr>
<tr><td colspan="2">颗粒组成 /mm</td><td>0.075～0.005</td><td></td></tr>
<tr><td colspan="2">干密度 /（g/cm³）</td><td>1.01～1.42</td><td rowspan="3">垂直渗透系数大于水平渗透系数
密度降低，渗透系数增大</td></tr>
<tr><td rowspan="2">渗透系数 /（cm/s）</td><td>垂直</td><td>（1.3～10.9）×10⁻⁴</td></tr>
<tr><td>水平</td><td>（1.2～6.0）×10⁻⁵</td></tr>
<tr><td colspan="2">含水量 /%</td><td>7.7～18.3</td><td></td></tr>
<tr><td rowspan="2">固结特性</td><td>压缩系数</td><td>0.12～0.46</td><td rowspan="2">性质相当于中等低压缩性土</td></tr>
<tr><td>压缩模量</td><td>14.9～3.6</td></tr>
<tr><td rowspan="2">抗剪强度</td><td>内摩擦角 /（°）</td><td>21～39</td><td rowspan="2">随含水率的增大，内摩擦角逐渐减少，
表现出一定的软化性</td></tr>
<tr><td>黏聚力 /kPa</td><td>20～49</td></tr>
</table>

②磷石膏化学成分分析。对磷石膏进行化学成分及重金属元素分析（表 4-17），与《磷石膏》（GB/T 23456—2018）进行对比，得出：其主要有害杂质为水溶性 P_2O_5 和水溶性 F，其中 P_2O_5 高于水溶性要求（$P_2O_5 \leqslant 0.8\%$），说明附着的磷酸未冲洗干净；重金属元素含量均较低，且与磷矿原矿石中的重金属含量相当。由此说明磷石膏可能是周边水体总磷污染的源头之一。

表 4-17 磷石膏化学成分及重金属元素分析统计

样品	$CaSO_4 \cdot 2H_2O$/%	P_2O_5/%	K_2O/%	Na_2O/%	CaO/%	MgO/%	Fe_2O_3/%	SiO_2/%	F/%
鄂中磷石膏	87.88	1.01	0.28	0.06	29.73	0.10	0.57	7.13	0.01
样品	Cu/(μg/g)	Cd/(μg/g)	As/(μg/g)	Cr/(μg/g)	Zn/(μg/g)	Pb/(μg/g)	Hg/(μg/g)	Co/(μg/g)	Ni/(μg/g)
鄂中磷石膏	14.0	0.099	14.40	22.20	63.20	8.50	0.19	6.03	15.9

对磷石膏冲洗入库液、磷石膏库渗出液及其回水池液的成分和酸碱度进行了测试（表 4-18）。可以看出，3 种液体的化学成分含量存在一定差别，酸碱度也不同。渗出液中的钙、有机磷、铁、铝等明显高于冲洗液和回水池液；3 种液体均呈酸性，而渗出液和回水池液比冲洗液更偏酸性一些，且酸碱度基本相同。冲洗液的酸碱度不稳定，随着生产过程所使用冲洗原液不同而变化，而渗出液和回水池液的酸碱度基本稳定。

表 4-18 3 种液体的各物质含量

液体	P_2O_5/%	MgO/%	Fe_2O_3/%	Al_2O_3/%	CaO/%	pH
冲洗液	0.49	0. 008	0. 006	0. 01	0. 12	5. 68
渗出液	0. 97	0. 1	0. 02	0. 01	0. 21	2. 25
回水池中液	0. 73	0. 1	0. 01	0. 005	0. 15	2. 42

③磷石膏堆场环境影响分析。磷石膏堆作为“三磷”问题之一，对磷矿区矿山地质环境影响显著，因此，将磷石膏作为调查区重点调查对象，对其进行环境影响分析，具有十分重要的意义。磷石膏堆除压占破坏土地资源外，还会引起其他环境问题。

A. 扬尘污染。调查区内磷石膏颗粒属于粉土的范围，颗粒细，密度小，在堆放过程中，由于风力作用，细小的磷石膏颗粒以扬尘的方式悬浮于大气中。磷石膏颗粒扬尘进入大气后，会导致大气的清洁度和可见度降低，从而改变了一些大气性质，如改变大气的气象因素、影响太阳辐射等，更甚之影响植物的光合作用和毒化植物，并最终造成磷石膏堆放区大气粉尘污染，影响附近居民的健康。

B. 地形地貌景观破坏。调查区已发展有 30 多家磷矿与磷化工企业，产生了大量的磷石膏。这些磷石膏堆积成山，不仅造成了资源浪费，也改变了矿区原有地形和地貌（图 4-28）。

图 4-28 鄂西荆襄磷矿调查区磷石膏堆场

C. 存在崩滑隐患。调查区磷石膏堆坝高为 25～90 m，属于高陡边坡，大多堆积在沟谷或低洼地带，通常三面环山，初期坝基基本为土石坝，采取相应防渗防漏等措施，后期坝用磷石膏堆积。考虑磷石膏尾矿自身特性、场地地质水文条件、磷石膏堆场建设施工等因素，磷石膏库存在崩滑隐患。

D. 水土污染。磷石膏内含有硫酸、磷酸和氟等有害物质，磷石膏渣浆废液的 pH 为 1.5～2.0，且有较强的酸腐蚀性和氟腐蚀性。在长期堆放处置的过程中，可溶磷的特性、淋溶介质、浸泡时间及温度等都会影响可溶磷的释放行为，在大气降雨尤其是降暴雨的过程中，磷石膏中可溶磷等酸性物质都能被有效地浸泡、淋溶出来，产生的强酸性废水严重危害附近的环境，特别是对地表水及地下水环境。最终对地表径流下游的居民饮用水、农业灌溉等发展造成巨大的危害（图 4-29）。

图 4-29 磷石膏库及回水池

鄂西荆襄磷矿调查区岩溶现象发育，可见溶孔和溶隙等溶蚀现象，且多见溶洞。磷石膏堆场多数建于山区沟谷内，如大峪口磷石膏堆场位于半裸露型岩溶区，对其南侧峡卡河水库以及下游农田造成威胁。

4.2.2.2 地形地貌景观破坏

矿石选冶及加工利用活动在压占破坏土地资源的同时也对地形地貌造成了破坏，特别是磷矿集采区磷产品加工过程中会产生磷石膏堆、矿渣堆、尾矿堆等对地形地貌景观造成的破坏，比较典型的有洋丰中磷磷石膏堆、大峪口磷石膏堆，其规模较大，对地形地貌景观破坏较大。

另外，硫铁矿集采区广泛分布很多尾矿库、工业广场，规模较大的如老鸦岭尾矿库、响水冲尾矿库、冬瓜山铜矿工业广场等。其土地压占对地形地貌景观也产生了较严重的影响。

4.2.2.3 矿山废水、废渣造成的水土污染

矿山废水、废渣造成的水土污染主要是在矿石选冶及加工利用阶段产生的。

磷矿集采区磷产品加工过程中的产生磷石膏堆、矿渣堆、尾矿堆等固体废物的淋滤废水、磷化工在生产过程中产生的选矿废水，对周边水土环境造成污染；硫铁矿集采区的水土污染主要是由选冶产生的尾矿和选矿废水造成的，主要污染物为酸性水、重金属污染。

当然，在矿石开采阶段中产生的固体废物淋滤水和矿坑排水也造成了一定的水土污染，但相较于选冶过程，程度相对较弱。为了宏观地评价全调查区的水土污染情况，把开采阶段和矿石选冶及加工利用阶段造成的水土污染进行整体论述。

（1）调查区矿山废水废渣基本情况

调查区水土污染主要体现在矿山废水和废渣对周边环境的影响。

1）矿山废水方面。据调查统计，调查区存在废水排放的矿山 34 座，均为地下开采矿山，排水类型主要为综合生产废水及井下排水，各矿山累计排放废水量约 2 000 万 t/a，主要集中在新桥矿、冬瓜山铜矿、天马山金硫矿等国有大中型矿山，这些矿山多是采、选、冶金为一体，废水排放占比 80% 左右；私营企业及集体企业矿山普遍规模小，受资金及技术原因，主要以采矿为主，开拓较浅，采排地下水量较小。

2）矿山废渣方面。据调查统计，调查区废渣废矿主要堆存在鄂西荆襄磷矿、安徽新桥硫铁矿、冬瓜山铜矿、天马山金硫矿等国有大中型矿山的排土场及尾矿库，其他露采矿山零星堆积，堆存总量较少。目前区内共有大型尾矿库 27 座（表 4-12），累计堆存尾矿 5 880.14 万 t；全区初步统计累计堆放废石土 4 948.5 万 t，主要堆存在露采矿山，以硫铁矿山为主（表 4-13）；累计堆存磷石膏约 6 000 万 m^3，主要分布在鄂西荆襄磷矿区。废渣排放对环境影响表现：矿渣的堆放占压大量的土地，使土地资源不能有效利用；废渣长期堆放严重破坏矿区周围生态环境，影响土壤质量。一方面矿渣、尾矿泥沙裸露厂造成粉尘飞扬，给矿山及周围居民的生产生活带来极大的不便，造成生存环境质量的下降；另一方面矿渣、尾矿也是区域土壤重金属污染的重要来源，在

雨水反复冲刷下，大量含有尾矿废砂的地表水，顺着沟渠、排水管道渗入地下和进入土壤，给采区及周边农田土壤带来严重的污染。

（2）土壤污染情况

1）调查区土壤重金属含量及背景值统计

①安徽铜陵硫铁矿调查区。本次调查工作在 1 200 km^2 的调查区范围内采集表层（0～20 cm）土壤样品 1 100 件，全部进行分析测试。分析测试质量控制主要依据《多目标区域地球化学调查规范（1∶250 000）》（DZ/T 0258—2014）土壤样品分析相关要求：精确度方面合格率为 96%～100%，均大于 95%，满足质量要求；准确度方面采用国家一级标准物质进行控制，计算测定值与值对数差 $\Delta\lg C$，含量在检出限 3 倍以内，$\Delta\lg C \leqslant 0.12$；含量在检出限 3 倍以上，$\Delta\lg C \leqslant 0.10$，监控样检测合格率为 100%；检测项目报出率均达到 95%，满足规范要求。

运用统计学中的相对累积频率法统计计算了调查区范围内的 As①、Hg、Pb、Cu、Zn、Cd 6 种重金属元素的背景值（表 4-19）。相对累积频率法的原理方法：在累积频率—元素浓度的分布曲线可能有两个拐点，值较低的点可能代表元素浓度的上限，小于该点样品元素浓度的平均值或中值即可视为背景值；较高点可能代表异常的下限，而两者之间的部分可能与人类活动有关，也可能无关。若分布曲线近似呈直线，则所测样品的浓度可能本身就代表了背景范围。

表 4-19 调查区土壤重金属含量及背景值统计

元素	最大值 /（mg/kg）	最小值 /（mg/kg）	平均值 /（mg/kg）	中值 /（mg/kg）	标准差 /（mg/kg）	变异系数 /100%	背景值 /（mg/kg）	江淮流域背景值 /（mg/kg）
Zn	11 110.00	35.40	213.17	110.00	489.83	229.78	97.2	53.2
Cu	17 230.00	10.90	129.45	43.70	565.87	437.13	38.2	24.9
Cd	136.00	0.04	1.10	0.32	5.23	475.45	0.240	0.104
Pb	4 596.00	12.10	100.53	41.05	246.20	244.90	34.2	25.9
Hg	1.350	0.005	0.084	0.063	0.099	117.86	0.045	0.041
As	8 485.00	3.36	64.75	18.35	345.22	533.16	19.2	9.4

数据来源：江淮流域背景值参照《安徽省江淮流域多目标区域地球化学调查报告》；数据测试时间：2016—2018 年。

调查区内统计的背景值中只有 Hg 元素与江淮流域背景值相近，Zn、Cu、Cd、

① As 虽不属于重金属，但其来源和危害都与重金属相似，且在环境污染领域，对生物体有明显毒性的金属或类金属元素均被认为是重金属，因此本书将 As 列入重金属元素进行研究讨论。

Pb、As 元素的背景值均远高于安徽流域背景值，表明铜陵地区土壤中重金属元素受人类活动的扰动明显。

对土壤样品中 Zn、Cu、Cd、Pb、Hg、As 6 种重金属元素的分析测试结果进行统计分析见表 4-19。由表 4-19 可知，Zn 的浓度范围为 35.40～11 110.00 mg/kg、Cu 的浓度范围为 10.90～17 230.00 mg/kg、Cd 的浓度范围为 0.04～136.00 mg/kg、Pb 的浓度范围为 12.10～4 596.00 mg/kg、Hg 的浓度范围为 0.005～1.350 mg/kg、As 的浓度范围为 3.36～8 485.00 mg/kg。6 种元素的平均值均大于江淮流域背景值和本次计算的调查区背景值，平均值是调查区背景值的 2～5 倍，Cd、Cu、Pb、As 具有相对于背景值较高的平均值。6 种元素的变异系数均大于 100%，表明数据的离散性较大，Cu、Cd、As 的变异系数最大，分别为 437.13%、475.45%、533.16%。重金属元素统计数据可知，人类活动对土壤环境质量产生了强烈扰动。

②鄂西荆襄磷矿调查区。调查区土壤重金属含量及背景值统计见表 4-20。

表 4-20　调查区土壤重金属含量及背景值统计

元素	最大值 /（mg/kg）	最小值 /（mg/kg）	平均值 /（mg/kg）	中值 /（mg/kg）	标准差 /（mg/kg）	变异系数 /（100%）	背景值 /（mg/kg）
P	10.00	0.00	0.15	0.73	0.31	2.39	0.56
Cu	906.81	0.70	32.39	29.85	5.54	91.11	30.7
Cd	33.66	0.00	0.62	0.36	5.28	268.22	0.17
Pb	170.21	2.20	31.16	27.81	4.70	46.26	26.7
Cr	242.31	5.17	73.25	71.66	4.63	27.69	86
Hg	4.19	0.00	0.08	0.05	1.87	250.26	0.08
As	192.05	0.00	15.03	12.80	1.23	79.33	12.3

数据来源：背景值为湖北省土壤背景值，参照《主要茶园土壤重金属污染现状及评价》；数据测试时间：2016—2018 年。

本次调查工作在 1 200 km^2 的调查区范围内采集表层（0～20 cm）土壤样品 1 096 件，全部进行分析测试。分析测试质量控制主要依据《多目标区域地球化学调查规范（1∶250 000）》（DZ/T 0258—2014）土壤样品化学成分分析相关要求：精确度方面合格率为 91.7%～100%，均大于 90%，满足质量要求；准额度方面采用国家一级标准物质进行控制，质控样测定值与值对数差 $\Delta \lg C$：$0.01 \leqslant \Delta \lg C \leqslant 0.05$ 或为合格，满足质量要求。

对土壤样品中 P[①]、Cu、Cd、Cr、Pb、Hg、As 7 种重金属元素的分析测试结果

① P 同 As，列入重金属元素进行讨论。

进行统计分析见表4-20。由表4-20可知，P的浓度范围为0～10.00 mg/kg、Cu的浓度范围为0.70～906.81 mg/kg、Cd的浓度范围为0～33.66 mg/kg、Pb的浓度范围为2.20～170.21 mg/kg、Cr的浓度范围为5.21～242.31 mg/kg、Hg的浓度范围为0～4.19 mg/kg、As的浓度范围为0～192.05 mg/kg。7种元素的平均值除P、Cr和Hg外，其他均高于湖北农田土壤背景值，平均值是湖北当地农田土壤背景值的1～3倍，Cd、Cu、Pb、As具有相对于背景值较高的平均值。Hg元素和Cd元素的变异系数均大于100%，表明数据的离散性较大。重金属元素统计数据可知，人类活动和大气沉降对土壤环境质量产生了强烈扰动。

2）调查区土壤重金属污染评价。表层土壤样品大多采集于农田地中，采用《土壤环境质量　农用地土壤污染风险管控标准（试行）》（GB 15618—2018）作为评价依据（表4-21），选取As、Hg、Pb、Cu、Zn、Cd为评价因子，采用内梅罗单因子指数法和综合指数法对调查区进行土壤污染现状评价（土壤污染程度分级标准见表4-22）。

表4-21　农用地土壤污染风险筛选值

	pH≤5.5	5.5<pH≤6.5	6.5<pH≤7.5	pH>7.5
Zn	200	200	250	300
Cu	50	50	100	100
Cd	0.3	0.3	0.3	0.6
Pb	70	90	120	170
Hg	0.5	0.5	0.6	1.0
As	30	30	25	20

注：调查区水旱地分布不均匀，采用其中较严格的风险筛选值。

表4-22　内梅罗指数土壤污染程度分级标准

等级	单项污染指数	污染水平	综合污染指数	污染水平
Ⅰ	$P\leq1.0$	未受污染	$P\leq0.7$	清洁
Ⅱ	$1.0<P\leq2.0$	轻度污染	$0.7<P\leq1.0$	尚清洁
Ⅲ	$2.0<P\leq3.0$	中度污染	$1.0<P\leq2.0$	轻度污染
Ⅳ	$3.0<P\leq5.0$	严重污染	$2.0<P\leq3.0$	受到中度污染
Ⅴ	$P>5.0$	极严重污染	$P>3.0$	污染相当严重

单因子污染指数计算公式：

$$P_i=C_i/S_i \tag{4-1}$$

式中：P_i 为重金属 i 的污染指数；C_i 为重金属 i 的实测值；S_i 为污染物 i 的参比值，参比值可根据不同目的选择背景值或土壤环境质量标准值。

内梅罗综合污染指数法计算公式：

$$P_{(综合)}=\sqrt{\frac{\left[\left(\frac{1}{n}\sum P_i\right)^2+{P_{\max}}^2\right]}{2}} \tag{4-2}$$

式中：$P_{(综合)}$ 为内梅罗综合污染指数值；n 为评价重金属的个数；P_i 为重金属 i 的污染指数；$P_{\max}$ 为所有重金属污染指数中的最大值。

①安徽铜陵硫铁矿调查区土壤重金属污染评价。单因子污染指数统计结果（表 4-23）显示：6 种重金属元素污染程度 Cd＞As＞Cu＞Pb＞Zn＞Hg，Cd、As、Cu、Pb、Zn、Hg 元素受污染个数分别为 505 个、405 个、285 个、176 个、168 个、6 个，污染占比分别为 45.50%、36.49%、25.68%、15.86%、15.14%、0.54%。总体来看，土壤样品中 Cd、As 元素污染水平高，Cu、Pb、Zn 元素污染水平较高，Hg 元素绝大多数未达到污染水平。从土壤样品污染分布看，铜陵幅单元素达到污染水平的个数最多，戴家汇幅次之，繁昌县幅单元素达到污染水平个数最少，土壤受污染程度强弱依次为铜陵幅、戴家汇幅、繁昌县幅。

表 4-23　安徽铜陵硫铁矿调查区重金属元素污染指数统计

单项污染指数分级	单因子指数个数						综合指数个数	综合污染指数分级
	Zn	Cu	Cd	Pb	Hg	As		
P≤1.0	942	825	605	934	1 104	705	374	P≤0.7
1.0＜P≤2.0	99	136	246	88	3	227	202	0.7＜P≤1.0
2.0＜P≤3.0	22	42	89	29	3	60	253	1.0＜P≤2.0
3.0＜P≤5.0	24	42	71	24	0	43	85	2.0＜P≤3.0
P＞5.0	23	65	99	35	0	75	196	P＞3.0

注：分析测试土壤样品 1 100 件。

内梅罗综合污染指数评价统计结果显示：调查区内土壤综合指数受到轻度污染以上 534 个，占总样品数的 48.54%；受到中度污染以上的样品个数为 281 个，占总样品数的 25.32%。从受污染样品分布看，其中戴家汇幅、铜陵幅、繁昌县幅的中度以上污染样品个数占比分别为 24.09%、42.96%、5.21%。可见，铜陵幅土壤污染水平最高，繁昌县幅土壤污染水平基本属于清洁—尚清洁状态。

根据内梅罗综合指数评价结果，利用 ArcGIS 插值法对铜陵调查区污染进行空间分析，结果显示，土壤整体污染情况较严重，中度以上污染区占空间分析面积 30% 左右（图 4-30）。

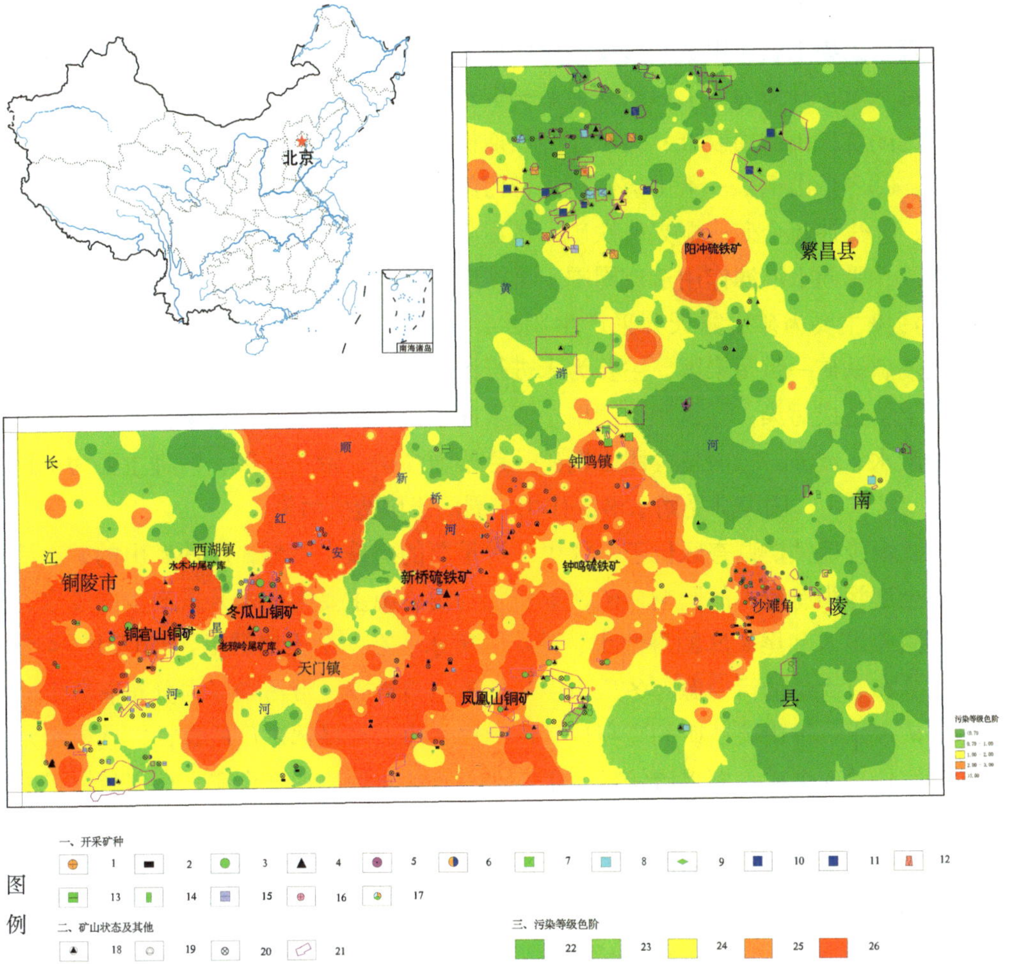

图 4–30 铜陵调查区土壤重金属综合污染指数评价空间分布（风险筛选值）

1—金矿；2—煤矿；3—铜矿 4—硫铁矿；5—锰矿；6—铅锌矿；7—膨润土；8—石灰岩矿；9—高岭土；10—水泥配料用砂岩；11—水泥用石灰岩矿；12—冶金用石英岩；13—砖瓦用黏土矿；14—玄武岩；15—建筑用石料；16—银矿；17—多金属矿；18—生产矿山；19—在建矿山；20—闭坑矿山（停产和废弃）；21—矿权；22—清洁（值<0.7）；23—尚清洁（值 =0.7～1.0）；24—轻微污染（值 =1.0～2.0）；25—中度污染（值 =2.0～5.0）；26—严重污染（值>5.0）

安徽铜陵硫铁矿调查区无污染—轻度污染状态土壤主要位于繁昌县大部分地区、南陵县大部分地区、铜陵市铜官区西湖镇、铜陵市郊区大通镇，区内主要为农田种植区，无矿山分布的低山丘陵区；中度—重度污染状态土壤主要分布在铜陵市铜官区东南部、铜陵市顺安镇新桥—凤凰山一带、铜陵市钟鸣镇西部、南陵县沙滩脚一带。这些区域的共同特点是区内均有众多生产或闭坑矿山、尾矿库、废渣废料堆、矿石选冶厂等，大部分矿山闭坑后未进行恢复治理工作，尾矿及固体废物堆（以下统称固废堆）长期裸露，固体废物中重金属受雨水的淋滤作用进入矿区和周围区域土壤，造成污染。

此外，选矿废水的排放和渗漏也会对附近土壤造成重金属污染。结合矿山分布和实地调查，土壤重金属中度—重度污染区域主要分布在矿产集中开采区附近区域和选矿厂附近区域，具体为：①白鹤铁金矿—铜官山铜矿—天马山硫金矿一带污染区，污染主要为闭坑矿山的固废堆、尾矿库等长期裸露堆放，受雨水的淋滤作用造成周围土壤污染；②冬瓜山铜矿—萧山硫铁矿一带污染区，污染主要为固废堆和选矿废水的任意排放；③焦冲硫金矿—桐兴硫铁矿一带污染区，污染主要为固废堆和尾矿库等长期裸露堆放，受雨水淋滤作用造成周围土壤污染；④新桥硫铁矿—黄金洞硫铁矿一带污染区，污染主要为矿山露天开采产生废水、废渣和选矿废水的渗漏；⑤筲箕涝硫铁矿—牧陵硫铁矿一带污染区，主要为未进行治理的闭坑矿山，固废堆受雨水淋滤作用对周围土壤造成污染；⑥凤凰山铜矿—江家冲铜矿一带污染区，污染主要为矿山开采产生的废水、废渣；⑦南陵县团山铜矿—芦柴塘煤矿一带污染区，污染主要为未进行治理的闭坑矿山，固废堆受雨水淋滤作用对周围土壤造成污染。

安徽铜陵硫铁矿调查区位于长江中下游重要的硫铁矿基地，硫铁矿山的矿业活动对表层土壤污染有较大的影响，硫铁矿相关的污染源主要为矿山开采产生的废水、排土场（固废堆）和尾矿库的淋滤水、选矿厂废水。在 7 个土壤严重污染区中，4 个污染区内分布有大量的污染源：冬瓜山铜矿—萧山硫铁矿一带污染区内分布有曹山硫铁矿的选矿废水、萧山硫铁矿的废弃选矿厂和尾矿库、红星选矿厂的硫铁矿选矿废水及尾矿砂；焦冲硫金矿—桐兴硫锌矿一带污染区内分布有焦冲硫金矿、桐兴硫铁矿的矿坑废水和尾矿库；新桥硫铁矿—黄金洞硫铁矿一带污染区分布有新桥硫铁矿的露天采坑粉尘、排土场和尾矿库的淋滤水、新桥铜陵县新桥硫铁矿的露天采坑粉尘、原新桥选金厂和废弃尾矿库、黄金洞硫铁矿的选矿废水；筲箕涝硫铁矿—牧陵硫铁矿一带污染区分布有钟鸣硫铁矿、筲箕涝硫铁矿、叶山铁矿等 9 个硫铁矿山，污染源包括排土场的淋滤水、露天采坑矿坑水、选矿厂废水。通过分析图 4-30 可知，污染区范围与硫铁矿相关污染源分布套合较好，进一步说明了硫铁矿矿业开发活动与表层土壤污染有密切的联系。

通过实地调查和前人资料收集，分析了污染严重的 As、Cu、Zn、Pb 4 种元素的污染源。通过对比图 4-30 与图 4-31 可知，重金属元素污染空间分布与开采前的元素异常分布基本相同，但分布范围与展布方向不同；土壤的重金属污染一部分受矿山本身元素富集影响，另一部分受人类活动影响。铜陵地区位于铜金多金属成矿带，土壤中重金属元素含量值（本底值）本来就高，因此大部分土壤重金属污染由重金属背景值引起；该地区人类活动主要包括居民生活、农业生产和矿业开发活动，而从图 4-30 可发现新桥硫铁矿北部新桥河西侧、铜官山一带尾矿库附近的土壤污染指数都比较高，主要为矿业开发后期产业活动，如矿石选冶活动，选矿厂和尾矿（砂）库对土壤污染较为严重，因此可以初步判定土壤重金属污染除受地质背景因素影响外，主要来源于人类矿业开发活动。

安徽省铜陵地区As对数泛克立格漂移及剩余异常图

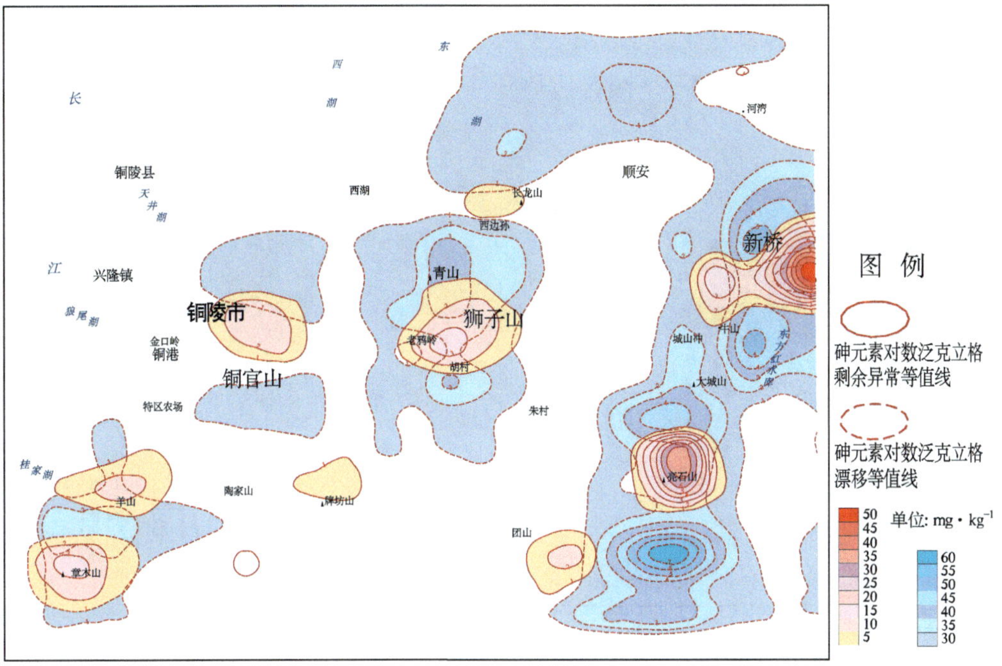

安徽省铜陵地区Pb对数泛克立格漂移及剩余异常图

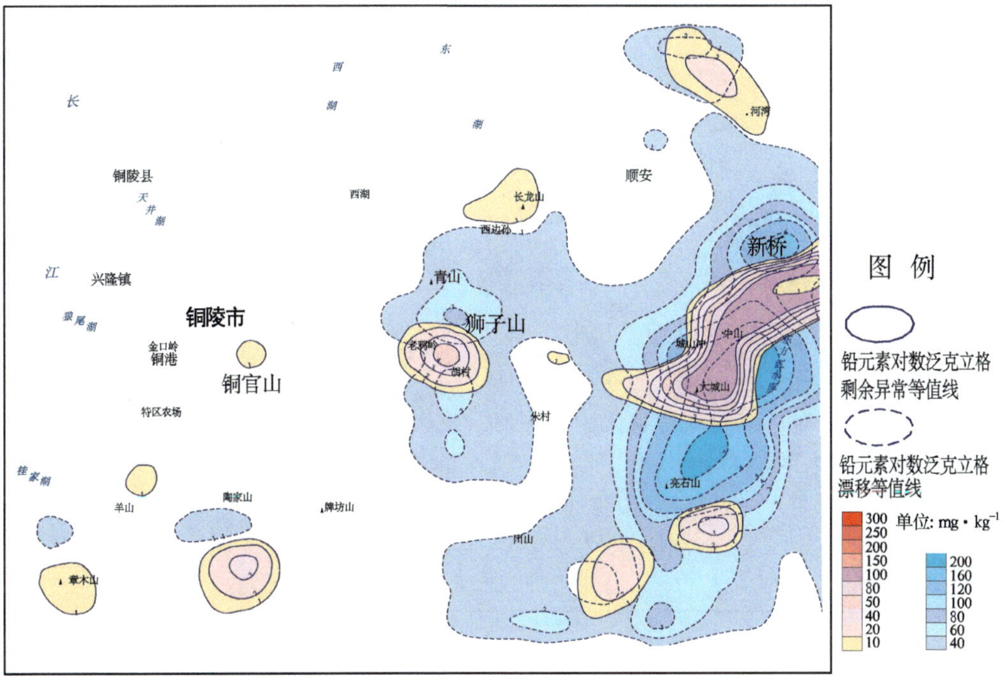

安徽省铜陵地区Cu对数泛克立格漂移及剩余异常图

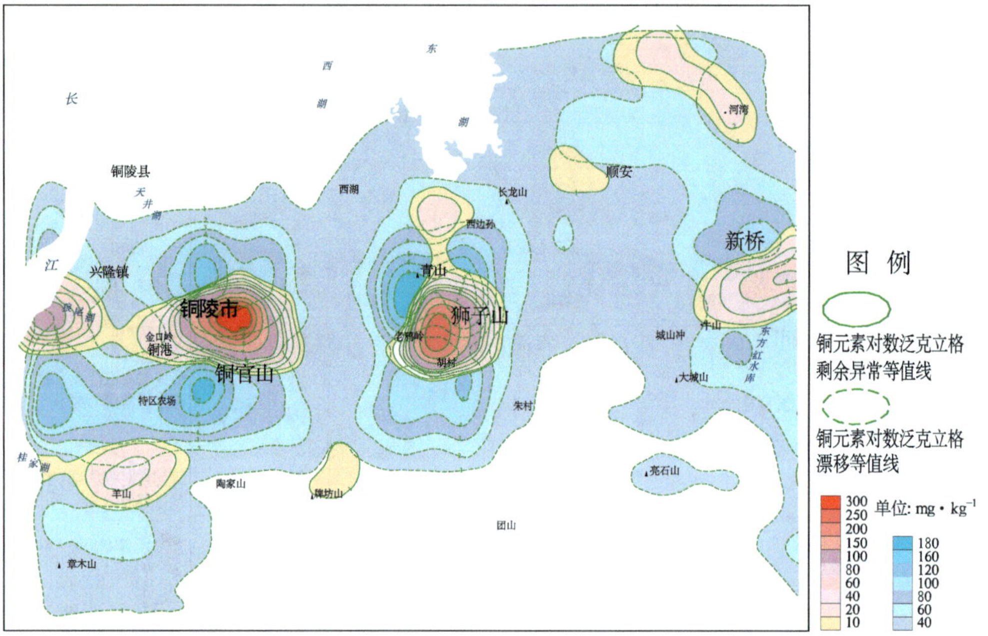

安徽省铜陵地区Zn对数泛克立格漂移及剩余异常图

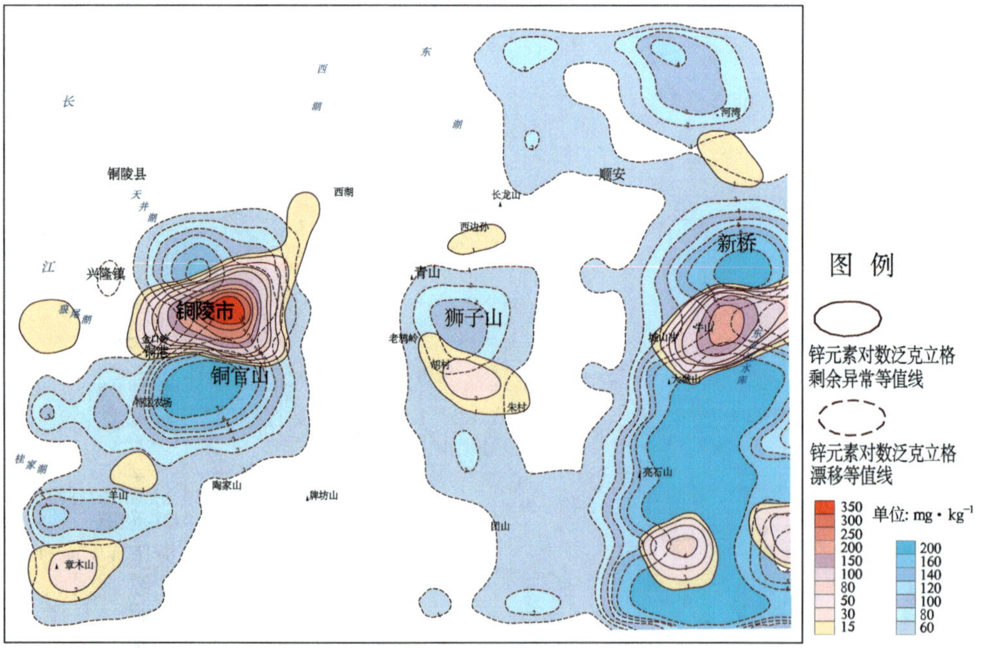

图 4-31 铜陵幅矿山开采前土壤重金属元素分布

数据来源:《安徽省铜陵地区 H-50-44-B H-50-45-A 1 : 5 万综合信息成矿预测研究报告》, 1987 年 6 月。

王银泉（2014）对新桥矿区土壤重金属污染的源解析进行了研究，通过对污染土壤样和对比样进行 XRD、SEM-EDS 测试和 Pb、Cd 同位素示踪，发现矿区周边土壤的污染来源于新桥矿开采和选冶活动，污染严重的土壤中存在黄铁矿等矿物，与上述对比分析结果一致。

此外，以调查区背景值为参比值作综合污染指数评价图（图 4-32），由于调查区背景值均低于土壤污染风险筛选值，空间分布图可更加清晰直观地反映出调查区相对于本身的背景值的污染情况。由图 4-31 可知，调查区 95% 的区域受到了轻微以上污染，60% 以上区域受到中度以上污染。调查区内铜陵市大部分区域、南陵县钟鸣镇、凤凰山街道受到污染最为严重，污染严重区域内均分布有生产或闭坑的矿山、选矿厂、固体废物堆等。

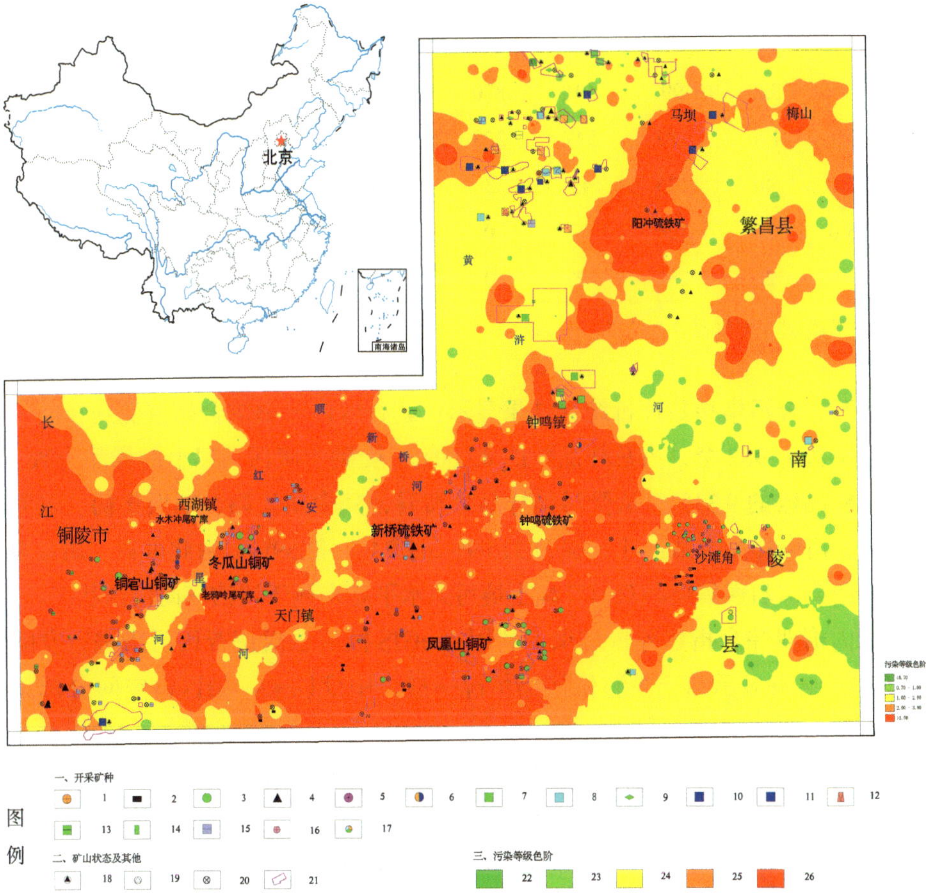

图 4-32　土壤重金属综合污染指数评价空间分布（调查区背景值）

1—金矿；2—煤矿；3—铜矿；4—硫铁矿；5—锰矿；6—铅锌矿；7—膨润土；8—石灰岩矿；9—高岭土；10—水泥配料用砂岩；11—水泥用石灰岩矿；12—冶金用石英岩；13—砖瓦用黏土矿；14—玄武岩；15—建筑用石料；16—银矿；17—多金属矿；18—生产矿山；19—在建矿山；20—闭坑矿山（停产和废弃）；21—矿权；22—清洁（值＜0.7）；23—尚清洁（值 =0.7～1.0）；24—轻微污染（值 =1.0～2.0）；25—中度污染（值 =2.0～5.0）；26—严重污染（值＞5.0）

②鄂西荆襄磷矿调查区土壤重金属污染评价。单因子污染指数统计结果（表 4-24）显示：6 种重金属元素污染程度 Cu>As>Cr>Hg>Cd>Pb，Cu、As、Cr、Hg、Cd、Pb 元素受污染个数分别为 615 个、207 个、84 个、72 个、58 个、3 个，污染占比分别为 56.11%、6.57%、7.66%、18.89%、5.29%、0.27%。总体来看，土壤样品中 Cu、Hg 元素污染水平高，Cd、Cr、As 元素污染水平较高，Pb 元素绝大多数未达到污染水平。从土壤样品污染分布看，胡集幅单元素达到污染水平的个数最多，双河口幅次之，刘猴集幅单元素达到污染水平个数最少，土壤受污染程度强弱依次为双河口幅、胡集幅、刘猴集幅。

表 4-24　鄂西荆襄磷矿调查区重金属元素污染指数统计

单项污染指数分级	单因子指数个数						综合污染指数	综合污染指数分级
	Cr	Cu	Cd	Pb	Hg	As		
$P \leqslant 1.0$	822	99	491	870	483	478	0	$P \leqslant 0.7$
$1.0 < P \leqslant 2.0$	190	382	547	223	541	411	114	$0.7 < P \leqslant 1.0$
$2.0 < P \leqslant 3.0$	40	235	43	3	46	149	880	$1.0 < P \leqslant 2.0$
$3.0 < P \leqslant 5.0$	22	126	13	0	14	46	95	$2.0 < P \leqslant 3.0$
$P > 5.0$	22	254	2	0	12	12	7	$P > 3.0$

注：分析测试土壤样品 1 096 件。

内梅罗综合污染指数评价统计结果显示：调查区内土壤综合指数受到轻度污染以上的样品个数为 982 个，占总样品数的 89.60%；受到中度污染以上的样品个数为 102 个，占总样品数的 9.31%。从受污染样品分布看，其中胡集幅、刘猴集幅、双河口幅的中度以上污染样品个数占比分别为 31.09%、2.74%、2.59%。由此可见，胡集幅土壤污染水平最高，刘猴集幅和双河口幅土壤污染水平基本属于清洁—尚清洁状态。

根据内梅罗综合指数评价结果，利用 ArcGIS 插值法对调查区污染进行空间分析（图 4-31），结果显示出土壤整体污染情况一般，中度以上污染区占空间分析面积的 30% 左右。

对区内全部土壤样品进行综合评价（图 4-33），得出鄂西荆襄磷矿调查区整体土壤洁净程度为轻污染，约占总图幅面积的 85%。中度—严重污染区主分布在调查区西北部和东南部，主要为化工产业活动集中地区，如科海化工、鄂中化工等地区，区域内存在较多的化工制肥厂和磷石膏堆，排放的废气废渣对周边土壤造成不同程度的污染。调查区无污染—轻度污染区主要位于磷矿山周边、胡集镇大部分地区、刘猴集大部分地区、双河镇黄坪村、丰乐镇金划滩村、洋梓镇、冷水镇的建设村和孔艾村，据实地调查区内主要为农田种植区，无矿山分布的低山丘陵区，无化工厂和磷石膏堆，主要为生活污染及农业污染所致。

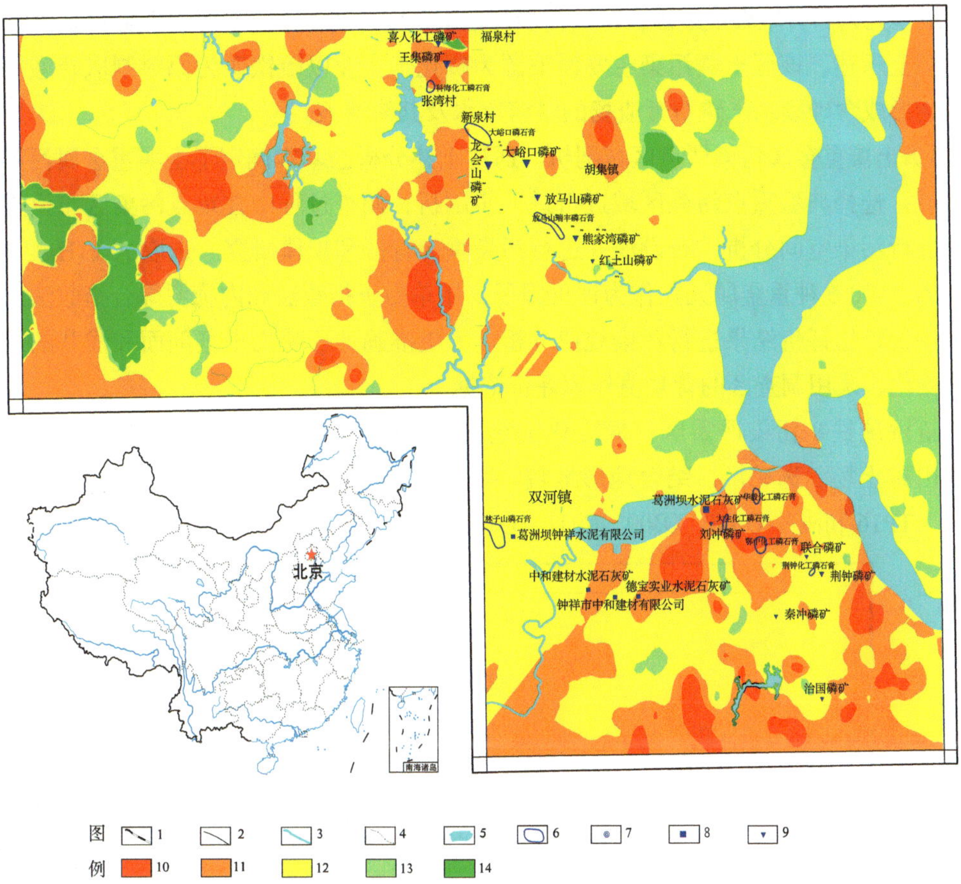

图 4–33 鄂西荆襄磷矿调查区土壤污染综合评价

1—铁路；2—道路；3—河流；4—行政边界；5—水库；6—磷石膏堆；7—城镇；8—石灰岩矿；9—磷矿；10—严重污染［$P_{(综)}>3$］；11—中度污染［$2<P_{(综)}\leqslant 3$］；12—轻度污染［$1<P_{(综)}\leqslant 2$］；13—尚清洁［$0.7<P_{(综)}\leqslant 1$］；14—清洁［$P_{(综)}<0.7$］

综上分析，磷矿山周边基本为轻度污染状态，而化工厂和磷石膏堆周边为中度—严重污染状态，说明磷矿山对土壤重金属污染的影响较小，主要原因为磷矿石化学性质较稳定。峡卡河东侧一带和双河东南侧一带分布有很多化工厂和磷石膏堆，如大峪口磷石膏堆、科海化工大型磷石膏堆、鄂中化工磷石膏堆、大生化工磷石膏堆、荆钟化工磷石膏堆等。据调查和收集资料，该地区涉重金属产业主要是磷化工行业，基本以生产磷肥的中小型企业为主体，企业生产工艺为硫铁矿锻烧—硫酸—磷矿石—磷铵。近 200 万 t/a 的硫黄制酸生产线，由于硫精砂锻烧烟气两转两吸工艺中砷化物洗涤冷却进入残渣，每年产生的制酸渣（主要成分为氧化铁）70 多万 t，渣中含可溶于水的砷含量为 0.001%～0.01%，总量 7～70 t。对区域土壤重金属质量影响较大的企业为鄂中化工、世龙化工、荆钟化工等，污染物以砷为主，其次为铅和铬；磷石膏堆长期裸露堆放，受雨水的淋滤作用，降水携带重金属离子对周边农田土地渗透造成不同程度的污染。而建设村等地区无磷石膏堆聚集地区，可以初步判定土壤重金属污染主要源于人类农业活动。

综上所述，该区土壤污染主要污染源为磷化工企业以硫铁矿为原料制取硫酸等过程中会形成含砷废水、磷石膏渣场的淋溶废水及其渗滤液。

3）土壤重金属污染严重区域剖析。通过上述分析已基本确定了土壤重金属污染严重区域，选择典型重点污染区域进行进一步剖析，调查过程中在重点污染区布设土壤剖面进行污染空间分析，布设浅井进行污染垂向特征和规律研究。选取 As、Hg、Pb、Cu、Zn、Cd 6 种重金属元素作为评价因子，用单因子指数法和内梅罗综合指数法进行污染评价，据评价结果进行污染规律分析。为更准确地反映出土壤剖面和浅井的污染规律变化，采用调查区的背景值作为评价依据。

新桥硫铁矿污染严重区：铜陵化工集团新桥硫铁矿附近区域为污染严重区，针对矿山排土场、选矿厂，结合地形地貌特征布置土壤剖面 TP02、TP03、TP04、TP05、TP15、TP16 和浅井 QJ08、QJ09、QJ11、QJ18、QJ19（图 4-34），土壤剖面每间隔 40 m

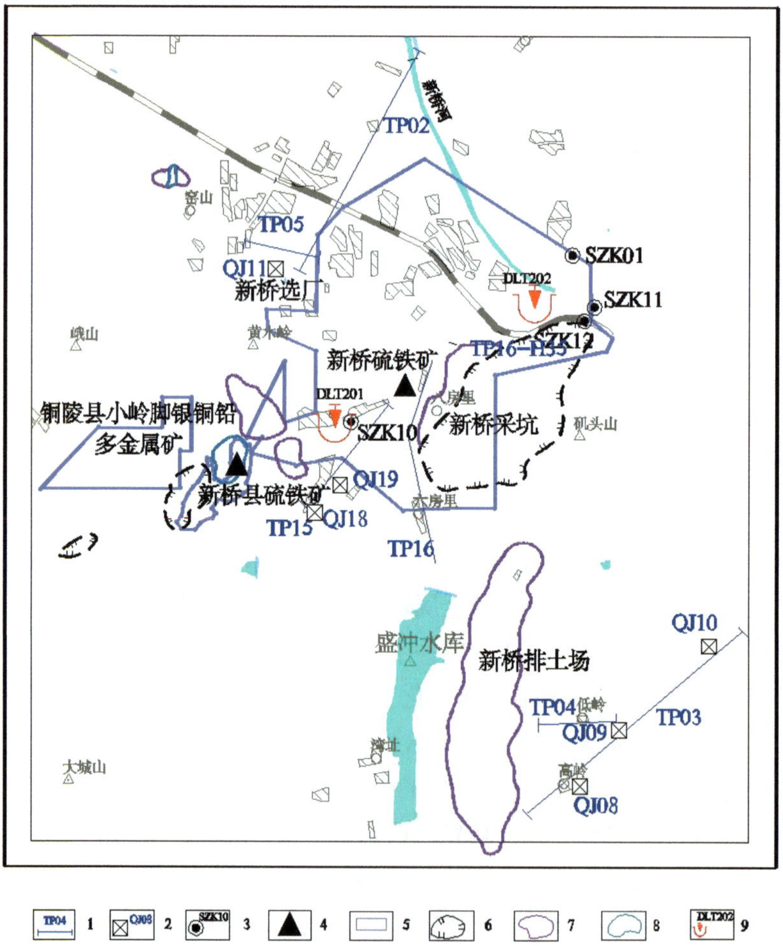

图 4-34　新桥硫铁矿附近工程布置

1—物探剖面位置及编号；2—浅井位置及编号；3—钻孔位置及编号；4—硫铁矿山；5—矿权范围；6—采坑边界；7—固废堆范围；8—尾矿库范围；9—岩溶塌陷及编号

取表层土壤样品一件，浅井每间隔 25～50 cm 取样品一件。选择背景值作为参比值，进行指数评价，更利于反映污染的变化情况。

TP02、TP05 位于新桥硫铁矿选矿厂北侧田地，TP02 自选厂沿低洼田地处走向 23° 方向至顺安河，TP05 距选厂 120 m，展布方向垂直于 TP02。分析结果（图 4-35、图 4-36）显示：剖面土壤受西南侧污水渠长期渗漏影响，大部分样品重金属含量均高于背景值，综合指数均大于 3，整体上为重度污染状态。从曲线的变化趋势来看，TP02 剖面土壤样品重金属含量未呈现出与选矿厂距离增加而降低的变化规律，推测可能与该处地势较平坦，水流速度较慢，径流方向不规律有关；剖面末端靠近顺安河处的

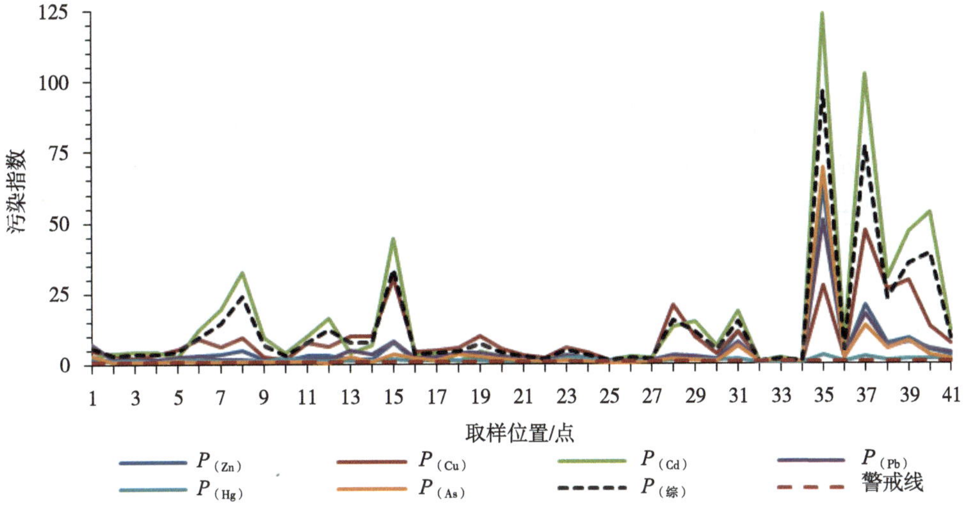

图 4-35 TP02 土壤剖面污染指数曲线

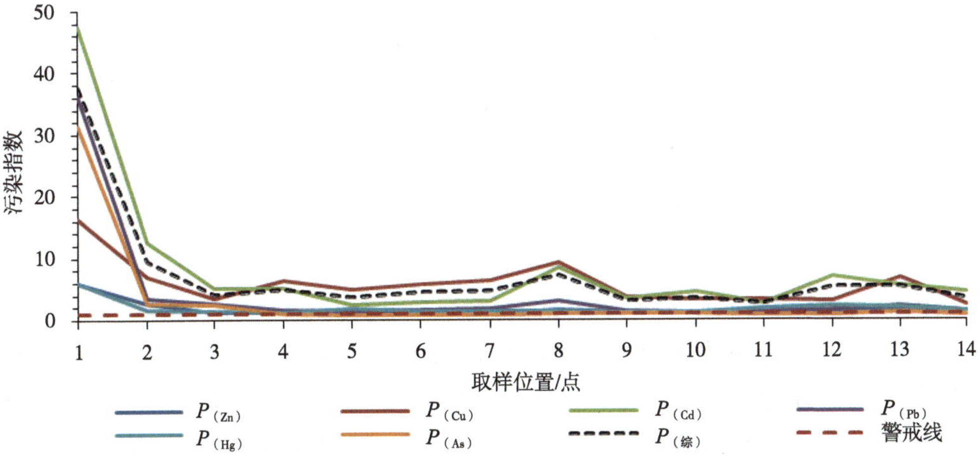

图 4-36 TP05 土壤剖面污染指数曲线

样品污染明显严重，原因可能与采集土壤处非原生农田土，来源为矿山废土有关。TP05 剖面除第一个样品污染突高外，其余土壤样品无明显变化趋势，表明在垂直于水流向的方向上污染无明显变化趋势，突高点原因为采样位置紧挨房屋，污染来源可能与生活污水等有关。

TP03、TP04 位于新桥硫铁矿排土场东侧下游高岭村、低岭村田地，TP03 走向 50° 自新桥硫铁矿排土场至顺凤公路、TP04 走向 85° 方向自新桥硫铁矿排土场至高岭低岭交叉路口。TP03 土壤剖面评价结果（图 4-37）显示：近 70% 的土壤样品重金属元素含量低于背景值，各点的元素单指数污染和综合指数污染整体为无污染—轻度污染水平，综合污染指数大于 3 的仅 9 个点，位于剖面的端点处，原因为剖面终点处重度污染样品为排土场对比样品，起点处重度污染样品位于新桥河两侧，可能为上游矿山开采影响或道路运输矿产品、废石影响所致，靠近排土场一侧的土壤样品重金属含量总体明显低于新桥河一侧的含量值，说明排土场对高岭村、低岭村一侧的冲沟区域土壤影响较小，农田中土壤为不受污染或低污染水平。推测新桥排土场淋滤水径流方向主要为排土场西侧盛冲水库。

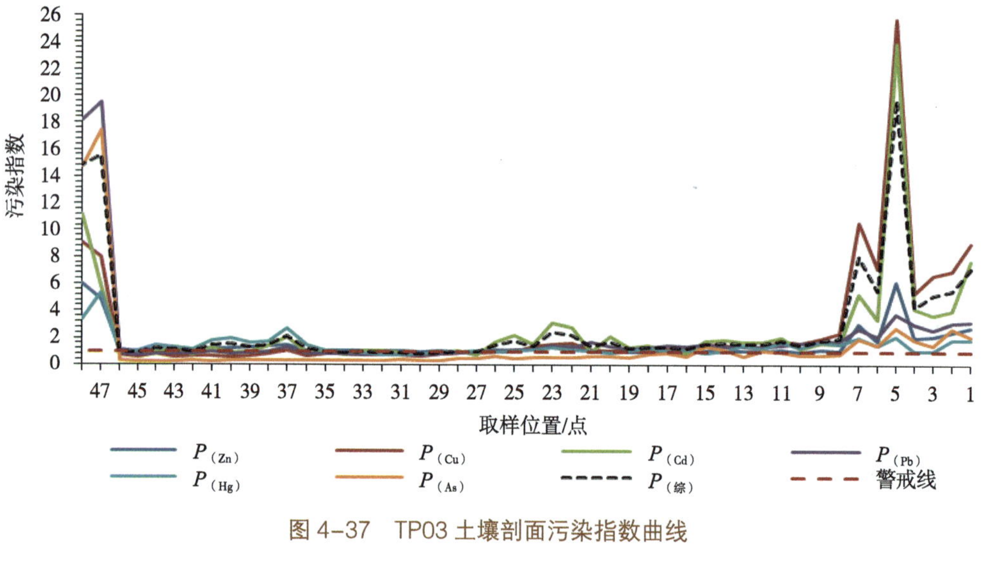

图 4-37　TP03 土壤剖面污染指数曲线

TP15、TP16 位于新桥矿露天采坑的西侧朱冲组农田地和六房与盛冲河间农田地，TP15 走向 38° 方向自朱冲组南部至牛山矿部公路，TP16 走向 348°、18° 自盛冲水库至新桥硫铁矿矿井处。土壤剖面评价结果（图 4-38）显示：6 种重金属元素均高于背景值，原因为剖面采样点距离矿业活动较近。绝大多数点的 Zn、Cd、Hg、Pb 元素均达到中度污染以上，综合污染指数为重度污染。从曲线变化趋势来看，TP15 剖面起点和终点处污染程度明显高于中部区域，原因为起点处为矿山露天采场，受污染严重；

终点处距离矿业运输道路近，受污染严重。中部区域污染程度虽小于起终点但已达到中度污染及以上。TP16 剖面未出现明显的规律性距离变化，原因可能为受地形影响，剖面展布方向与沟谷同向，受矿山露天采场、矿产运输影响沟谷内农田土壤受污染严重。

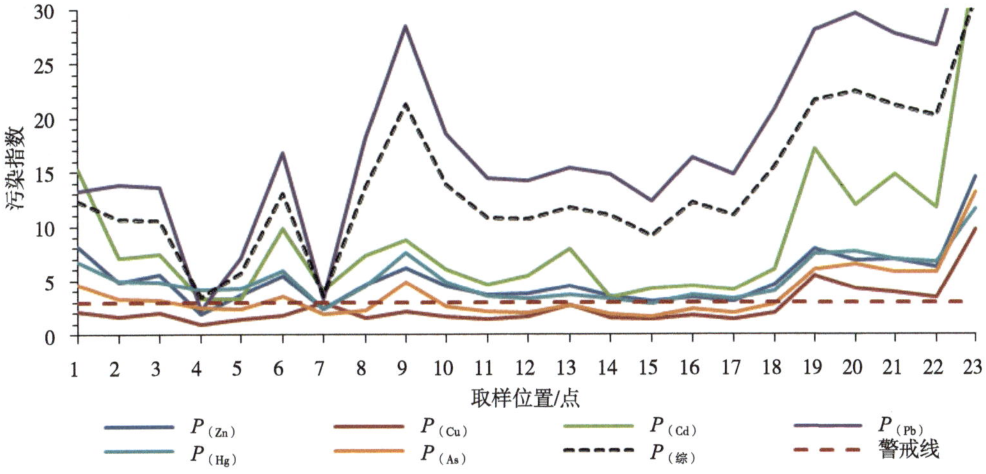

图 4-38　TP15 土壤剖面污染指数曲线

此外，通过采集深部样品了解了土壤垂向污染特征及规律（图 4-39），在朱冲组污染区和选矿厂污染区布置浅井。QJ11 位于新桥选矿厂北侧污水渠旁的田地，调查中发现水渠有明显的渗漏现象，评价结果显示选厂旁田地土壤表层受污染严重，土壤重金属含量随深度增加而递减，污染等级也呈现递减趋势，0.5～1.0 m 为轻度—中度污染，1.5 m 以下基本为无污染状态。QJ18、QJ19 位于采坑西翼朱冲组田地，评价结果显示田地受污染严重，Cu、As 为轻度污染，Zn、Hg、Cr、Pb 为中度—重度污染，随土壤深度的增加重金属含量稍微有减弱趋势，但各个深度样品污染等级均达到中度污染，该区域土壤长期数十年受矿业活动影响，受重金属污染深度已经超过 2 m。QJ09 位于排土场东侧高岭、低岭村农田地，距离排土场较近。评价结果显示：排土场东侧田地中各种金属元素基本未受污染，原因可能为受地形上分水岭影响，排土场上未对东侧田地造成污染。

综上所述，新桥硫铁矿排土场对其东侧高岭低岭村庄未造成土壤重金属污染，主要与地形分水岭有关；硫铁矿选矿厂的废水渗漏对附近田地污染严重，且污染集中在 0～50 cm 处的表层土壤，深部土壤无污染或轻微污染；硫铁矿采坑西侧的朱冲、圣冲田地中土壤重金属污染十分严重，且土壤污染深度已达 2 m 以上。

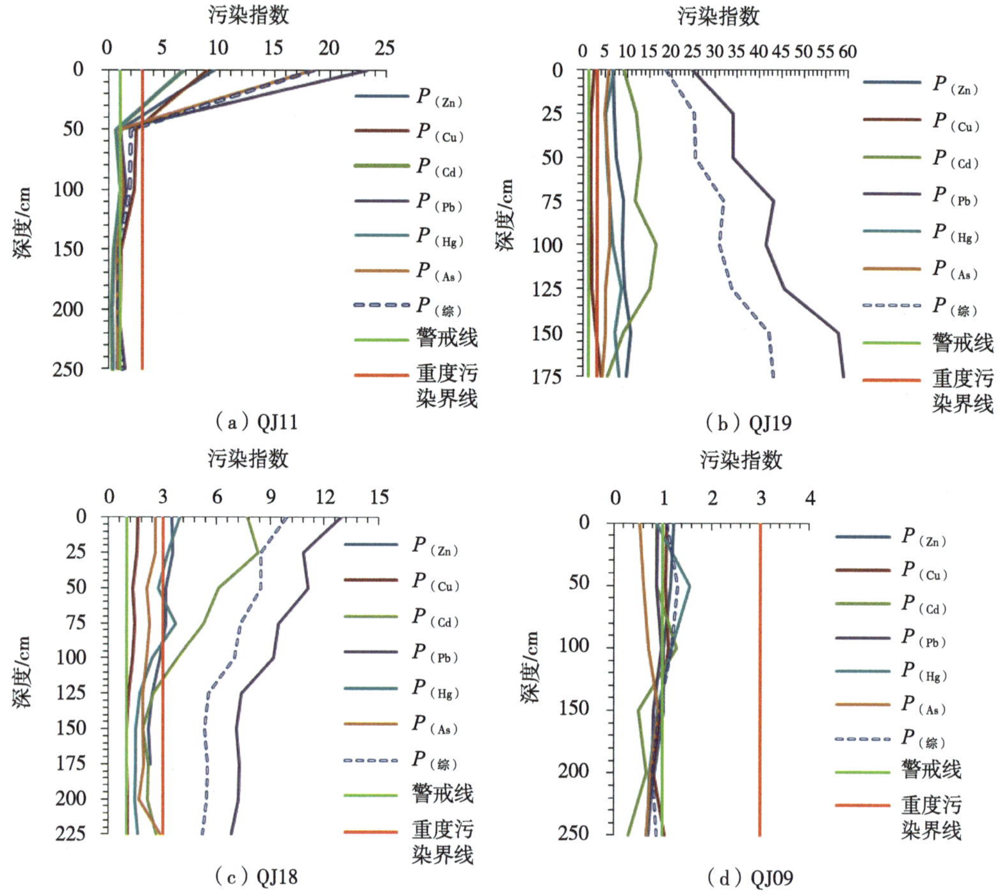

图 4-39 浅井重金属污染指数变化曲线

（3）地表水、地下水污染情况

1）安徽铜陵硫铁矿调查区。通过系统采集铜陵地区地表水和地下水样品，分别采用《地下水质量标准》（GB/T 14848—2017）Ⅲ类标准值（表 4-24）、《地表水环境质量标准》（GB 3838—2002）Ⅱ类标准值为评价标准，选取 As、Hg、Pb、Cu、Zn、Fe、SO_4^{2-} 为评价因子，进行内梅罗综合指数污染评价。本次分析测试地表水样品 264 件，地下水样品 217 件，采用重复分析、加标回收等方法进行质量控制：重复性分析结果按照《地质矿产实验室测试质量管理规范》（DZ/T 0130—2006）（以下简称《规范》）水质分析计算偏差，合格率为 95%～107%，均大于 95%，满足质量要求；含量≥10^{-4} 的项目加标回收率为 97%～103%，含量 10^{-6}～10^{-4} 的项目加标回收率为 92%～107%，含量≤10^{-6} 的项目加标回收率为 85%～115%，满足相关的规范质量要求；检测项目报出率均达到 95%，满足《规范》要求。

①地表水污染评价结果。对地表水 264 件样品中 8 种评价因子的特征进行了统计（表 4-25）。由表 4-25 可知在 8 种因子中，只有 Fe、Hg、SO_4^{2-} 的平均值超出国家

Ⅱ类标准值，且3种评价因子的超标率最高，分别为8.71%、25.38%、20.08%，其余5种评价因子有部分样品超过国家Ⅱ类标准值，但超标率均小于6%。7种元素含量评价因子的变异系数均大于100%，表明数据的离散性较大，Fe、Cu、As的变异系数最大，分别为754.2%、791.2%、845.4%，局部地表水受到了人类活动的强烈影响；pH变异系数为15.3%，离散性较小。

表4-25 安徽铜陵硫铁矿调查区地表水元素含量特征及标准值

元素	最大值/（mg/L）	最小值/（mg/L）	平均值/（mg/L）	中值/（mg/L）	标准差SD	变异系数C.V/%	地表水Ⅱ类标准值/（mg/L）	样品数超标率/%
Fe	493	0.001 32	4.96	0.10	37.30	754.2	0.30	8.71
Cu	35.20	0.000 003	0.35	0.004	2.749	791.2	1.00	2.65
Pb	0.30	0.000 001	0.004	0.001	0.025	586.8	0.01	2.65
Zn	47.10	0.000 003	0.61	0.01	4.40	713.6	1.00	3.03
As	1.20	0.000 11	0.01	0.002	0.10	845.4	0.05	0.76
Hg	0.017	0.000 001	0.000 4	0.000 2	0.001 5	348.2	0.000 05	25.38
SO_4^{2-}	8 158	4.21	324.58	88.5	873.40	269.6	250	20.08
pH	8.35	2.050 00	7.24	7.5	1.1	15.3	6～9	5.68

注：数据测试时间：2016—2018年；分析测试地表水样品264件。

内梅罗指数评价结果显示：地表水中各评价元素均有不同程度的污染（超国家Ⅱ类标准值）（图4-40），污染程度较大的为Fe、Hg和SO_4^{2-}。地表水综合污染指数［$P_{(综)}$］轻污染等级以上的样品数为81件，占比30.68%；Fe轻污染等级以上的样品数为23件，占比8.71%；Hg轻污染等级以上的样品数为67件，超标率为25.38%；SO_4^{2-}轻污染等级以上的样品数为49件，超标率为20.08%。As、Pb、Cu、Zn的超标个数分别为2件、7件、7件、8件，重污染和严重污染区主要呈零散状分布在新桥硫铁矿附近、顺安河下游西侧（蛇形山）和南陵县沙滩脚附近，分布范围较小。

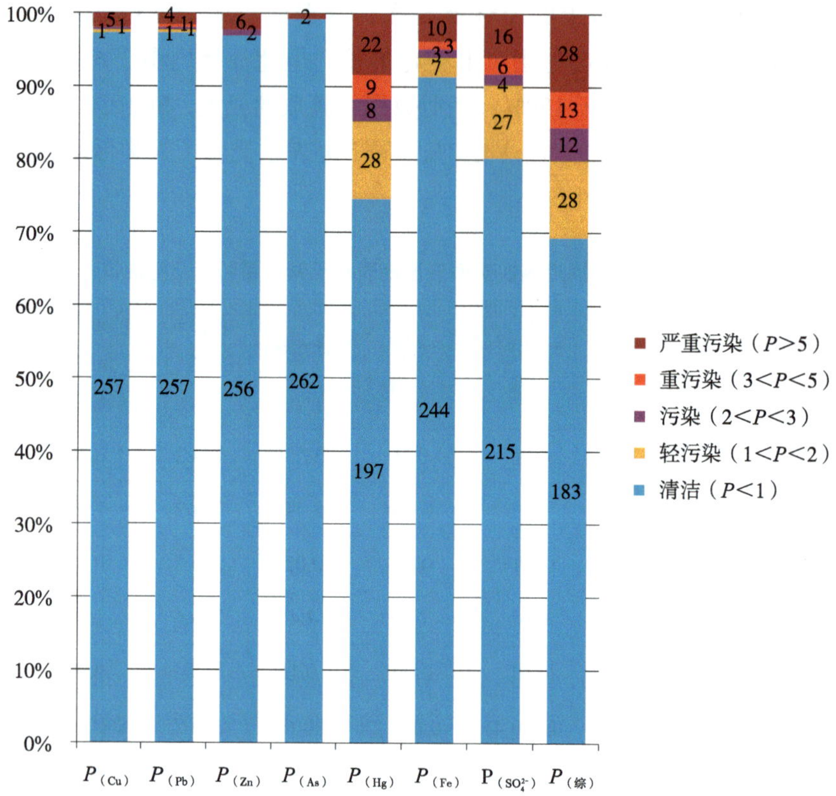

图 4-40　铜陵调查区地表水单因子指数和综合污染指数百分比

由图 4-41 可知：重污染和严重污染区约占调查区总面积的 30%，主要分布在新桥硫铁矿南侧—新桥河中游、钟鸣硫铁矿—钟鸣镇一带、顺安河中下游两侧区域、冬瓜山铜矿的老鸦岭尾矿库及水木冲尾矿库附近、铜官山铜矿北侧及南陵县沙滩脚一带。新桥硫铁矿南侧—新桥河中游和钟鸣硫铁矿—钟鸣镇一带，为地表水严重污染区，据实地调查结果，区域内分布有较多的硫铁矿矿山，排土场，选矿厂和尾矿库，产生的矿山废水、酸性水污染了地表水；顺安河中下游两侧严重污染区，在河流两侧分布有许多小型硫铁矿、铜矿选矿厂、尾矿库，选矿废水和尾砂淋滤水污染了地表水；此外，南陵县沙滩脚南北两侧严重污染面积较大，经实地调查为大面积的耕地，并不存在矿业开发相关的污染源，推测可能与化肥使用有关，另外还可能与该区所取水样品数量偏少，插值计算误差较大有关。

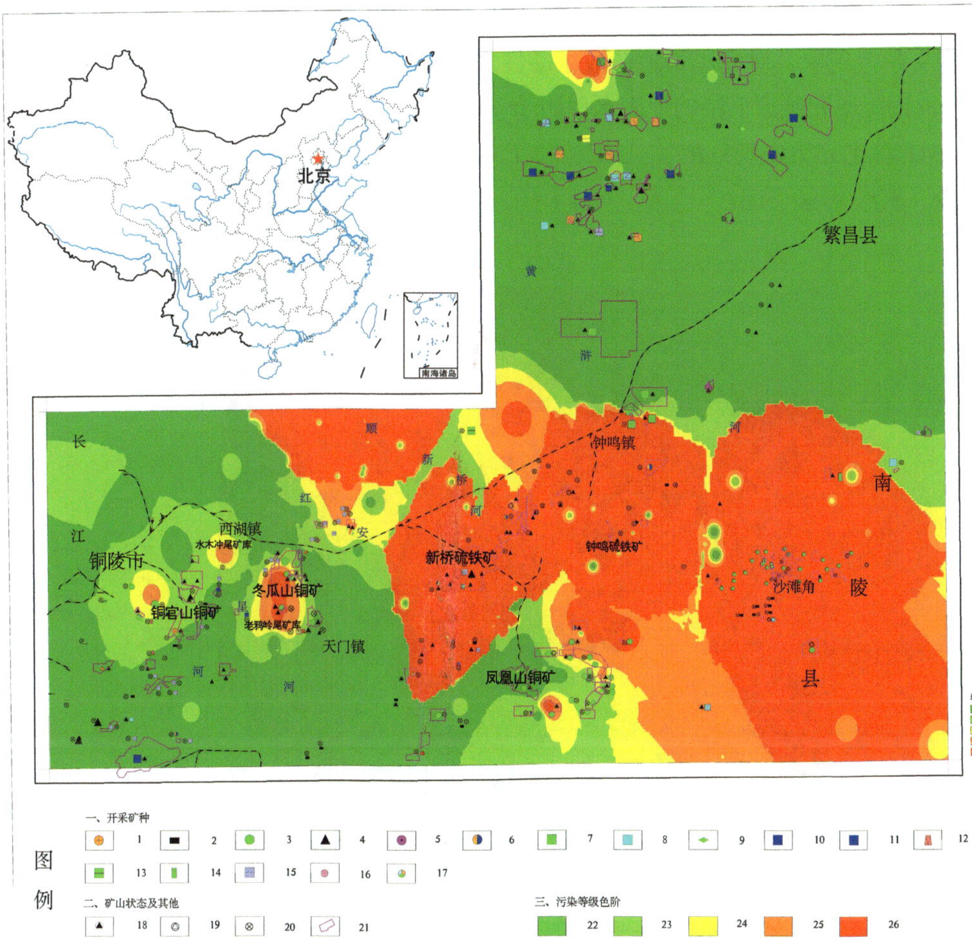

图 4-41 铜陵调查区地表水内梅罗综合污染指数 [$P_{(综)}$] 空间分布

1—金矿；2—煤矿；3—铜矿；4—硫铁矿；5—锰矿；6—铅锌矿；7. 膨润土；8—石灰岩矿；9—高岭土；10—水泥配料用砂岩；11—水泥用石灰岩矿；12—冶金用石英岩；13—砖瓦用黏土矿；14—玄武岩；15—建筑用石料；16—银矿；17—多金属矿；18—生产矿山；19—在建矿山；20—闭坑矿山（停产和废弃）；21—矿权；22—清洁（值<1.0）；23—轻污染（值 =1.0～2.0）；24—污染（值 =2.0～3.0）；25—重污染（值 =3.0～5.0）；26—严重污染（值>5.0）

综合分析后，将引起地表水污染的原因大致分为两类：

A. 小型硫铁矿、铜矿（伴生硫铁矿）开采方式粗放，矿坑水、排土场及废矿石堆淋滤水处理不合理，甚至未经处理，直接排放或径流，对周边地表水体造成了酸性水污染，如新桥硫铁矿南侧—黄金洞硫铁矿一带、钟鸣硫铁矿—筲箕涝硫铁矿一带和南陵县沙滩脚一带。

B. 由尾矿库淋滤水及选矿厂废水排放引起的酸性水污染，如新桥河中游、顺安河中下游附近分布有许多已废弃或正在使用的尾矿库，废弃的尾矿库（硫铁矿）未进行恢复治理，淋滤水直接排入附近河流，正在使用中的尾矿库防渗透措施不到位，仍有部分尾矿废水进入地表水；选矿厂主要为硫铁矿选矿厂（如新桥选矿厂、红星选矿厂），其次为一些小型铜矿选厂，新桥选矿厂处理后的废水及地面排水中 Hg、Fe、SO_4^{2-} 仍有超标现象，对周边田地造成了酸性水污染。

选取铜陵幅和戴家汇幅的地表水单因子（Fe、SO_4^{2-}）污染指数空间分布（图 4-42），与图 4-41 对比分析发现：$P_{(综)}$ 与 $P_{(Fe)}$、$P_{(SO_4^{2-})}$ 的分布规律相似，说明地表水污染主要由 Fe、SO_4^{2-} 污染引起。

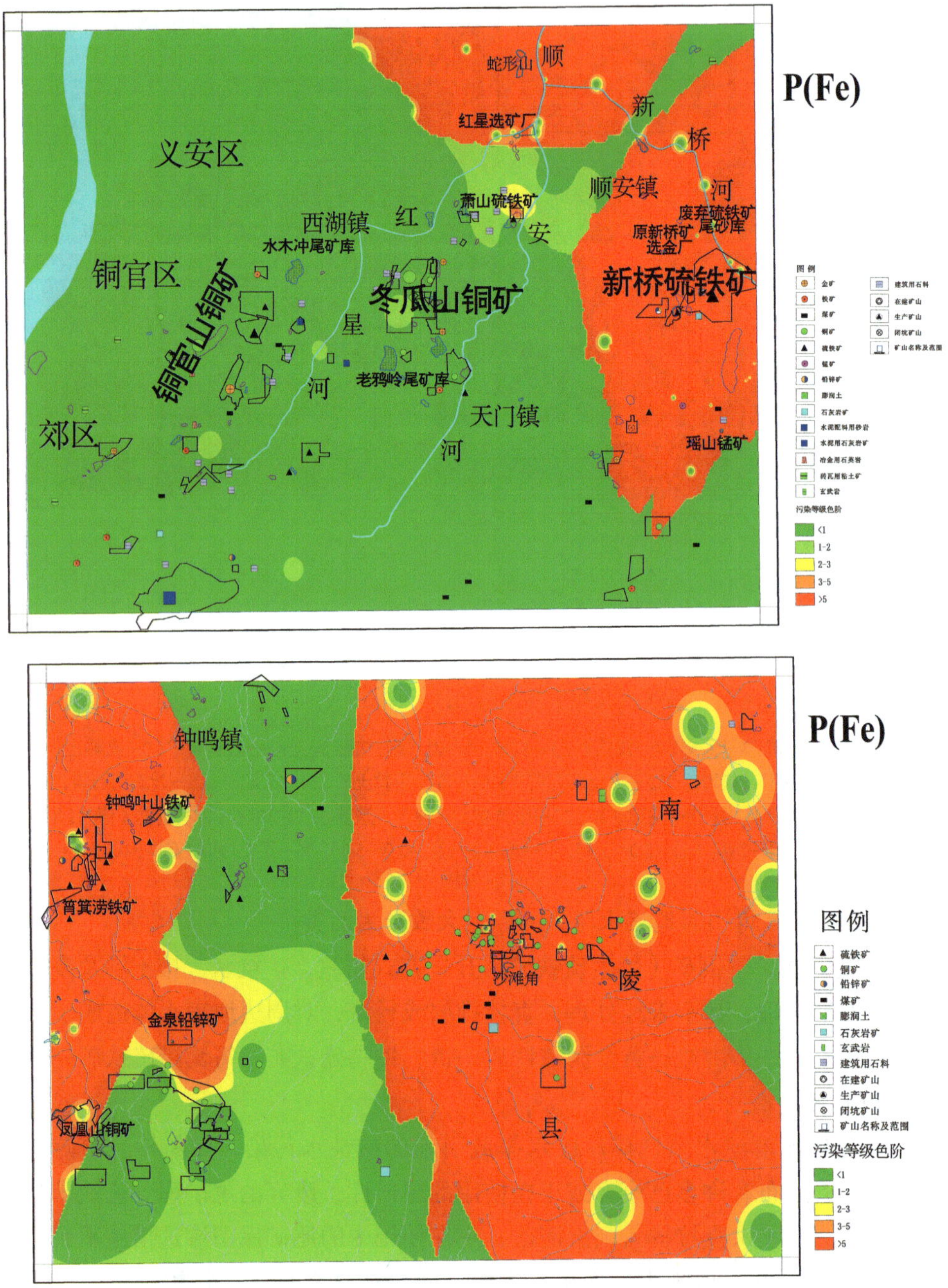

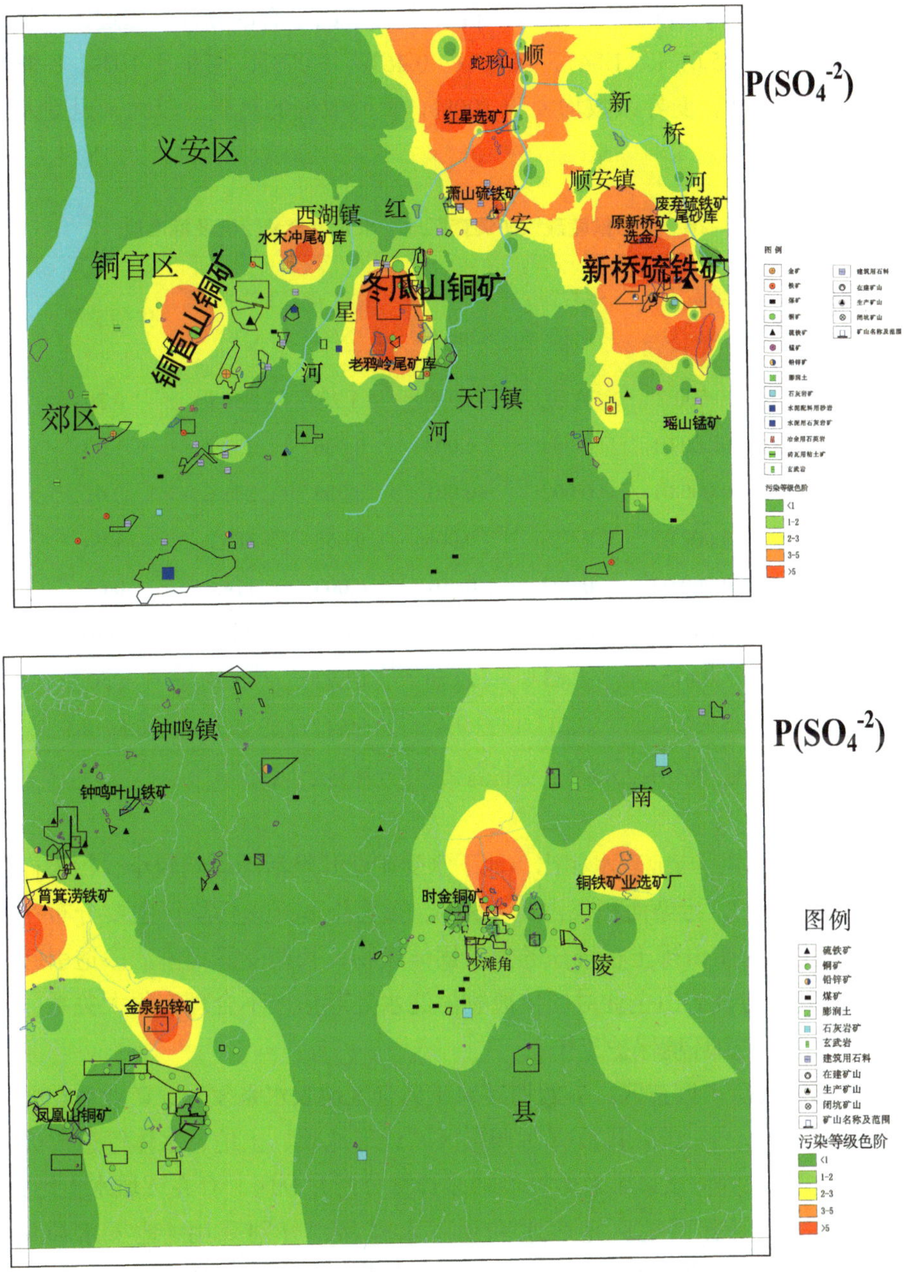

（a）：铜陵幅，（b）：戴家汇幅，（c）铜陵幅，（d）戴家汇幅

图 4-42　安徽铜陵硫铁矿调查区地表水污染指数空间分布

综上所述，地表水污染原因主要是矿山开采、选矿厂及固体废弃物（排土场、废矿石堆及尾矿库）引起的酸性水，其中硫铁矿山相关污染源占比较大。

②地下水污染评价结果。对安徽铜陵硫铁矿调查区地下水 217 件样品中 8 种评价因子含量特征进行了统计（表 4-26）。由表 4-26 可知，8 种因子的平均值均未超过国

家Ⅲ类标准值，仅 Fe、Pb、As、SO_4^{2-}、pH 5 种评价因子有部分样品超过国家Ⅲ类标准值，超标率分别为 5.07%、1.84%、2.30%、0.46%、5.07%，均小于 10%。8 种评价因子中除 Hg 和 pH 外，变异系数均大于 100%，表明数据的离散性较大，但受人类活动影响较小。

表 4-26　安徽铜陵硫铁矿调查区地下水元素含量特征及标准值

元素	最大值 / (mg/L)	最小值 / (mg/L)	平均值 / (mg/L)	中值 / (mg/L)	标准差 SD	变异系数 CV/%	地下水Ⅲ类标准值 / (mg/L)	样品数超标率 / %
Fe	24.60	0.000 2	0.20	0.05	1.70	850.0	0.30	5.07
Cu	0.06	0.000 01	0.004	0.003	0.006	131.3	1.00	0.00
Pb	0.05	0.000 01	0.002	0.001	0.005	271.6	0.01	1.84
Zn	0.94	0.000 03	0.018	0.008	0.068	385.2	1.00	0.00
As	0.02	0.000 02	0.002	0.001	0.003	114.0	0.01	2.30
Hg	0.000 7	0.000 001	0.000 2	0.000 1	0.000 1	87.9	0.001	0.00
SO_4^{2-}	773	2.47	46.63	32.60	61.72	132.7	250	0.46
pH	8.59	5.950 00	7.33	7.4	0.4	6.0	6.5～8.5	5.07

注：数据测试时间：2016—2018 年；分析测试地下水样品 217 件。

由图 4-43 可知：与地表水相比，地下水受矿业开发活动影响较小，污染样品总数为 10 件（表 4-27），污染面积仅占比 4.60%，重污染和严重污染区主要分布在钟鸣硫铁矿一带，主要为矿山排土场堆积的大量固体废物，长期受降雨淋滤渗透引起了地下水的污染，同时与该矿山企业对固体废物淋滤水处理措施不合理有很大关系，应加强私有小型矿山的矿山环境保护工作。

2）鄂西荆襄磷矿调查区。鄂西荆襄磷矿调查区地表水系发育，矿业活动尤其是矿山周边磷化工企业“三废”排放等对调查区的地形地貌、土地、水体等造成破坏和污染。调查区根据采样测试，汇总数据经初步计算分析并分区，存在流域水土污染问题。

通过系统采集鄂西地区地表水和地下水样品，分别采用《地下水质量标准》（GB/T 14848—2017）Ⅲ类标准值、《地表水环境质量标准》（GB 3838—2002）Ⅱ类标准值为评价标准，选取 TP、F^-、SO_4^{2-}、总 Cr、总 Cd、Hg、Pb、As 为评价因子，进行单因子指数和内梅罗综合指数污染评价。本次分析测试地表水样品 262 件，地下水样品 192 件，测试质量控制主要依据多目标地球化学调查（1∶250 000）水样品化学成分分析相关要求：精确度方面合格率为 96.00%～100%，均大于 95%，满足质量要求；准确度方面使用国家一级标准物质的方式来进行准确度监控，进行了加标回收分析，加标回收率为 92%～104%，加标回收率均满足质量要求。

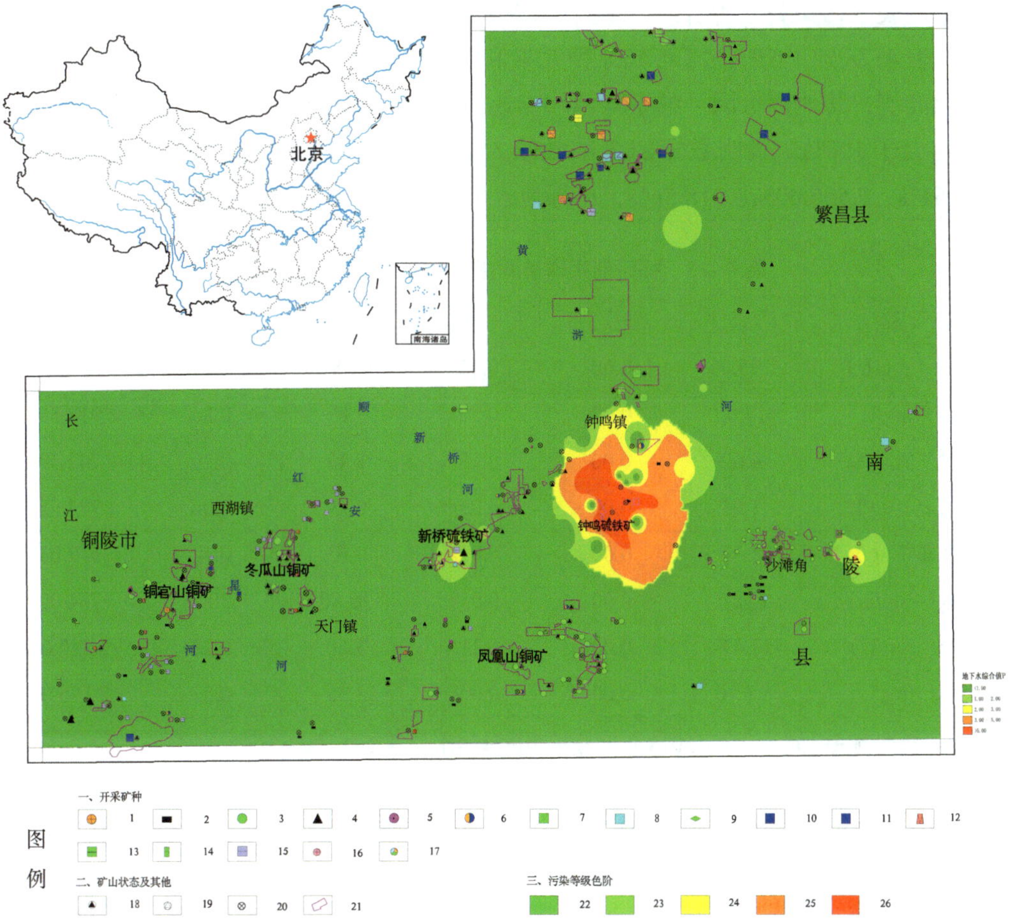

图 4-43 安徽铜陵硫铁矿调查区地下水内梅罗综合污染指数［$P_{(综)}$］空间分布

1—金矿；2—煤矿；3—铜矿；4—硫铁矿；5—锰矿；6—铅锌矿；7—膨润土；8—石灰岩矿；9—高岭土；10—水泥配料用砂岩；11—水泥用石灰岩矿；12—冶金用石英岩；13—砖瓦用黏土矿；14—玄武岩；15—建筑用石料；16—银矿；17—多金属矿；18—生产矿山；19—在建矿山；20—闭坑矿山（停产和废弃）；21—矿权；22—清洁（值<1.0）；23—轻污染（值 =1.0～2.0）；24—污染（值 =2.0～3.0）；25—重污染（值 =3.0～5.0）；26—严重污染（值>5.0）

表 4-27 安徽铜陵硫铁矿调查区地下水污染指数统计

评价指数分级	水质等级	$P_{(Fe)}$	$P_{(Cu)}$	$P_{(Pb)}$	$P_{(Zn)}$	$P_{(As)}$	$P_{(Hg)}$	$P_{(SO_4^{2-})}$	$P_{(综)}$
$P≤1.0$	清洁	199	217	213	217	212	217	216	207
$1.0<P≤2.0$	轻污染	10	0	0	0	5	0	0	6
$2.0<P≤3.0$	污染	1	0	2	0	0	0	0	2
$3.0<P≤5.0$	重污染	0	0	1	0	0	0	1	1
$P>5.0$	严重污染	0	0	1	0	0	0	0	1

①地表水污染评价结果。对地表水 262 件样品中 8 种评价因子含量特征进行了统计（表 4-28）。由表 4-28 可知 8 种元素和离子中，只有 TP 和 Hg 平均值大于国家Ⅱ类标准值，其他评价因子的平均值均未超过国家Ⅱ类标准值。8 种评价因子的变异系数均大于 100%，表明数据的离散性较大，TP、As、F^- 的变异系数最大，分别为 3 410.61%、2 596.00%、918.56%，局部地表水受到了人类活动的强烈影响。

表 4-28　鄂西荆襄磷矿调查区地表水元素含量特征

元素	最大值	最小值	中值	标准差	平均值	变异系数
TP/（mg/L）	195.00	0.00	0.42	91.83	2.69	3 410.61
F^-/（mg/L）	17.00	0.02	0.50	7.89	0.86	918.56
SO_4^{2-}/（mg/L）	4.69	0.00	0.17	2.17	0.29	742.39
总 Cr/（μg/L）	1.05	0.00	0.03	0.49	0.06	787.62
总 Cd/（μg/L）	1.37	0.00	0.05	0.63	0.12	549.06
Hg/（μg/L）	61.57	0.00	0.95	28.80	3.87	744.09
Pb/（μg/L）	7.47	0.00	0.11	3.50	0.28	1 240.04
As/（μg/L）	18.16	0.00	0.04	8.55	0.33	2 596.00

注：数据测试时间：2016—2018 年；分析测试地表水样品 262 件。

单因子指数评价结果显示：地表水中各评价元素均有不同程度的污染（超国家Ⅱ类标准值）（图 4-44、图 4-45），污染程度较大的为 TP、Hg 和 F^-。地表水综合污染指数［$P_{(综)}$］轻污染等级以上的样品数为 160 件，占比 61%；TP 轻污染等级以上的样品数为 74 件，占比 28.3%；Hg 轻污染等级以上的样品数为 9 件，超标率为 3.4%；F^- 轻污染等级以上的样品数为 34 件，超标率为 17.8%。SO_4^{2-}和 Pb 的超标个数同为 9 件，重污染和严重污染区主要呈零散状分布在汉江和浰河附近的居民生活聚集地，分布范围较小。

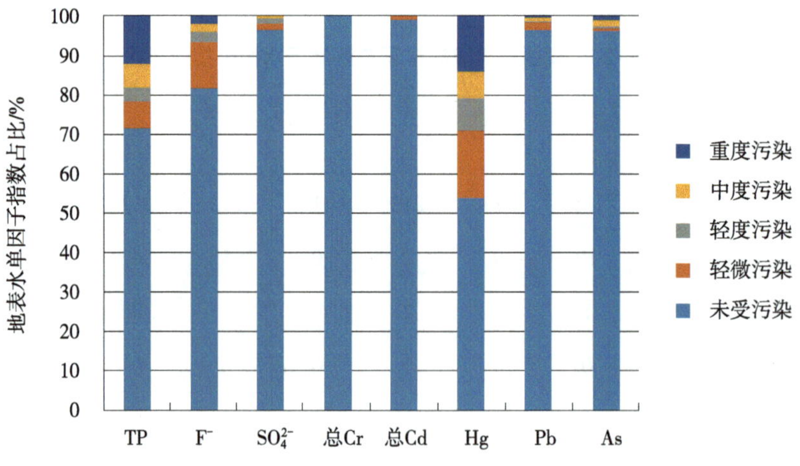

图 4-44　鄂西荆襄磷矿调查区地表水单因子指数百分比

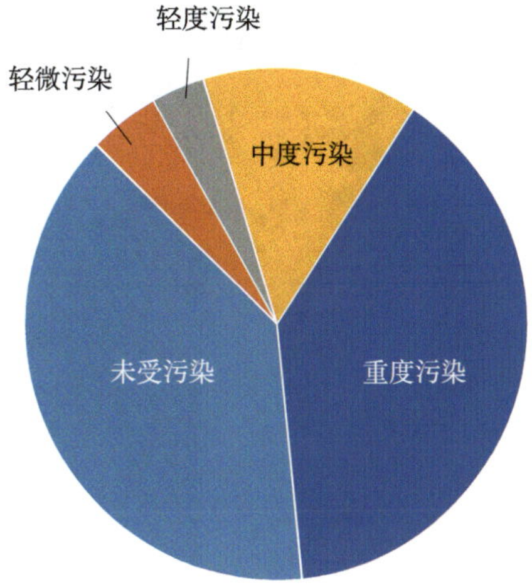

图 4-45 地表水综合指数

由图 4-46 可知：重度污染和严重污染区约占调查区总面积的 53.26%，主要分布在 3 个区域：

A. 喜人化工磷矿山—大峪口磷矿山—放马山磷矿山—红土山磷矿山东侧化工产业园区至汉江西侧一带，包括产业园区以及胡集镇桥挡村、丽阳村、杨店村、湖山村、关山村等多个村庄及包含的石牛山水库、虎山水库、金牛山水库、格子山水库一带；

B. 峡卡河水库—黄鱼冲水库—龙峪湖水库一带；

C. 荆钟化工磷石膏堆—鄂中化工磷石膏堆—大生化工磷石膏堆—华毅化工磷石膏堆附近以及其东北利河两侧一带。

喜人化工磷矿山—大峪口磷矿山—放马山磷矿山—红土山磷矿山东侧化工产业园区化工企业众多，固体废物磷石膏的堆放和化工生产废水的排水严重影响了该地区整体地表水的洁净程度；产业园区至汉江东侧之间的杨店村、湖山村、关山村等多个村庄附近的附近小河流（沟）地表水样汞元素超标，石牛山水库、虎山水库、金牛山水库、格子山水库等小型水库水样品中 TP、F^- 均超标，初步分析与当地肥水养鱼以及地下水流向有关，该区为了降低养鱼成本，养殖者通常采用投放无机化学肥料或大量投放家畜粪便等，从而使得水库、水塘水质恶化，造成污染。桥挡村的地表水样 As 元素超标，丽阳村采取的水库地表水样总铁、SO_4^{2-}、F^-、Hg、As 元素均超标，两村距离磷矿区及化工园区约 2 km，受到影响较大。

峡卡河水库—黄鱼冲水库—龙峪湖水库一带的地表水水质达到了 V 类。从地表水 TP 污染来看，主要严重区在峡卡河附近，该地区与胡集幅接壤，化工企业较多，地表水受到周边企业废水影响严重，其东北部约 1.5 km 为王集磷矿采选及化工厂、东部 1 km 为科海化工大型磷石膏堆，磷矿采选废水、化工厂废水以及磷石膏堆场渗漏液均对峡卡河水库造成影响。黄鱼冲水库—龙峪湖水库一带地表水污染主要受到人类活动肥水养鱼影响。

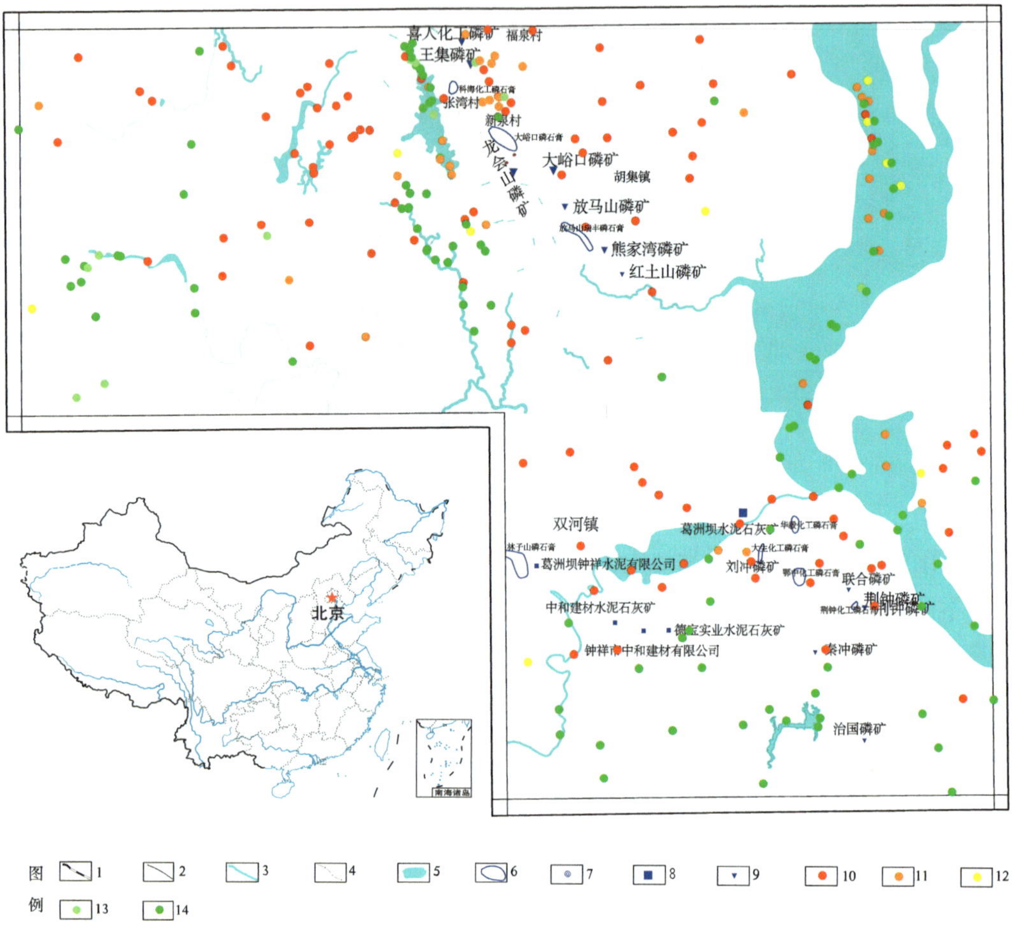

图 4-46　鄂西荆襄磷矿调查区地表水内梅罗综合污染指数［$P_{(综)}$］空间分布

1—铁路；2—道路；3—河流；4—行政边界；5—水库；6—磷石膏堆；7—城镇；8—石灰岩矿；9—磷矿；10—严重污染［$P_{(综)}>3$］；11—重度污染［$2<P_{(综)}\leqslant 3$］；12—中度污染［$1<P_{(综)}\leqslant 2$］；13—轻度污染［$0.7<P_{(综)}\leqslant 1$］；14—未受污染［$P_{(综)}<0.7$］

荆钟化工磷石膏堆—鄂中化工磷石膏堆—大生化工磷石膏堆—华毅化工磷石膏堆附近以及其东北利河两侧一带化工企业较多，还有磷石膏露天堆放，企业排放的废水和降水淋滤磷石膏堆形成的污水对周边地表水造成了严重污染，是主要的污染严重区。

综合分析，将引起荆襄磷矿地区地表水污染的原因大致分为两类：

A. 固体废物磷石膏的堆放和化工生产废水（选矿）的排放为荆襄磷矿地区地表水污染的主要原因，干堆放的磷石膏经过降雨淋滤，含有水溶性 P_2O_5 等有害杂质易于流出，库堆存的磷石膏呈流塑状物体，稍有处置不当，含有杂质的酸性污染水出现渗漏或外溢，进入地表水、地下水或土壤，造成污染。

B. 调查区大量的肥水养鱼手段造成了地表水 TP、F^- 均超标，为了降低养鱼成本，当地的养殖者通常采用投放无机化学肥料或大量投放家畜粪便等，从而使得水库、水塘水质恶化，造成污染。

综上所述，荆襄磷矿地表水污染最主要的原因是大量固体废物磷石膏的堆放以及部分化工生产废水（选矿）的排放，磷矿资源主要为在后期产品加工利用过程中造成了污染。

②地下水污染评价。对地下水 192 件样品中 11 种评价因子含量特征进行了统计（表 4-29）。由表 4-29 可知，11 种元素和离子的平均值均小于国家Ⅲ类标准值，仅 Cl^-、SO_4^{2-}、Cd、Hg、As 5 种评价因子有部分样品超过国家Ⅲ类标准值，也使局部样品评价因子数据极高，对整体数据统计造成影响。变异系数均小于 100%，表明数据的离散性小，但受人类活动影响较小，部分样品受到人类活动影响。

表 4-29　鄂西荆襄磷矿调查区地下水元素含量特征

元素	最大值	最小值	中值	标准差	平均值	变异系数
总 Fe/（mg/L）	20.35	0	0.15	2.27	0.68	3.32
NH_4^+/（mg/L）	10.88	0	0.4	1.4	0.9	1.55
Cl^-/（mg/L）	250	0	0.12	25.3	2.78	9.11
SO_4^{2-}/（mg/L）	250	0	0.28	25.27	3.08	8.22
NO_3^-/（mg/L）	20	0	0.15	2.04	0.54	3.8
F^-/（mg/L）	4.26	0	0.45	0.4	0.49	0.8
总 Cr/（μg/L）	47.14	0	0.01	3.74	0.39	9.61
总 Cd/（μg/L）	261.55	0	0.27	20.6	2.88	7.16
Hg/（μg/L）	1378.14	0	0.24	98.9	7.84	12.61
Pb/（μg/L）	17.82	0	0.02	1.49	0.28	5.34
As/（μg/L）	116.18	0	0.35	9.72	1.49	6.53

注：数据测试时间：2016—2018 年；分析测试地下水样品 192 件。

由图 4-47 可知：与地表水相比，地下水受矿业开发活动影响较小，严重污染样品总数为 22 件（表 4-30），占总样品数的 11%，重污染和严重污染区主要分布在荆襄磷矿带附近，主要为当地化工企业和矿山企业聚集区，长期受降雨淋滤渗透引起了地下水的污染，同时与该矿山企业对固体废物淋滤水处理措施不合理有很大关系，应加强私有小型矿山的矿山环境保护工作。

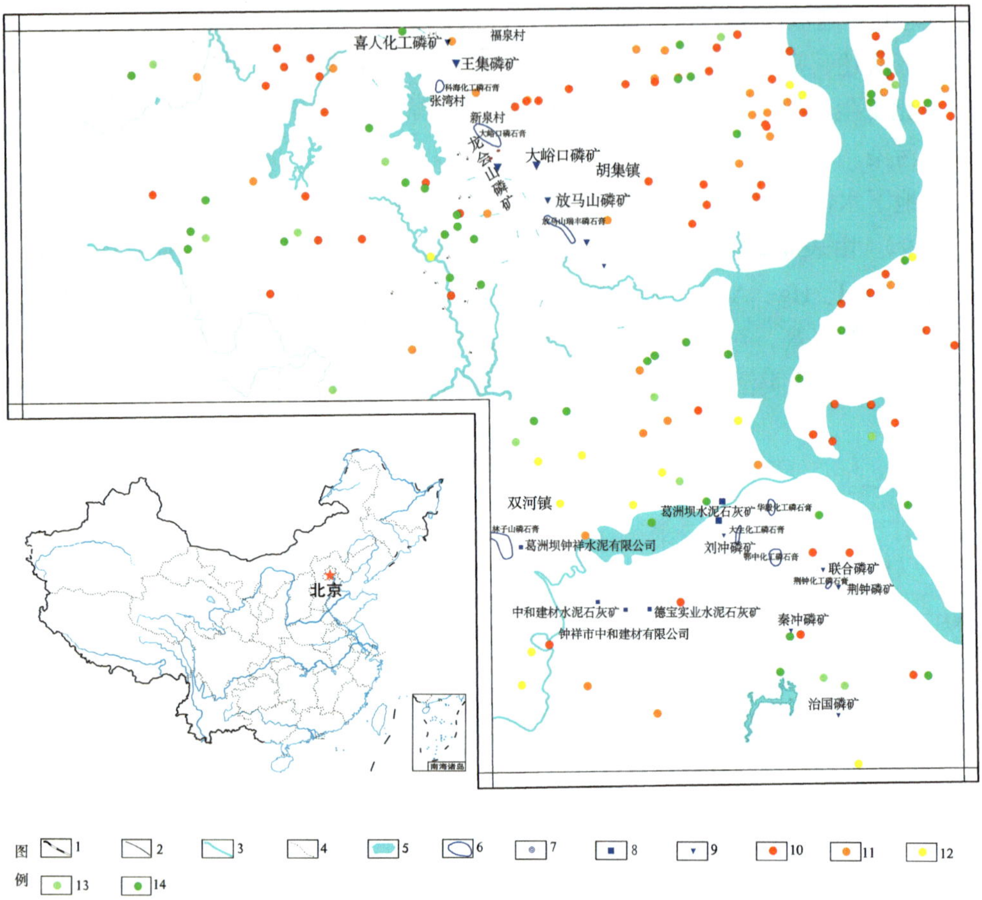

图 4-47 鄂西荆襄磷矿调查区地下水内梅罗综合污染指数［$P_{(综)}$］空间分布

1—铁路；2—道路；3—河流；4—行政边界；5—水库；6—磷石膏堆；7—城镇；8—石灰岩矿；9—磷矿；10—河水名称；11—严重污染［$P_{(综)}>3$］；12—重度污染［$2<P_{(综)}\leqslant 3$］；13—中度污染［$1<P_{(综)}\leqslant 2$］；14—轻度污染［$0.7<P_{(综)}\leqslant 1$］；15—未受污染［$P_{(综)}<0.7$］

表 4-30 鄂西荆襄磷矿调查区地下水污染指数统计

评价指数分级	水质等级	总Fe	NH_4^+	Cl^-	SO_4^{2-}	NO_3^-	F^-	总Cr	总Cd	Hg	Pb	$P_{(综)}$
$P\leqslant 1.0$	未受污染	172	143	188	167	181	187	190	140	149	186	74
$1.0<P\leqslant 2.0$	轻度污染	7	24	4	13	8	3	0	23	24	1	44
$2.0<P\leqslant 3.0$	中度污染	4	12	0	10	3	1	0	13	9	0	28
$3.0<P\leqslant 5.0$	重度污染	4	9	0	2	0	1	0	11	4	3	24
$P>5.0$	严重污染	5	4	0	0	0	0	2	5	6	2	22

（4）矿区水系污染情况

鄂西荆襄磷矿调查区和安徽铜陵硫铁矿调查区分别位于长江沿岸的汉江流域和顺安河水系，长期的矿业开发活动对地表水体造成了污染，但污染情况因矿产资源种类的差异呈现出不同的特征，以下对两个调查区的矿区水系污染情况分别论述。

1）安徽铜陵矿区水系污染情况。铜陵地区采矿活动排放的废水主要呈酸性，采矿废石中被酸溶出含重金属离子的矿山酸性废水，尤其是硫铁矿石，随着矿山排水和降雨带入河流、湖泊、渗入地下和进入土壤，主要污染矿山周围和河流的下游。铜陵地区南高北低，而且矿区多集中在南部山区，有利于污染物质在水体中的搬运和迁移，特别是酸性废水快速汇入会促使重金属含量改变和地球化学形态变化。

本次研究选取 Cu、Pb、Zn、As、Hg、Fe^{2+}、SO_4^{2-} 7 种评价因子，采用国家地表水Ⅱ类标准值为评价标准，使用内梅罗综合污染指数法进行污染评价［$P_{(综)} \leqslant 1$，清洁；$1 < P_{(综)} \leqslant 2$，轻污染；$2 < P_{(综)} \leqslant 3$，污染；$3 < P_{(综)} \leqslant 5$，重污染；$P_{(综)} > 5$，严重污染］。

①铜陵地区水系污染评价。通过对铜陵地区水系自矿区到长江入口的上、中、下游进行布点采集地表水样及测试分析（表 4-31），查明了该地区地表水体的污染情况：

表 4-31　铜陵地区地表水重金属、SO_4^{2-} 含量统计

位置	样号	水类型	Cu	Pb	Zn	As	Hg	Fe	SO_4^{2-}	pH
			单位：μg/L					单位：mg/L		
顺安河水系上游区矿业废水	WSY10	矿坑水	85.30	5.19	858.00	12.00	0.20	39.00	72.0	7.79
	WSY11	矿坑水	12.30	0.79	23.50	4.00	0.26	133.00	288.0	7.81
	WSY12	矿坑水	8.53	0.58	18.30	1.00	0.26	5.20	225.0	8.01
	WSY13	矿坑水	9.42	0.60	6.89	1.00	0.18	92.00	216.0	8.07
	WSY14	矿坑水	5.39	0.66	3.81	2.00	0.54	61.00	340.0	7.88
	WSY15	选矿水	2.74	0.39	4.74	0.00	0.24	150.00	384.0	7.84
	WSY20	池塘水	0.00	0.01	0.01	4.18	0.00	86.00	9.4	7.41
顺安河水系上游区矿业废水	WSY21	池塘水	0.00	0.00	0.00	3.85	0.00	52.00	15.1	7.33
	WSY22	池塘水	0.01	0.00	0.04	1.64	0.00	35.00	16.9	7.32
	WSY23	固废淋滤水	16.70	0.01	11.30	1 163.00	16.60	1 718 000.00	8 158.0	2.05
	WSY24	盛冲水库水	0.29	0.00	0.28	1.15	0.39	1 140.00	347.0	3.53
	WSY16	矿坑水	12 874.00	242.00	7 504.00	36.00	0.22	320 000.00	2 203.0	2.52
	WSY25	尾矿废渣水	0.10	0.00	0.04	10.20	0.08	21.00	830.0	6.12
	WSY26	排放废水	0.23	0.00	0.06	0.93	0.21	2 200.00	1 826.0	2.64
	WSY27	池塘水	0.04	0.00	0.06	3.90	0.24	33.00	466.0	5.79
	WSY28	排放废水	1.10	0.03	3.76	0.00	3.19	204 500.00	3 890.0	2.62
	WSY45	矿坑水	1 897.00	4.62	3 796.00	0.57	0.00	2 480.00	731.0	3.43
	WSY29	矿坑水	0.01	0.00	0.00	7.60	2.08	57.00	115.0	6.08
	WSY30	尾矿废渣水	0.10	0.00	0.04	3.42	0.63	180.00	3 015.0	3.13
	平均值		784.91	13.41	643.73	66.13	1.33	118 382.33	1 218.3	5.70

续表

位置	样号	水类型	Cu	Pb	Zn	As	Hg	Fe	SO_4^{2-}	pH
			单位：μg/L					单位：mg/L		
顺安河水系上游区河水	HXSY02	红星河上游	4.47	0.96	4.53	6.11	0.32	404.43	210.5	7.84
	HXSY03	红星河上游	4.07	1.42	3.77	6.21	0.33	163.59	271.8	8.03
	HXSY04	红星河上游	4.10	0.94	5.77	5.73	0.34	88.49	288.0	8.04
	HXSY05	红星河上游	3.01	0.59	2.49	1.43	0.36	203.01	250.9	8.06
	HXSY06	红星河上游	5.78	0.71	3.90	1.39	0.33	115.96	297.0	8.05
	HXSY01	红星河中游	1.80	0.55	2.12	5.35	0.34	93.67	193.2	7.83
	TBSY30C1	红星河中游	1.97	0.70	4.21	3.44	0.19	90.76	165.7	7.59
	TBSY42C1	红星河中游	2.84	0.55	3.85	4.70	0.23	71.78	181.4	7.92
	TBSY54A1	红星河中游	6.55	0.87	13.50	3.96	0.28	46.06	190.6	7.77
	XQSY03	新桥河上游	5.75	0.79	15.98	0.73	0.35	40.34	103.0	8.06
	XQSY04	新桥河上游	8.45	1.12	8.05	0.28	0.36	171.01	77.9	8.04
	XQSY05	新桥河上游	7.65	0.45	5.66	0.72	0.33	129.93	87.5	8.01
	XQSY06	新桥河上游	5.86	0.70	5.98	0.83	0.39	219.06	92.2	8.04
	XQSY07	新桥河上游	5.58	0.66	1.94	0.29	0.38	63.23	67.7	8.20
	XQSY08	新桥河上游	5.54	1.44	3.12	0.85	0.25	177.58	115.2	8.00
	TBSY48C1	新桥河中游	2.68	1.03	6.80	1.38	0.33	74.10	103.9	7.98
	TBSY48D1	新桥河中游	1.72	0.97	4.27	1.21	0.19	47.84	104.8	7.94
	XQSY01	新桥河中游	4.87	0.76	14.86	0.79	0.33	72.81	73.0	8.04
	XQSY02	新桥河中游	4.56	0.53	11.18	0.57	0.33	97.80	84.3	8.08
顺安河水系上游区河水	TBSY56D1	顺安河上游	4.02	0.59	19.05	0.74	0.24	226.10	114.0	7.61
	TBSY68C1	顺安河上游	1.23	0.85	1.05	0.60	0.26	47.41	54.9	7.60
	TBSY79B1	顺安河上游	1.18	0.81	1.50	1.00	0.27	163.44	59.7	7.75
	WSY31	顺安河上游	0.01	0.00	0.01	2.02	0.00	15.00	66.8	6.16
	WSY32	顺安河上游	0.01	0.00	0.01	3.89	0.06	4.20	78.4	6.60
	WSY33	顺安河上游	0.00	0.00	0.00	1.92	0.09	93.00	31.4	7.31
	WSY34	顺安河上游	0.01	0.00	0.01	0.25	0.51	40.00	56.4	7.39
	平均值		3.61	0.69	5.52	2.17	0.28	113.87	131.5	7.80
顺安河上游超标样品数比例 /%			4.4	2.2	4.4	2.2	88.9	15.6	35.6	17.8

续表

位置	样号	水类型	Cu	Pb	Zn	As	Hg	Fe	SO_4^{2-}	pH
			单位：μg/L					单位：mg/L		
顺安河水系中游区矿业废水	WSY40	尾矿库水	0.36	1.52	0.19	0.00	0.92	1 330.00	5 491.0	7.10
	WSY41	红星河水	0.06	0.23	0.47	1.09	0.12	110.00	1 140.0	7.97
	WSY08	矿坑水	12.90	1.18	909.00	0.00	0.94	490.00	322.0	7.96
	WSY17	矿坑水	4.16	0.74	41.40	1.00	0.27	28.00	116.0	6.36
	WSY18	选矿水	234.00	4.16	781.00	0.00	0.19	61.00	84.4	6.53
	WSY35	固体废物淋滤水	0.11	0.00	0.48	39.00	0.47	1 650.00	1 925.0	7.04
	WSY36	池塘水	0.07	0.00	0.06	1.00	1.01	120.00	1 835.0	7.07
	WSY42	顺安河水	0.02	0.21	0.02	0.94	0.00	71.00	170.0	8.21
	WSY37	选矿水	0.01	0.00	0.00	3.29	0.54	200.00	106.0	7.47
	WSY38	池塘水	0.02	0.00	0.01	10.20	0.59	0.00	509.0	7.84
	WSY39	顺安河水	0.02	0.04	0.01	9.51	0.28	760.00	325.0	7.45
	平均值		22.88	0.74	157.51	6.00	0.48	438.18	1 093.0	7.40
顺安河水系中游区河水	TBSY20D1	红星河下游	6.13	0.76	4.99	2.92	0.21	116.45	329.6	7.43
	TBSY31D1	红星河下游	17.58	0.60	22.79	1.17	0.22	47.81	281.4	7.31
	TBSY43A1	红星河下游	1.35	2.03	3.57	1.45	0.35	59.79	182.3	7.83
	TBSY10C1	新桥河下游	6.87	1.23	4.28	0.83	0.81	114.46	360.1	7.57
	TBSY22B1	新桥河下游	3.74	0.76	4.10	0.63	0.25	88.79	412.2	7.63
	TBSY23D1	新桥河下游	5.05	0.48	10.23	0.77	0.22	63.32	438.4	7.60
	TBSY35B1	新桥河下游	4.05	0.81	7.81	0.42	0.59	51.48	199.5	7.78
	TBSY52C1	新桥河下游	47.75	1.32	29.34	1.04	1.17	360.49	754.2	7.53
	TBSY21A1	顺安河中游	5.49	0.52	3.25	4.31	0.29	112.94	151.9	7.69
	TBSY33A1	顺安河中游	8.08	0.60	4.34	1.31	0.21	90.97	71.5	7.81
	TBSY45A1	顺安河中游	1.80	0.68	8.29	1.99	0.27	79.49	92.1	7.93
	TBSY56B1	顺安河中游	8.12	0.57	10.30	1.59	0.22	202.22	96.1	7.81
	平均值		9.67	0.86	9.44	1.53	0.40	115.68	280.8	7.70
顺安河中游超标样品数比例 /%			0.0	0.0	0.0	0.0	95.7	21.7	56.5	0.0
顺安河水系下游区矿业废水	WSY43	矿坑水	5.21	0.07	10.20	458.00	13.50	1 008 000.00	4 290.0	2.30
	WSY44	选矿水	0.29	0.04	0.14	0.21	0.27	490.00	4 991.0	6.47
	平均值		2.75	0.06	5.17	229.11	6.89	504 245.00	4 640.5	4.40

续表

位置	样号	水类型	Cu	Pb	Zn	As	Hg	Fe	SO_4^{2-}	pH
			单位：μg/L					单位：mg/L		
顺安河水系下游区河水	SASY01	顺安河下游	9.63	0.57	4.62	1.24	0.36	46.76	136.4	8.02
	SASY02	顺安河下游	7.41	0.46	2.10	1.04	0.35	146.08	159.0	7.97
	SASY03	顺安河下游	7.16	0.79	3.13	1.04	0.65	56.12	153.0	7.93
	SASY04	顺安河下游	9.58	0.64	2.25	1.61	0.30	73.74	147.8	7.89
	SASY05	顺安河下游	6.79	0.60	2.85	0.95	0.35	77.14	147.9	7.90
	SASY06	顺安河下游	9.15	0.58	2.72	0.94	0.36	100.69	102.8	7.81
	SASY07	顺安河下游	8.24	0.69	6.50	1.80	0.32	46.02	142.3	7.83
	SASY08	顺安河下游	4.48	0.44	1.68	1.37	0.32	131.78	118.1	7.85
	平均值		7.81	0.60	3.23	1.25	0.38	84.79	138.4	7.9
顺安河下游超标样品数比例 /%			0.0	0.0	0.0	10.0	100.0	20	20.0	10.0
	YSY01	长江—铜陵上段	0.00	4.40	0.00	1.40	0.00	380.00	1.6	6.97
	YSY02	长江—铜陵中段	0.00	7.40	0.00	1.80	0.00	780.00	1.5	6.89
	YSY19	长江—铜陵下段	0.00	11.00	0.00	1.30	0.00	1 000.00	1.4	7.84
	平均值		0.00	7.60	0.00	1.50	0.00	720.00	1.480 0	7.233 3
长江铜陵段水超标样品数比例 /%			0.0	33.3	0.0	0.0	0.0	100.0	0.0	0.0
国家地表水Ⅱ类标准值			1 000	10	1 000	50	0.05	300	250	6～9

注：数据测试时间：2016—2018 年。

A. 顺安河水系。顺安河水系包括顺安河、红星河、新桥河。水系上游区矿业废水样品 Hg、SO_4^{2-} 的含量大部分超标，Fe^{2+} 的含量约有 1/3 超标，其他元素含量及 pH 多在标准范围内。河水样品 Hg 的含量大部分超标，其他元素含量多低于标准值，pH 均未超标。

水系中游区矿业废水样品 Hg、SO_4^{2-} 的含量大部分超标，Fe^{2+} 的含量约有 1/3 超标，其他元素多低于标准值，pH 均未超标。河水样品 Hg 的含量大部分超标，SO_4^{2-} 有一半超标，其他元素多低于标准值，pH 均未超标。

水系下游区矿业废水样品 Hg、Fe^{2+}、SO_4^{2-} 的含量均超标，As 的含量和 pH 有一半超标，其他元素多低于标准值。河水样品 Hg 的含量超标，其他元素含量多低于标准值，pH 均未超标。从超标点数上来看，Hg（72）＞SO_4^{2-}（31）＞Fe^{2+}（14）＞pH（9）＞Cu（2）、Zn（2）、As（2）＞Pb（1）。

B. 长江铜陵段。长江铜陵上段和中段除 Fe 元素的含量超标外，其余元素含量低于标准值；下段除 Fe 和 Pb 元素的含量超标外，其余元素含量低于标准值。pH 在长江铜陵段均未超标。

由图 4-48 可知，除黄浒河外，各河流的水质均受到了不同程度的污染，且重污染和严重污染样品所占比例较大。结合上述各河段超标污染情况可知，污染主要由 Hg、Fe^{2+}、SO_4^{2-} 3 种元素超标引起，上中游区 Fe^{2+} 和 SO_4^{2-} 超标率均明显高于下游区，与上中游区矿山、选矿厂及尾矿库数量较多有直接关系。此外，长江铜陵上、中、下段 3 个水样分别为清洁、污染、重污染状态，表明了铜陵地区矿业活动对长江水质还是有一定的影响。

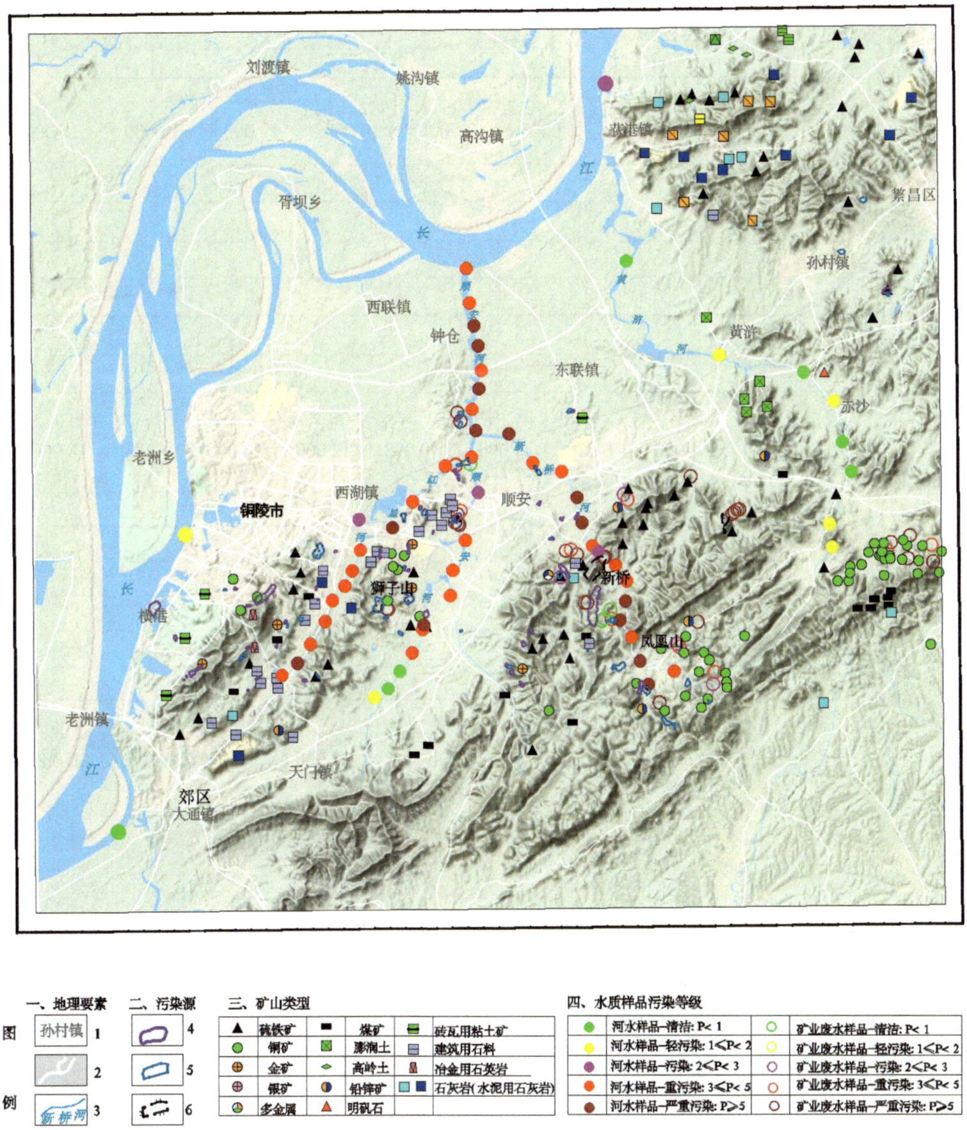

图 4-48 铜陵地区地表水污染分布

1—村镇名称；2—道路；3—河流；4—固体废弃物堆；5—尾矿库；6—露天采场

②铜陵矿区水系酸性水污染评价。为了进一步查清铜陵地区硫铁矿矿业活动对地表水体的影响，选取 Fe^{2+}、SO_4^{2-} 2 种因子，使用内梅罗综合污染指数法对红星河、新桥河、顺安河河水分别进行污染评价分析，查明了该地区地表水体酸性水污染情况（图 4-49）：

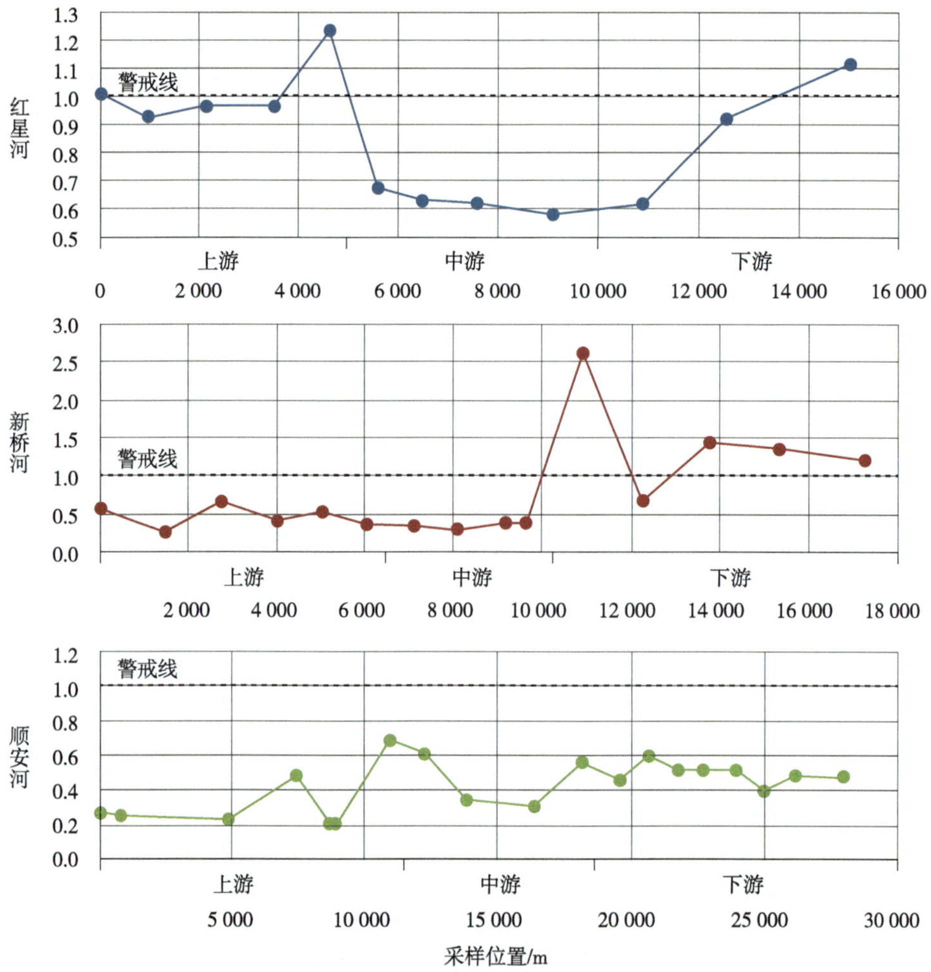

图 4-49　铜陵调查区地表水体 Fe 和 SO_4^{2-} 综合污染指数曲线

由图 4-49 可知，顺安河水未受到酸性水影响；红星河上游和下游有个别水样酸性水超标，其余均未超标；新桥河上中游未受酸性水影响，下游大部分均超标。结合实地调查数据进行分析发现，酸性水影响较大的河段附近均有选矿厂和尾矿库，且距离河道较近，特别是新桥河中下游分界处，河道两侧分布有原新桥选金厂和废弃硫铁矿尾矿库，河水受酸性水影响较严重。

③新桥硫铁矿区酸性水污染分析。对新桥硫铁矿矿区及其周边进行了水样采集，水样品类型主要包括矿坑水、选矿废水、排土场淋滤水、新桥河水、盛冲河水、盛冲

水库水、村庄池塘水等（图 4-50），选取 7 种评价因子进行污染评价研究（表 4-32）。

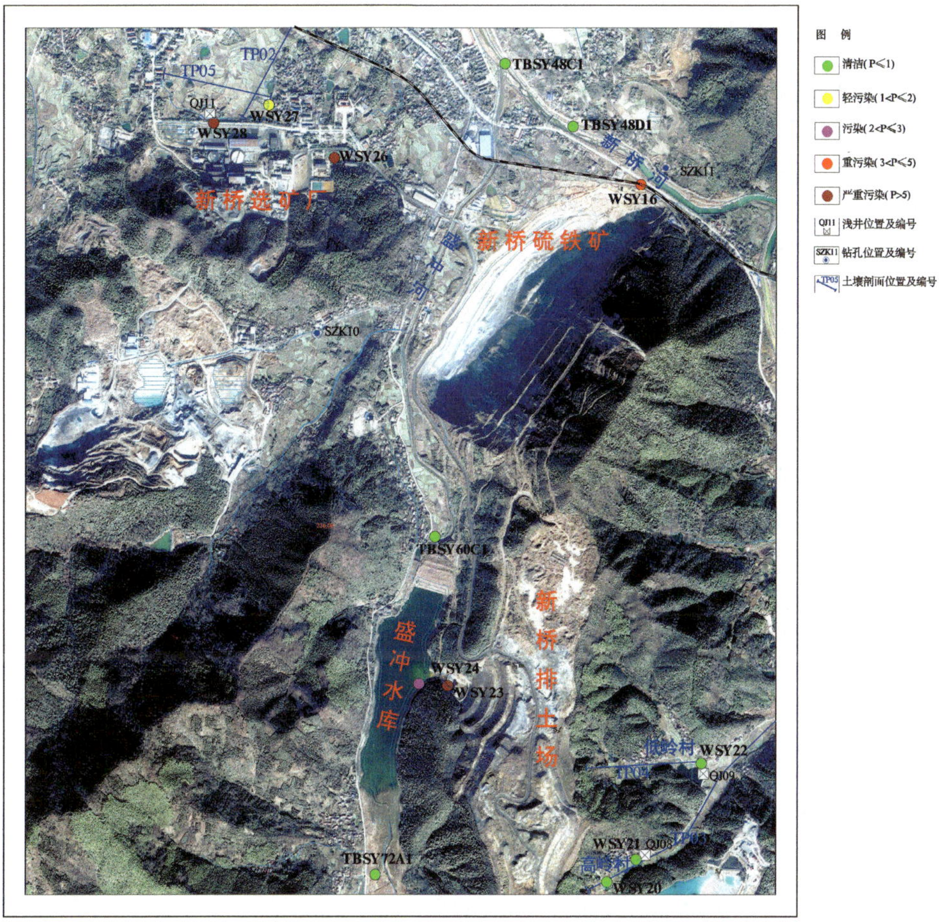

图 4-50 新桥硫铁矿区地表水污染分布

表 4-32 新桥硫铁矿区地表水污染指数统计

样号	点位	$P_{(Cu)}$	$P_{(Pb)}$	$P_{(Zn)}$	$P_{(As)}$	$P_{(Hg)}$	$P_{(Fe^{2+})}$	$P_{(SO_4^{2-})}$	$P_{(综)}$	污染状态
WSY16	新桥矿坑水	12.874	24.20	7.504	0.720	4.40	710.00	8.81	508.01	严重污染
WSY20	新桥排土场东侧高岭村池塘水	0.000 004	0.0005	0.000 006	0.084	—	0.29	0.04	0.21	清洁
WSY21	新桥排土场东侧高岭村池塘水	0.000 003	—	—	0.077	—	0.17	0.06	0.13	清洁

续表

样号	点位	$P_{(Cu)}$	$P_{(Pb)}$	$P_{(Zn)}$	$P_{(As)}$	$P_{(Hg)}$	$P_{(Fe^{2+})}$	$P_{(SO_4^{2-})}$	$P_{(综)}$	污染状态
WSY22	新桥排土场东侧低岭口池塘水	0.000 011	0.000 1	0.000 043	0.033	—	0.12	0.07	0.09	清洁
WSY23	新桥排土场西侧沉淀池水	0.016 7	0.000 8	0.011 3	23.26	332	1 643.33	32.63	1 179.99	严重污染
WSY24	新桥排土场西侧盛冲水库水	0.000 29	0.000 2	0.000 28	0.023	7.80	3.80	1.39	5.67	污染
WSY26	新桥矿污水处理厂排放口	0.000 23	0.000 1	0.000 061	0.019	4.20	7.33	7.30	5.52	严重污染
WSY27	新桥选矿厂北侧池塘水	0.000 039	—	0.000 061	0.078	4.80	0.11	1.86	3.46	轻污染
WSY28	新桥选矿厂北侧排水渠水	0.001 1	0.002 6	0.003 76	—	63.80	623.33	15.56	446.44	严重污染
TBSY48C1	新桥河水	0.002 685	0.102 7	0.006 802	0.028	0.65	0.25	0.42	0.48	清洁
TBSY48D1	新桥河水	0.001 724 7	0.096 6	0.004 265 8	0.024	0.38	0.16	0.42	0.32	清洁
TBSY60C1	盛冲河水（水库下游）	0.000 269 4	0.050 9	0.004 000 9	0.005	0.46	0.36	0.33	0.35	清洁
TBSY72A1	盛冲河水（水库上游）	0.002 317 1	0.059 0	0.002 199 9	0.013	0.50	0.18	0.19	0.37	清洁

评价结果显示，新桥排土场东侧高岭村、低岭村池塘水（WSY20—WSY22）为清洁状态，西侧沉淀池淋滤水（WSY23）为严重污染状态，盛冲水库靠近排土场一侧水样（WSY24）为污染状态，而盛冲水库上下游河水（TBSY60C1、TBSY72A1）均为清洁状态，结合排土场水文地质条件可知，排土场固体废弃物淋滤水主要径流方向为西侧盛冲水库方向，主要对盛冲水库污染影响较大，而对东侧冲沟地表水 WSY20、WSY21、WSY22 三个水样的 $P_{(综)}$ 为递减趋势（与排土场的距离由近到远），说明排土场对其有一定的影响，但均小于 1，影响程度很小。

新桥矿露天采坑的矿坑水（WSY16）为严重污染，采坑北侧新桥河水样品（TBSY48C1、TBSY48D1）未受污染，均为清洁状态，且实地调查未发现新桥河边有矿坑水排放口，说明新桥矿坑水对新桥河水没有直接影响；而新桥污水处理厂排放口及选矿厂地面排水口的样品（WSY26、WSY28）均为严重污染状态，选矿厂污水排水渠北侧池塘水样（WSY27）为轻污染状态，说明污水渠长时间的涌出及渗漏对周边的水体造成了污染，与当地村民反映的水稻等农作物长势与产量不好相符，为酸性水所致。

通过分析各超标污染样品的数据可以发现，对污染贡献率最高的元素为 Fe^{2+}、SO_4^{2-}、Hg，其余重金属元素仅在矿坑水和排土场沉淀池样品中超标，说明酸性水方面为污染的主要因素，同时也可以看出矿山企业对污水的重金属处理措施的效果。

综上所述，铜陵矿区地表水均受到了不同程度的污染，重污染和严重污染样品所占比例较大，且污染主要受酸性水影响，重金属元素中除 Hg 外，污染均较小。

2）鄂西荆襄矿区水系情况。本次主要对鄂西地区汉江支流浰河水系污染情况进行分析。浰河位于刘冲磷矿的北边，流向自西向东。长度约 151 m，分别流经双河镇、刘冲磷矿区，最后在磷矿镇汇入汉江。浰河有两条支流，分别为西东走向的双河和南北走向的双龙河。

在浰河由西至东共采集了 6 个水样（图 4-51），选取了样品中 7 个评价因子，分别为 P、SO_4^{2-}、Cr、Cd、Hg、Pb 和 As（表 4-33）。通过单因子指数和综合指数评价，可以看出浰河整体属于严重污染状态，仅在 HS005 样品属于未受污染，该地区属于低山丘陵地区，少数村民居住，距离矿区约 8 km，但与矿区之间间隔有仙女峰未受到矿区废气、废渣的影响。

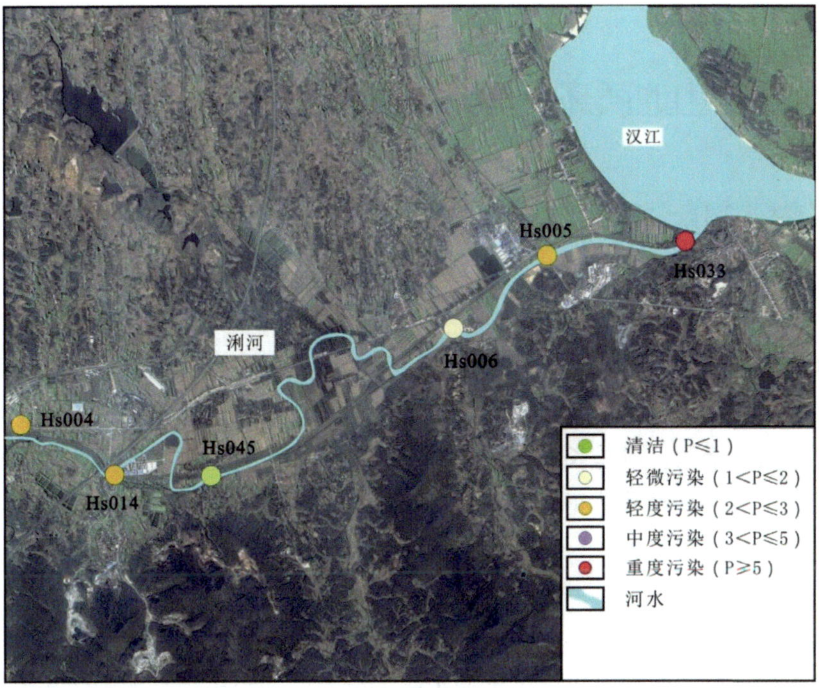

图 4-51　浰河地表水污染分布

表 4–33 浰河污染指数统计

样号	采样位置	P	SO_4^{2-}	Cr	Cd	Hg	Pb	As	综合指数	污染状态
HS004	双河口镇	4.16	0.355	0.115	0.075	2.667	0.312	0.328	3.050	严重污染
HS014	夏冲村	5.16	0.452	0.029	0.106	4.434	0.050	0.247	3.799	严重污染
HS045	张滩村	0.79	0	0.102	0.002	0	0.240	0.092	0.572	未受污染
HS006	朱堡埔	2.69	0.339	0.026	0.033	2.681	0.051	0.213	1.997	严重污染
HS005	磷矿镇东	4.56	0.339	0.072	0.039	0	0.257	0.370	3.274	严重污染
HS033	磷矿镇	13.34	0.066	0.044	0.320	0	0.122	0.139	9.538	严重污染

通过分析各超标污染样品的数据发现，P 元素对污染贡献最高。初步评价为浰河沿线主要受到生活污水影响，以及矿区磷石膏堆放、农田磷肥的影响。从浰河全段总磷数据可以看出，浰河水总磷含量总体趋势为由西至东逐渐升高，在靠近刘冲磷矿、鄂中化工厂附近河水总磷明显升高，到达汉江入江口附近最高，分析受磷矿区磷石膏堆放、化工厂“三废”排放影响较大，入江口处受生活污水排放等影响最大。建议当地政府可以从河流两侧收集管网着手，做到生活污水的处理分流，对河边农田排水进行处理后再排入汉江，同时要加强化工厂“三废”排放的监管与检测。

4.3 导致矿山地质环境问题的主要因素

4.3.1 自然地理条件因素

4.3.1.1 气候因素

降水是气候因素中与地质灾害形成关系最为密切的因素，是众多地质灾害形成的主要诱发因素和动力。降水量大小、强度、历时等均影响地质灾害的形成。短时间内降水强度很大的暴雨，或是长时间连阴雨，均会造成严重地质灾害产生。调查区内众多地质灾害产生在暴雨季节正说明了这一点，如朱冲组岩溶塌陷就是受长时间阴雨天气影响而发生。

4.3.1.2 地形地貌因素

地形地貌往往在区域上决定了地质灾害的分布。如新桥硫铁矿岩溶塌陷易发生在低洼集水地段；废渣的水土污染对分水岭一侧影响严重，对另一侧基本无影响；露天采场的开采边坡坡度陡峭，在降水作用下，坡面土层被冲刷、剥蚀、侵蚀现象较严重，矿山开采对原始地形地貌改造强烈，矿山废土石随意堆放，充填冲沟，易形成崩塌、滑坡、泥石流灾害。

4.3.1.3 土壤和植被因素

土壤的不同类型以及被植被所覆盖的程度与某些地质灾害的发生也有直接或间接的关系。如石灰岩丘陵区土壤残积层较薄，多数属荒山秃岭，森林植被难以生存，加上开采矿石，人为破坏了土壤结构，使其土壤透水性、抗蚀性和抗冲性都很弱，极易形成矿山型水土流失。

4.3.2 地质背景条件

4.3.2.1 地质构造复杂

调查区地质构造复杂，断裂较发育，且具有长期、复杂的多旋回演变过程，并控制大地构造演化、成矿地质作用。大部分矿山分布在构造发育地带，矿山开采受构造的影响较大。沿构造带（面）发生崩塌、滑坡、矿坑突水等灾害较多，造成的损失也较大。

4.3.2.2 岩土体工程地质条件差

岩土体类型众多，其中黏土岩、含煤碎屑岩，岩性脆弱，抗风化抗侵蚀能力弱，遇水易软化，岩石抗压、抗剪强度低，易形成采空区塌陷。山区丘陵采石场坡麓地带碎石土、黏性土，由于结构松散或具有一定的胀缩性，在人为切坡作用下极易产生成崩塌、滑坡。

4.3.2.3 水文地质条件复杂

淮北平原、沿江丘陵水文地质条件复杂，地下水主要为松散岩类孔隙水、碳酸盐岩类岩溶裂隙水，水量丰富。调查区的铜、铁矿矿坑突水的突水水源以栖霞组灰岩、南陵湖组灰岩水为主，部分为地表水。碳酸盐岩岩溶发育，在上覆松散层厚度适宜时（10～30 m）抽排岩溶水常常引发岩溶塌陷。调查区的岩溶塌陷大部分由矿山疏干栖霞组灰岩水而引发。

4.3.3 人类活动影响因素

4.3.3.1 矿山环境保护法规不健全，管理工作还比较薄弱

2005 年以前，政府部门没有颁布过矿山环境管理法规和规章，管理部门行政执法缺乏依据，执法手段不够有力。例如难以建立矿山环境恢复治理保证金制度。采矿让企业和个人在短期内受益，而当地广大人民群众和地方政府要为矿山环境恢复治理埋

单，这是严重不合理的现象。

而矿山的多重管理，也严重妨碍了矿山的管理与规划。由于部分大型矿山企业属于省、部管辖，地方矿山管理工作难以到位，造成矿山环境破坏程度加深。如马鞍山向山硫铁矿与南山铁矿分属不同行业主体，在同一矿区分别采硫弃铁，采铁弃硫，导致矿山环境难以保护和治理。

4.3.3.2 矿山环境历史遗留问题多，恢复治理资金短缺

矿山环境问题不仅是技术问题，也是经济问题，因经济实力问题，制约矿山环境恢复治理。调查区采矿历史悠久，大规模的采矿，可以追溯到秦汉时期，不少已形成的矿山环境问题难以找到责任人。从目前来看，由于历史欠账太多，矿山环境治理的压力很大。

4.3.3.3 小型矿山盲目生产，加重了矿山环境的破坏

由于在一些小型矿山开采过程中，过于追求经济效益的最大化，不能按照矿山环境评价的要求，开展矿山环境保护工作，部分小矿山没有进行矿山环境影响评价或评价达不到应有的标准。小矿乱采乱挖，使本来就很脆弱的矿山环境进一步恶化。虽然经过多次清理、整顿并取缔破坏资源、污染环境的小矿山，但仍有部分中小矿山存在严重的矿山环境破坏问题。另外，地方政府从地方经济发展考虑，也在一定程度上放任对矿山企业的管理，盲目扩大矿山开采，使小矿山快速增加。本次调查石灰岩等石料开采区最为典型，如剥采比不按露天开采设计的台阶式开采的要求，采面过陡，或掏挖矿体，后缘产生卸荷张裂缝，在爆破和车辆的震动下易诱发山体崩滑，现状条件下崩塌隐患较为严重。

4.3.3.4 矿山开采技术落后，缺少必需的技术投入和支持

矿山开采技术落后，开采中对围岩的性质认识不足，重视不够，采用落后的“崩塌法”“放大炮”等开采方式，造成了矿山顶板崩塌、边坡滑坡等地质灾害。矿山环境保护，特别是地质灾害治理是一项专业性和技术性很强的工作，但目前缺少矿山环境保护工作所必需的技术投入和支持，矿山环境预测滞后并缺少生态环境恢复手段。

另外，矿山企业在设计、选址时对地质环境条件认识和前期勘查工作不足，造成矿山采矿场发生崩塌、滑坡灾害。例如，铜山铜矿选厂滑坡之所以产生，原因之一即在于20世纪60年代建厂初期厂址工程地质勘查程度不够，未能了解到斜坡存在花岗闪长岩岩体分布，加之人为切坡，破坏了斜坡的稳定性，暴雨入渗，风化的花岗闪长岩岩体呈流塑状滑动，酿成灾害。

4.3.3.5 激励和约束机制不完善，环境治理多为“末端治理”

传统的矿业发展走的是“先破坏、后治理”的路子，在矿山环境恢复治理上，税收和财政政策方面没有形成好的激励和约束机制，因而使得大部分矿山重开发利用，轻资源节约和环境保护，重经济效益和发展速度，轻环境效益和发展质量。在发展战略和计划中，重矿山建设项目，轻矿山环境保护项目。在项目的决策中，重经济评价，轻矿山环境影响评价。在经济利益的驱动下，以牺牲环境为代价，以降低采矿成本攫取最大利益为目的，采矿地表任其塌陷。矿山企业不从采矿方法上加以预防，招致大多数矿山千疮百孔，遍地疮痍，矿山环境破坏严重。

矿山环境治理赶不上矿山环境的破坏。当前存在的废弃、老矿山生态环境问题，很大一部分是计划经济体制下遗留的，当时矿山生产既没有认识到这些问题的严重性，也没有在成本中提留治理的费用，当时的核算体制是矿产品收入除扣生产成本外全部利润上交财政，这实际上是把当时节省下来的矿山环境治理费用作为财政收入交给了政府。矿山环境问题历史欠账太多，新老问题日积月累，恢复治理所需资金巨大，矿山企业无力承担，矿山环境治理工作的压力非常大。

5 矿山地质环境治理措施与成效

矿业开发为当地经济和发展发挥了重要作用。但由于科学技术、经济条件以及计划经济模式等因素的影响，过去的矿产资源开发利用走的是一条以浪费资源和牺牲环境为代价的粗放式的发展路子。矿山尾矿、废水、废石和废气的大量排放，崩塌、滑坡、地面沉陷等地质灾害的加剧，恶化了地质环境，已成为制约当地经济和社会可持续发展的重要因素。特别是历年来，矿山地质灾害给人民造成的巨大生命财产损失，使各级政府、矿山企业认识到保护资源、科学合理开发利用以及制定并落实地质灾害防范制度的重要性，并投入大量资金进行地质灾害防治，降低灾害损失，治理恢复地质环境。随着时代的发展，保护环境成为人类共识，国家相继出台了一系列法律、法规对矿山开发环境保护进行规范。

收集资料和实地调查的不完全统计显示，调查区近几年累计投入矿山环境治理资金共计约 150 150.65 万元，累计恢复治理矿山项目 83 个（表 5-1）。

表 5-1　调查区矿山地质环境治理情况

治理项目类别	治理项目	项目数量	治理（复垦）土地面积 /hm²	投入资金 / 万元	资金来源	备注
地质灾害治理	大峪口磷矿黑山—杨中采区塌陷治理项目	1	—	425.75	企业、地方	2005—2006 年
	金口岭矿井下充填项目	1	21.3	1 309	企业、地方	
	天马山黄金矿业天山采空区充填及地表环境治理项目	1	—	2 001.27	企业、地方	
	新民村岩溶塌陷区搬迁安置项目	1	—	1 550	地方	
	冬瓜山铜矿采空区综合治理工程	1	—	29 476	企业	
	新桥矿井采区岩溶塌陷综合治理项目	1	—	3 000	企业	
	华金矿业主井滑坡治理项目	1	—	50	企业	

续表

治理项目类别	治理项目	项目数量	治理（复垦）土地面积 /hm²	投入资金 / 万元	资金来源	备注
矿山地质环境恢复治理及土地复垦	王集磷矿矿山地质环境治理工程	1		809.12	企业、地方	2008—2009 年
	湖北省钟祥市 2010—2012 年矿山地质环境治理工程（2010 年双河斑竹治理区）	1	320	10 000	中央	
	湖北省钟祥市 2010—2012 年矿山地质环境治理工程（2011 年泉口治理区与朱堡埠治理区）	2	2 338	9 000	中央	
	湖北省钟祥市 2010—2012 年矿山地质环境治理工程（2012 年大峪口治理区与张湾—峡卡河治理区）	2	225.7	10 000	中央	
	铜陵国家矿山地质环境重点治理项目	1	588	12 576.04	中央	
	尾砂库土地复垦	9	199.45	32 220	企业	
	排土场土地复垦	13	134.8	8 486.2	中央、企业、地方	
	裸露山体复垦修复	47	287.98	29 247.27	企业、地方	
合计		83		150 150.65		

5.1 地质灾害治理措施及成效

5.1.1 地质灾害防治基本措施概述

调查区矿山地质灾害主要有崩塌、滑坡、泥石流、地面塌陷、地裂缝等，防治基本措施可概括如下：

5.1.1.1 矿区崩塌、滑坡的防治

矿区地质环境条件各异，对矿区崩塌、滑坡所采取的治理措施也各异。采取削方减载、坡面防护、反压坡脚、加强排水等工程措施是较为有效的，这些措施根据实际

情况既可以单独施用，也可以组合施用。根据灾害规模及危害程度大小，还可以采取一些非工程的防治措施，威胁较大的崩滑灾害，应积极组织群众搬迁避让，加强监测。

滑坡通常的防治措施有以下几种：

（1）后缘削方减载

该方法主要针对推移式滑坡，以主动减小滑坡推力为主，收效比较明显。技术上简单易行且效果好，特别适于滑面深埋，抗力体、主滑段划分明显的滑坡。

（2）前缘堆载压脚

该方法主要针对推移式滑坡，其特点是以压载增加滑坡抗力，主要目的是增加滑坡体稳定性，为主动防护创造条件。

（3）前缘主动支挡

该方法主要针对推移式滑坡，其特点是人为增加滑坡抗力，主要目的是快速降低滑坡速率，为主动防护创造条件。

5.1.1.2 矿区地面塌陷、地裂缝的防治

矿区地面塌陷、地裂缝的防治方法如下：

（1）地表塌陷、沉陷区治理工程

对较大塌陷和较大地裂缝区充填废石时由外向里，边回填边夯实，也可采用砂浆浇注，逐步向前推进。塌陷区底部回填以大的废石、矿矸石为主，尽量达到颗粒优化级配，使其尽可能密合。

（2）土地平整、绿化工程

对地面塌陷和地裂缝稳定区进行土地平整和绿化工程。

（3）排水系统工程

修建排水系统将治理区多余水源排到非治理稳定区之外，以确保治理工程安全有效。

（4）综合绿化工程

对已达到预期治理效果的区域进行综合绿化，以提高治理综合经济效益。

5.1.1.3 矿山泥石流防治措施

1）稳：用排水、拦挡、护坡等稳住松散物质、滑塌体及坡面残积物。

2）拦：在中上游设置谷坊或拦挡坝，拦截泥石流固体物。如拦渣工程措施、淤积平台、排导工程和渡槽工程。

3）排：在泥石流流通段采取排导渠（槽），使泥石流顺畅下排。

4）停：在泥石流出口有条件的地方设置停淤场、排弃土场地，避免堵塞河道。

5）封：封山育林，退耕还林。造林增加植被覆盖率。

5.1.2 调查区地质灾害防治措施及成效

近年来，按照“谁诱发、谁治理”的原则，调查区内先后开展了几个较大的矿山地质灾害治理工程，共 7 个项目，总投入资金为 37 811.9 万元，成效显著。具体情况如下：

5.1.2.1 大峪口磷矿黑山—杨中采区塌陷治理项目

该项目总投资 425.75 万元，其中国家投资 200 万元，其他费用由大峪口磷矿企业自筹。主要治理大峪口磷矿黑山—杨中采区塌陷地质灾害，于 2005 年 7 月 30 日进场，2005 年 8 月 10 日正式开工，至 2006 年 7 月 15 日完工，历时 11 个月。共完成红旗渠治理渠道 170 m，泄洪道治理 223 m，人工砌墙、柱 5 899.2 m^3，采空区巷道支护及矿渣回填 19 244.2 m^3，同时还包括采空区上部住户搬迁费、采空区上部用电线路外移改造费及电力改造等（图 5-1）。

（a）红旗渠

（b）泄洪道

图 5-1 大峪口磷矿塌陷治理区

5.1.2.2 金口岭矿井下充填项目

该项目总投资 1 309 万元，补助资金 300 万元，主要采用充填手段，充填料以尾砂为主。目前治理工作已完毕，治理总面积 21.3 hm^2，其中治理恢复土地面积 8 hm^2。

5.1.2.3 天马山黄金矿业天山采空区充填及地表环境治理项目

该项目总投资 2 001.27 万元，其中申请地质环境治理专项资金 1 000 万元，自筹 1 001.27 万元。项目采取建筑工程措施充填天山露天采坑，采取生物工程措施恢复地表植被，作为绿地；井下充填采空区巩固已治理小街岩溶坍陷区的治理成果，保障已开发的绿锦园小区房屋和人民生命财产安全。

5.1.2.4 新民村岩溶塌陷区搬迁安置项目

新民村岩溶塌陷区位于新华山铜矿影响范围内，1990—2007年多次发生塌陷，对50余户居民构成直接威胁，并破坏大量农田。2007年，市国土资源局委托专业单位开展了地质灾害勘查，根据勘查单位意见，结合地质环境背景条件和人类工程活动情况，政府决定对受威胁的57户村民进行搬迁避让，整个搬迁工程已于2008年年底完成，政府共投入财政资金1 550万元。

5.1.2.5 冬瓜山铜矿采空区综合治理工程

冬瓜山铜矿是铜陵有色控股集团公司的主体矿山之一，矿区隶属于铜陵市狮子山区，矿区内主要分布的矿床有狮子山矿田的深部的冬瓜山铜矿床、大团山、桦树坡、东西狮子山、老鸦岭等矿床。采空区全尾砂充填及监测累计投入资金29 476万元，具体采空区治理工程如下：

（1）特大采空区全尾砂充填治理

东、西狮子山矿床位于地表浅部，东狮子山矿段赋存标高在+152.7～-252.9 m，西狮子山矿段赋存标高在+146～-293.3 m，现已完全闭坑。多年的开采，形成了以东、西山为主的特大采空区群（东山101.8万m^3，西山269.5万m^3），应用“高位放砂、多中段排水和间断充填”的充填工艺、井下混凝土封闭墙结构、充填过程监控等综合治理技术，成功实施了历史遗留空区约450万m^3的特大型采空区全尾砂充填治理，国内外尚无先例消除了矿山重大安全隐患，达到了节地减排、改善生态环境的目的，取得了巨大的经济效益和显著的社会效益。

（2）大团山、桦树坡矿床采空区充填治理与监控

大团山矿床赋存于地表下400～800 m的深度范围；到目前为止，-580 m中段以上矿体已全部开采完毕，所形成的采空区充填治理也已基本结束；其中桦树坡矿床位于-580 m中段的1号、2号、3号柱已充填结束，并于2016年对其上部空区进行充填。

（3）老鸦岭矿床采空区封闭与监控

老鸦岭矿床赋存于-390～-40 m中段的-7～14 m勘探线之间，现也已完全闭坑。老鸦岭矿段单个采空区的规模相对较小，空区也较分散，埋藏较浅，跨度不是很大。经马鞍山矿山研究院分析论证，老鸦岭矿段采空区无法实现有效的充填治理，为了及时掌握采空区围岩的变形规律，预测采空区围岩的活动情况，做到防患于未然，避免采空区安全事故的发生，在目前的条件下，故对其管理的重点进行地表监测，对开采影响地表沉降范围进行地表沉降监测是一种行之有效的方法。目前监测系统正常运行。

5.1.2.6 新桥矿井采区岩溶塌陷综合治理项目

为减少矿区岩溶塌陷及矿山防治水的需要，新桥矿投入近3 000万元，采取了地

表防渗、帷幕注浆等措施，对地表水和地下水进行了综合治理，主要措施：通过实施河渠改道、圣冲河、新桥河部分河道防渗处理、低洼地段覆土回填、塌坑回填等工程，阻止地表水通过塌坑、土体进入井下；对东翼井下开采进行深部帷幕注浆工程，以减轻东翼井下疏干排水引发岩溶塌陷的影响。

5.1.2.7 华金矿业主井滑坡治理项目

该处边坡为20世纪90年代地质隐患点，坡高13.7～16.5 m，由华金矿业工资投资50万元进行治理，工程于2014年5月20日完工，隐患点于2015年进行核销。

5.2 生态修复措施及成效

调查区内长期的矿业开发活动对当地生态环境造成了严重破坏，主要包括土地植被资源占用与破坏、矿山废水废渣和尾砂污染环境、破坏地貌环境和生态环境。矿山生态修复措施按其治理目的和功能总体可分为生态恢复型、景观再造型和土地利用型3类。生态恢复型对矿山废弃地治理，裸露、受损和被污染矿区的植被重建和生态修复，能使其与周边环境相协调。通常也俗称为“矿山复绿”。

目前，调查区采取的生态修复措施主要为土地复垦，土地复垦是对生产建设过程中，因挖损、塌陷、压占等造成破坏的土地采取整治措施，使其恢复到可供利用状态的活动。复垦治理可以同时取得经济、社会和生态环境三方面的效益，是矿区生态环境恢复与重建的必由之路。

调查区矿山生态修复措施主要包括国家矿山地质环境重点治理项目、尾矿库土地复垦、排土场土地复垦、裸露山体复垦修复。分述如下：

5.2.1 国家矿山地质环境重点治理项目

5.2.1.1 王集磷矿矿山地质环境治理工程

该项目为2008年湖北省国土资源厅、湖北省财政厅根据《关于发送湖北省矿山地质环境治理和地质遗迹保护项目实施方案审查意见的通知》，批准了《中化建矿业有限公司王集磷矿矿山地质环境治理工程实施方案》，工程总投资809.12万元，其中中央财政补助资金450万元。主要包括危岩治理工程、矿山地表监测系统与采空区地压监测工程、防洪排水工程、井巷电视监测工程、拦碴坝工程及植被恢复工程等，2009年7月，该矿山地质环境治理工程基本完工（图5-2）。

（a）拦渣坝

（b）泄洪道

图 5-2　王集磷矿恢复治理区

5.2.1.2　湖北省钟祥市 2010—2012 年矿山地质环境治理工程（2010 年双河斑竹治理区）

该项目为钟祥市政府申请的资源枯竭城市矿山地质环境恢复治理项目，财政部和国土资源部联合审批通过《湖北省钟祥市 2010—2012 年矿山地质环境治理工程实施方案》，其中 2010 年年度中央批复资金为 1 亿元。

2010 年重点治理双河镇斑竹地面塌陷区。总面积达 3.2 km^2，主要包括塌陷区建筑物变形严重的 7 户进行整体搬迁、国道 207 沿线左右各 40 m 范围内进行压浆加固地基、在塌陷区河沟上游的汇水点修建蓄水池，上、下游修建排水沟，以及塌陷区回填等工程。目前，双河斑竹塌陷区治理项目已经完成施工。

5.2.1.3　湖北省钟祥市 2010—2012 年矿山地质环境治理工程（2011 年泉口治理区与朱堡埠治理区）

湖北省钟祥市 2011 年度矿山地质治理项目中央批复资金为 9 000 万元，泉口治理区与朱堡埠治理区是本年度核心治理区域，区内存在的矿山地质环境问题主要有地面塌陷、含水层破坏、土地资源占压、地形地貌景观破坏等。2011 年矿山恢复治理主要工程内容为塌陷坑回填工程、联络线工程、绿化工程、集蓄水工程、水渠改造工程、监测工程。

（1）朱堡阜治理区主要工程内容

1）对Ⅰ号、Ⅳ号、Ⅵ号矿体已达稳沉采矿塌陷发育区进行回填治理并绿化，恢复其土地属性及林地功能。

2）根据施工需要，布设多条核心联络线工程 9.78 km，并在主体工程施工结束后，对其硬化改造成乡村公路。

3）根据施工需要，同时解决当地居民的人畜饮水问题，对治理区一座废弃水塘进行整治，并在Ⅰ号矿体南段东侧修建一座蓄水池；修建水渠，重建地表及地下水循环。

4）朱堡阜治理区地表变形监测墩工程共完成265个沉降监测点，52个GPS监测点。

（2）泉口治理区主要内容

1）对受到岩溶塌陷而引起的渠道破坏进行整治，修建浆砌水渠1 091 m，修建蓄水池1座，蓄水量达2 046 m^3，减弱地下水对可溶岩的影响，同时解决下游1 000余亩农田灌溉等问题。

2）根据当地实际需要，将治理区内5条总长1 681 m土路硬化改造成乡村公路。

3）泉口治理区由于该地区为岩溶塌陷，完成45个沉降监测点和10个GPS监测点。地下水监测孔工程共完成3个岩溶水监测孔，总进尺603.4 m，护孔管安装合计604.9 m。

5.2.1.4 湖北省钟祥市2010—2012年矿山地质环境治理工程（2012年大峪口治理区与张湾—峡卡河治理区）

湖北省钟祥市2012年度矿山地质治理项目中央批复资金为10 000万元，大峪口治理区与张湾—峡卡河治理区是本年度核心治理区域，区内存在的矿山地质环境问题主要有地面塌陷、含水层破坏、土地资源占压、地形地貌景观破坏等。2012年矿山地质环境恢复治理工程主要包括塌陷坑回填工程、危岩崩塌体防护工程、联络线工程、绿化工程、集蓄水工程、水渠改造工程、监测工程。

（1）张湾—峡卡河治理区

1）危岩崩塌体防护工程。该危岩体崩塌位于钟祥市胡集镇张湾村至王集镇出村公路西侧，由矿石开采形成的围岩崩塌体，曾多次有大块滚石崩落。由钟祥市国土资源局进行边坡治理工程，该岩质边坡采用主动防护网＋喷播植草进行护坡（图5-3）。近公路侧设置一条顺路走向排水沟，排水沟总长300 m。主要工程量为土方开挖回填2 707 m^3、栽植桂花865株、主动防护系统19 155 m^2。

图5-3 张湾—峡卡河治理区危岩崩塌体防护工程

2）河床硬化及河流改道工程，保证处于非塌陷区的河道维持原有形态，同时在地形允许的情况下，将原有河道改离隐伏性塌陷区域。

（2）大峪口治理区

1）采空区回填，即采用注浆充填工程手段有针对性地保护一些重要公共设施。张冲—尖山东段治理区面积为 14 158 m^2，共设置钻孔 82 个，帷幕注浆 11 250.81 m^3，充填注浆 8 147.14 m^3；水泵房矿井段治理区面积 2 120 m^2，共设置钻孔 16 个，帷幕注浆 1 946.16 m^3，充填注浆 486.54 m^3（图 5-4）。

图 5-4　大峪口治理区采空塌陷回填工程

2）塌陷区监测工程。对尚未发生塌陷的区域，通过建立地表变形监测、地面沉降监测、地应力监测、卫星遥感监测等多种监测手段组成的监测预警系统，掌握地面塌陷的变形特征及规律，预测预报地面塌陷的边界、规模、发生时间及危害性，及时采取防灾措施，尽量避免和减轻灾害损失。

5.2.1.5　铜陵市矿山地质环境重点治理项目

该项目系 2011 年铜陵市申请的国家资源枯竭型城市矿山地质环境重点治理项目（图 5-5）。该项目主要目标是用 3 年时间对铜官山矿区进行地质环境治理，恢复林地、公共建筑用地、住宅用地、景观休闲用地，建设大铜官山公园。目前，项目一期、二期已顺利完成，三期正在紧锣密鼓推进。累计要治理面积 588 hm^2。

（1）一期

治理面积总计 39 hm^2。对宝山排土场进行土地整理、复垦，恢复为公共建筑用地、绿地，复垦率 95% 以上，绿化率达 30%。工程已全部完成。使用中央资金 4 560 万元。

图 5–5 铜官山矿区（大铜官山公园）恢复治理图

（2）二期

计划治理面积总计 199 hm^2。治理后可消除采空塌陷、滑坡等地质灾害隐患。工程当前已完成约 95%，完成土方、石方工作量 136 万 m^3，完成道路施工 800 m，栽植乔木 1 700 余棵，使用中央资金投入约 8 016.04 万元。

（3）三期

治理面积约为 350 hm^2，治理后可恢复林业绿化及道路用地面积为 65.8 hm^2。工程位于铜陵有色公司土地权属范围内的项目已全面开始施工，并完成工程量约 45%，完成挖填土、石方约 19.5 万 m^3，完成场地内混凝土道路建设 1 500 m 左右，6 条上山步道已开展了 2 条道路修建工作，修建约 300 m，修建山顶平台 260 m^2。使用中央资金约 4 009.48 万元。

5.2.2 尾矿库土地复垦

目前，区内复垦尾矿库主要为铜陵有色集团公司的尾矿库，其余尾矿库由于规模较小，大多以自然复绿为主，未进行实质的复垦工程，累计复垦面积 199.45 hm^2（表 5–2），总投入资金 32 220 万元。

表 5–2 调查区主要尾矿库土地复垦现状

序号	名称	复垦方法	复垦面积 / hm^2	复垦效果	备注
1	林冲尾矿库	取砂充填采空区、植物法复垦	16.65	一般	植被局部生产良好
2	杨山冲尾矿库	无土种植（复绿）	21	一般	植被局部生长良好
3	五公里尾矿库	恢复为建设用地	94	良好	现为映湖山庄小区
4	响水冲尾矿库	取砂充填采空区，植被复绿	44	一般	已完成治理

续表

序号	名称	复垦方法	复垦面积 / hm^2	复垦效果	备注
5	相思谷尾矿库	取砂充填、植被复绿	12.6	良好	
6	老虎头尾矿库	局部自然复绿	—	—	仍在使用期间
7	老鸦岭尾矿库	局部自然复绿	—	—	仍在使用期间
8	水木冲尾矿库	部分取砂充填、部分无土植被生态修复	8.0	—	10～15 期子坝
9	铜陵县新桥矿选金厂尾矿库	闭库绿化	3.2	一般	
合计			199.45		

主要复垦尾矿库介绍如下：

1）林冲尾矿库。于 1979 年关闭，尾矿堆存近 40 年，目前占地面积 16.65 hm^2。1980 年开始进行尾矿重选工作，结束后进行土壤改良，主要采用植物法复垦技术，现库区内基本已被植被所覆盖。

2）相思谷尾矿库。2008 年停止使用，占地面积 22.3 hm^2，于 2009 年开展闭坑治理工程，主要工程是取出部分尾砂取出充填老空区，治理漏砂，坝体加固，排洪系统完善，实施滩面整平、覆土和植被恢复。目前完成闭库治理，复垦面积达 12.6 hm^2，合计完成工程投入 5 000 万元。根据本次调查，相思谷尾矿库已成为铜陵市凤凰山景区（4A）的一处特色景点（图 5-6）。

图 5-6　相思谷尾矿库恢复治理效果（照片日期：2018 年 7 月）

3）杨山冲尾矿库。1990 年停止使用，占地面积 36.5 hm^2，于 1998 年开展复垦治理，主要采用尾砂无土种植，工程于 2001 年结束，复垦面积达 21 hm^2，投入资金 920 万元，目前，各类种植草长势均较好（图 5-7）。

（a）治理前　（b）治理后

图 5-7　杨山冲尾矿库恢复治理前后对比

4）五公里尾矿库。该尾矿库位于铜陵市区内，于 1990 年停止使用，面积约 105 hm^2，1994—1997 年采用生物和工程措施相结合的复垦技术，种植了花草树木，周边建设城市设施，现已成为市建成区的一部分（映湖山庄小区），复垦面积约 94 hm^2，合计完成工程投入 4 300 万元。

5）响水冲尾矿库。1967 年停止使用，占地面积 44 hm^2，天马山矿业公司投入约 22 000 万元进行综合治理，主要采用将尾砂与淤泥彻底清除，恢复它的地质原况，尾砂用来填充关闭的老矿山原开采形成的采空区。同时，运输矸石和泥土回填库区，并进行复垦。该尾矿库于 2014 年年底完成复垦工作。

6）水木冲尾矿库。现已闭库，前期冬瓜山铜矿对水木冲尾矿库 10～15 期子坝共 8.0 hm^2 坝面的无土植被生态修复工程，在尾矿库坝坡栽植香根草，构筑生态植被围栏和其他适生植被，保障了坝坡稳定、控制了水土流失、防治了粉尘污染。现已交付给天马山金硫矿整治，主要回采尾砂充填采空区。

7）铜陵县新桥矿选金厂尾矿库。新桥矿对该尾矿库进行了闭库治理，治理面积 3.2 hm^2，目前栽种的树木均已成活，复垦效果较好。

其他较大尾矿库（如老虎头尾矿库、老鸦岭尾矿库）正在使用未开展实质的复垦工作，水木冲尾矿库于 2015 年 6 月开展取砂复垦工作。

5.2.3　排土场土地复垦

调查区内现有较大排土场堆土大多为废石土，较松散，主要采用工程法配合植被重建技术，适当平整坡体，修建排水沟、截洪沟及挡土墙，同时在坡体上种草植树，恢复局地生态环境。近年来主要开展的治理排土场项目有凤凰山铜矿排土场、铜官山铜矿排土场等 11 处，共复垦土地面积约 134.80 hm^2，具体见表 5-3。

表 5-3 调查区主要矿山排土场复垦情况

序号	矿山名称	复垦方法	复垦面积 / hm^2	复垦效果	备注 / 万元
1	叶山铁矿排土场	平整为工业场地植被复绿	5.9	良好	111
2	新华山铜矿排土场	修筑排水沟 / 草灌木栽植	14.5	良好	
3	凤凰山矿区药园山铜矿排土场	削坡卸载、植被复绿	19.4	良好	1 784
4	新桥矿排土场	植被复绿	38.7	良好	515
5	宝山排土场	场地平整、植被复绿	39	良好	4 560
6	铜官山铜矿排土场	削坡卸载、植被复绿	12	良好	927.2
7	冬瓜山铜矿废石堆	覆土及绿化			500
8	白鹤铁金矿排土场	削坡卸载、植被复绿	1.3	进行中	
9	石岭铅锌矿排土场	植被复绿		进行中	
10	棋子冲金矿排土场	客土喷播	4	良好	投入 600
11	亮天堂铁矿排土场	复绿	2.0	良好	投入 200
合计			134.80		

1）凤凰山铜矿排土场项目。总投资 1 784 万元，补助资金 300 万元，主要内容为完善排洪设施；修整边坡；加强坡脚挡墙，保护采矿遗址；植树种草护坡，美化绿化环境；治理面积约 16 hm^2，其中治理恢复旱地 10.27 hm^2、林地 5.53 hm^2。项目已完成。

2）铜官山铜矿排土场项目。总投资 927.2 万元，补助资金 300 万元，主要内容为场地平整及复垦绿化、修建排水沟、截洪沟及挡土墙，恢复该地破坏严重的地质环境、消除地质灾害隐患。目前该工作已治理完毕，恢复土地面积 12 hm^2。

3）宝山排土场项目。该项目为国家矿山地质环境重点治理一期项目，是大铜官山公园的一部分，主要对宝山排土场进行土地整理、复垦，恢复为公共建筑用地、绿地，复垦率 95% 以上，绿化率达 30%。工程已全部完成，恢复土地面积 39 hm^2，使用中央资金 4 560 万元。

4）新桥矿排土场。排土场复垦是铜化集体公司地质环境保护与综合治理项目之一，复垦以“因地制宜，宜耕则耕，宜林则林，综合治理，生态优先”为原则，采取预防控制措施、工程技术措施、生物化学措施进行综合治理。新桥矿完成露采工作，正在进行露采转井采技改，目前实施完成了曹家坝边坡复绿工程及原牛山排土场绿化造林工程，共绿化矿区面积 38.7 hm^2，投入资金 515 万元，绿化工程不仅美化了排土场的环境，也为今后露天排土场全面复绿储备了足量的苗木。

5）冬瓜山铜矿废石物堆场复垦治理。冬瓜山工程于2001年井下掘进期间，施工阶段产生的废石堆于西狮子山山脚处，总计约有30万m^3，堆高20～40 m，在矿区形成两处废石堆坡。堆坡坡脚下现有多处生产车间及办公楼，由于废石堆坡高度较大，并且堆置的角度过大（超过40°），因此存在较大的安全隐患。于2011年就对其进行了治理，主要采用截走废石堆上游雨水及削减废石堆坡角度，消除其安全隐患。同时在治理后的边坡上进行了覆土及绿化，有效防止了水土流失，效果明显，有利于建设生态矿山。投入资金500万元。

另据统计，棋子冲金矿完成了近4 hm^2排土场绿化植树任务，并采用挂绿网遮挡裸露边坡山体近17万m^2。亮天堂铁矿也投入了200余万元对近2 hm^2的排土场及挡土坝进行了整治和复绿（图5-8）。

5.2.4 裸露山体复垦修复

5.2.4.1 乌木山周边矿区综合治理工程

乌木山山体修复工程是较早开展山体修复工程，主要修复来龙山石料厂、西湖石料厂等采场宕口。整个修复工程将通过山体复绿、景观再造，恢复生态景观并与周边环境最大限度地协调一致，同时通过山体修复与山脚地带的综合利用开发，取得一定的经济效益，使生态恢复、综合利用土地开发相得益彰。乌木山综合治理面积47 hm^2，整个工程投资达2 600万元，于2010年11月底完成整个修复工程，目前山体植被发育良好，复垦效果明显。

5.2.4.2 青山石料厂环境整治

该项目为矿山复绿项目，项目施工面积约26.39 hm^2，总投资2 000余万元。2013年完成矿山复绿工作，目前采场复垦为有林地，复垦效果明显（图5-9）。

图5-8 棋子冲金矿恢复治理效果

图5-9 青山石料厂采场恢复治理效果

5.2.4.3 凌阳矿业石灰岩矿治理工程

该项目通过变更土地使用类型进行复垦，利用原有废弃矿坑进行改建为建筑垃圾消纳场，由陵阳矿业有限责任公司投入 1.5 亿元，建设年处理 200 万 t 建筑垃圾资源化项目，占全市每年建筑垃圾总量的 70% 以上，目前该废弃采场已进行建筑垃圾填埋工作。

5.2.4.4 黄狮涝矿区矿山地质环境治理项目

总投资 1 351 万元，补助资金 300 万元，目前治理工作已结束，治理恢复土地面积 11.9 hm^2。

5.2.4.5 “三线三边”矿山、裸露山体整治工程

“三线三边”矿山、裸露山体整治主要为铜陵市范围内，其余区域内目前未开展相关工作。

收集资料显示，铜陵市于 2013 年年底开展“三线三边两小”矿山、裸露山体整治复绿工作，根据《铜陵市“三线三边二小”矿山、裸露山体整治复绿工作方案》以及 G50 高速沿线调整方案，全市纳入“三线三边三小”矿山、裸露山体环境整治的项目为 60 个，分 3 个年度完成（2014—2016 年），治理面积约为 620.84 hm^2，治理费用约为 17 317.65 万元。其中位于调查区范围内的矿山项目为 43 个，治理面积约为 202.69 hm^2，治理费用约为 8 296.27 万元。具体治理项目工程情况见表 5-4。

表 5-4 调查区内“三线三边”矿山主要裸露山体整治工程

序号	矿山名称	已完成治理工程	治理面积 / hm^2	工程额 / 万元	备注
1	动发石料厂	场地平整、削坡覆土、喷播复绿	0.96	72	治理完毕（2014）
2	皖铜湖石料厂	场地平整、削坡覆土、喷播复绿	1.01	75.75	治理完毕（2014）
3	陶杏石料厂	场地平整、削坡覆土、喷播复绿	1.21	50	治理完毕（2014）
4	烈虎石料厂	场地平整、削坡覆土、喷播复绿	2.5	180	治理完毕（2014）
5	棋子冲金矿	—	27.34	1 093.6	治理完毕（2014）
6	小涝竹园头铁矿	—	0.53	21.2	治理完毕（2014）
7	九榔铁矿	植被复绿	0.51	20.4	治理完毕（2014）
8	紫金矿业焦冲金矿	植被复绿	0.48	19.2	治理完毕（2014）

续表

序号	矿山名称	已完成治理工程	治理面积 / hm^2	工程额 / 万元	备注
9	远明石料厂	完成喷播绿化提升改造	2	130	治理完毕（2014）
10	八大鼓石料厂	场地平整、削坡覆土、植树种草	1.21	53.57	治理完毕（2014）
11	石岭煤矿	—	3.54	141.6	治理完毕（2014）
12	华金矿业公司	—	0.93	37.2	治理完毕（2014）
13	铜繁南石料厂	已初步完成修复，复绿工作，短期内植被需补栽，徒壁治理效果不明显	1.21	90.75	—
14	大冲石料厂	完成爆破、修坡、整理坡面总工程量的 1/3	9.6	1 200	—
15	振兴石料厂	完成削坡 21 000 m^3，填方 8 000 m^3，培土 4 500 m^3，新修道路 3 km，新修排水沟 200 m，挂网面积 10 000 m^2，绿化植树 3 000 棵	1.8	220	治理完毕
16	伯乐石料厂	前期排水工作基本完成，完成边坡治理 49 500 m^3，挖方量 20 900 m^3，场地平整 8 500 m^3	10.88	320	治理完毕
17	白鹤铁金矿	已完成工程总量的 95%，整理平台 4 级，播撒草籽面积 5 000 m^2	0.72	80	—
18	黎明铁矿	场地平整、削坡覆土、喷播复绿	30.81	1 340	已完成项目招投标
19	樟木山铁矿	种植树木 300 余棵，资金投入 16 万元	5.82	16	种植树木 300 余棵
20	金顺矿业整治项目	绿化、场区土地平整	0.93	800	
21	金华石片厂	目前累计完成 0.15 hm^2 的平整治理，投资工程款 60 万元	10	830	目前暂停施工
22	敕山白杨涝石料厂	目前累计完成 0.3 hm^2 的平整填土施工，投资工程款 25 万元	10	210	暂停施工
23	福光石料厂	完成 8.85 万元的工程投资	10	90	—

续表

序号	矿山名称	已完成治理工程	治理面积 / hm²	工程额 / 万元	备注
24	大通石岭铅锌矿项目	完成场地平整、护坡台阶土方工程，约 30% 的工程量	19	—	纳入大铜官山公园建设
25	大院石料厂	—	0.206 8	—	纳入大铜官山公园建设
26	福光铅锌矿项目	—	15.88	760	已完成项目招投标
27	狮子山石料厂项目	企业自行复绿	5	—	治理完毕（2017）
28	凌阳石灰岩矿	企业自行复绿	7.9	—	治理完毕（2017）
29	成武、江陵、阳白山石料厂项目	已完成设计方案初稿	—	—	治理完毕（2017）
30	顺安劲松、建材项目	场地平整、削坡覆土、喷播复绿	3.74	245	治理完毕（2017）
31	晨光石材发展有限责任公司	场地平整、削坡覆土、喷播复绿	5.73	—	治理完毕（2017）
32	黄狮山煤矿	自然复绿良好	1.44	—	项目调整
33	跃子山煤矿	自然复绿良好	0.5	—	项目调整
34	大通梅冲煤矿	自然复绿良好	2.6	—	项目调整
35	樟木山煤矿	自然复绿良好	0.3	—	项目调整
36	古圣铁路	自然复绿良好	0.4	—	项目调整
37	五星石料有限公司	—	—	—	资金未落实
38	清泉第二石料厂	—	—	—	资金未落实
39	郑东建材厂	—	—	—	资金未落实
40	丰润膨润土	种植大小树苗共计 2 万余株	6	200	—
41	联丰膨润土	道路两侧、排土场及厂区绿化	—	—	—
42	金狮膨润土	部分进行了绿化	—	—	—
43	汇龙膨润土	企业自行复绿	—	—	—

5.3 矿山废水、废渣综合治理

5.3.1 矿山废水综合治理

目前，调查区内各矿山年排放废水量约 2 000 万 t，除部分直接用于井下除尘、消防外，多余废水经处理达标后直接外排。集体企业、私营矿山由于资金、监管力度等原因，废水综合利用程度较低，相反以铜陵有色公司、铜化集团、海螺公司为主的大中型矿山废水综合利用程度较高，多数实现了采矿废水集中处理、封闭循环使用、集中达标排放，废水利用程度能达到 91%～94%；另外，矿山通过地下帷幕注浆、地表防渗等措施，阻止地表水及周边地下水进入矿山采掘系统，减少对水资源和水环境的破坏。

以铜化集团新桥硫铁矿为例，该矿山投资 2 000 多万元将早期建成的日处理 1.7 万 t 的污水处理站进行技术改造，使处理污水能力达到日处理 4.5 万 t，铺设总长 30 km 的废水管路，使废水全封闭循环使用，实现了工业废水集中处理、闭循环使用、集中达标排放。同时该矿在露天采区、井下采区、选矿区均设置了中转泵房，布置了直达污水站的废水管道。

5.3.2 矿山废渣综合治理

目前，调查区内矿山开采废渣综合治理方法主要分 3 种，分别为回收利用（尾矿精选、外售）、充填采空区宕口、复垦复绿，初步统计堆存废渣年利用量为 591 万 t。

5.3.2.1 回收利用，选矿技术再进行选别，综合回收其中的铜、硫、金、银等有价金属

目前主要运用于铜山铜矿章家谷尾矿库，充分回收尾矿中的有价金属后，经分级粗砂用于井下充填，细砂返回尾矿库，据调查章家谷为一套 400 t/d 的尾矿采砂工程，每年综合回收铁精 8 400 t，硫精砂 9 283 t，铜精砂 45.98 t，每年为井下提取 8.34 万 m^3 充填用粗砂。

5.3.2.2 充填井下空区和露天采坑

目前主要运用于林冲尾矿库、水木冲尾矿库、响水冲尾矿库、相思谷尾矿库、章家谷尾矿库及部分矿山排土场（表 5-5），各尾矿（废石土）处理分述如下：

1）林冲尾矿库。目前开展消库治理工程，主要工程将库内尾砂全部移出充填，消库复垦。该项目核定总投资 7 614.38 万元。目前已完成坝体整治，经济农作物赔偿，上下库道路施工 1 300 m^2，现方案为改为干式采砂，计划年取砂 60 万 t，累计处理量约 190 万 t，目前已完工。

表 5-5　调查区主要尾矿库及排土场废渣利用情况

序号	名称	处理方法	年处理量 /（万 t/a）	累计处理量 / 万 t	备注
1	林冲尾矿库	取砂充填采空区	60	190	库内已进行了取砂 10 万 m^3（约 17 万 t），工程预计 2018 年完工
2	水木冲尾矿库	取砂充填采空区	≈46.3	140.3	2015 年 6 月开工
3	相思谷尾矿库	取砂充填采空区	—	≈18.0	已充填完毕
4	章家谷尾矿库	尾矿回采取砂回填	14.6	146	2005 年开始
5	响水冲尾矿库	取砂回填		680	2014 年结束
6	黄狮涝尾矿库	尾砂退填采空区	30	—	
7	新桥硫铁矿	年产尾砂全部充填采空区	≈60		年充填采空区 18 万～20 万 m^3
8	凤凰山铜矿排土场	回填大凹宕、外销	—	—	
9	新桥矿排土场	回填、外售	—	—	量偏少，以复垦复绿为主
10	叶山铁矿排土场	外售	4	35	
11	磷石膏堆场	生产石膏建材	≈25		磷石膏以堆存为主，利用较少

2）水木冲尾矿库。治理的方案是实施部分取砂充填井下老采空区和陷落区，以降低安全等级，后期复垦闭库。根据设计需取砂 100×10^4 m^3 用于天马山矿业公司井下充填，使库高降低 6 m（现 +80.5 m），降为Ⅳ等库。工程期限为 2015 年 6 月至 2018 年 6 月，核定总投资 15 922.77 万元。

3）相思谷尾矿库。于 2009 年开展闭坑治理工程，主要工程是取出超容部分尾砂取出充填老空区及就近露天大凹宕，治理漏砂，坝体加固，排洪系统完善。目前仅完成闭库治理，累计挖填尾砂 12.6 万 m^3，合计完成工程投入 5 000 万元。

4）响水冲尾矿库。具体施工由天马山矿业公司采用将尾砂与淤泥彻底清除，恢复它的地质原况，工程投入约 22 000 万元。尾砂用来填充关闭的老矿山原开采形成的采空区。目前所有工程于 2014 年年底完成，累计清理尾砂 680 万 t。

5）凤凰山铜矿排土场。取部分废石土回填附近露天大凹宕，现排土场已复绿。

6）黄狮涝尾矿库。取砂充填采空区，年利用量 30 万 t。

7）新桥硫铁矿。新桥矿通过建设全尾砂胶结充填系统，将选矿产生的尾矿加以利用，用于充填井下采空区，年处理尾砂量 30 万 m^3/a，充填采空区 18 万～20 万 m^3/a。

8）新桥硫铁矿排土场。粒度大于 37 μm 的用于充填露天采场，小于 37 μm 的大部分外售给海螺集团做水泥生产用添加剂，少量泥浆状层砂选用露天采坑回填。

9）叶山铁矿。该矿山主要将排土场废石土外售给铜陵市顺泰物流公司做基建场地，高铁路基工程等，累计销售 17.3 万 m^3（约 35 万 t）。

10）磷矿区磷石膏。胡集双河磷矿是荆门市磷化工聚集的地方，以前磷化工产品生产过程中产生的大量磷石膏都作为废料在厂区附近露天堆放，不仅占地而且给周边带来环境污染。公司在研制开发磷石膏利用项目中，得到了国家发展改革委，市委、市政府和有关部门及双河镇的高度重视和支持，四川大学和武汉师范大学磷化工中心对该项目在科研上也给予了技术协助。目前，该项目已通过荆门市环保局环评并在市发改局办理了项目备案证，并通过了国家发展改革委评审，还下达了 300 万元项目扶持资金计划；项目前期规划设计工作已经完成，并与山东平邑开元公司签订生产技术合作意向协议。春祥化工于 2011 年投资 6 800 万元新建一条磷石膏综合利用项目，生产规模为年产 3 000 万 m^2 纸面石膏板和 30 万 t 改性磷石膏增强球。2013 年当年投产生产纸面石膏板 650 万张，石膏粉 3 万 t、缓凝剂 2 万 t、消化磷石膏 20 万 t，实现销售收入 1.2 亿元。

5.3.2.3　直接复垦复绿，改变土地使用类型

尾矿库及排土场直接复垦复绿是常用的技术手段，包括五公里尾矿库、杨山冲尾矿库及新桥矿排土场等，各项目介绍见本章“5.2　生态修复措施及成效”。

5.3.3　磷石膏综合应用展望

5.3.3.1　磷石膏综合利用现状

目前，我国磷石膏主要应用于建材、农业、化工领域和充填材料（图 5-10）。部分工艺水平已经较为成熟，利用范围广阔，随着科技的进步，磷石膏资源化利用开始向农业领域拓展，已经开始被应用于农业领域，如利用磷石膏作为土壤改良剂。

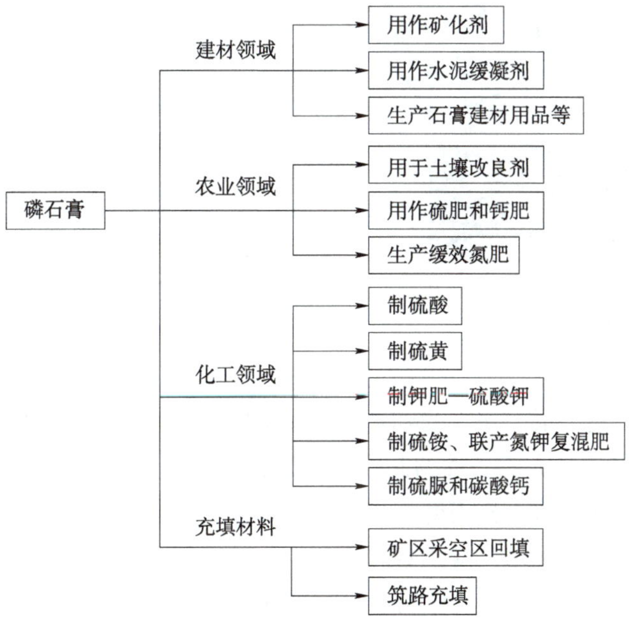

图 5-10　磷石膏综合利用方案

（1）磷石膏在建材领域的应用现状

将磷石膏用于建材领域是我国除了堆存处置之外，消纳磷石膏的主要途径。为此，诸多企业与科研机构在该领域做了大量的研究和实际生产，产品包括水泥缓凝剂、石膏砌块、纸面石膏板等。如开磷集团的贵州开磷磷石膏综合利用有限公司，先后与多所国内科研院所合作，开展了 10 多个磷石膏综合利用的课题研究项目，目前已将磷石膏成功应用于公路基层材料、建筑材料（磷石膏砖类系列产品、磷石膏砂浆系列产品、磷建筑石膏及其制品）、装饰家居材料（装饰板材、发泡板系列、集成墙板、线条与仿木地板和屋面瓦）（图 5-11）。

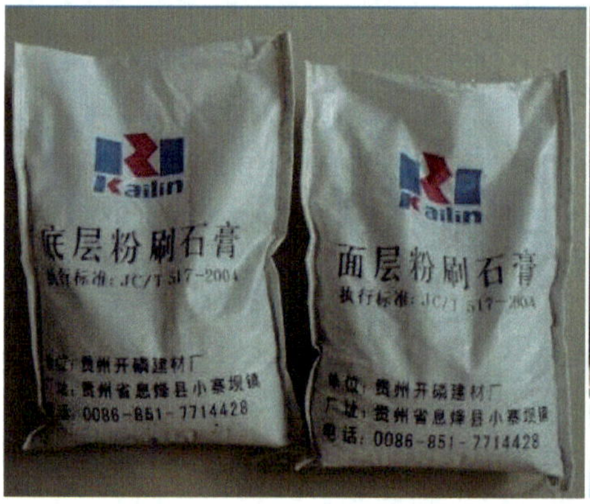

（a）磷石膏砂浆系列产品

（b）开磷仿石板装修的展厅

（c）用开磷发泡板生产的书柜

（d）开磷仿木地板

图 5-11　建材领域磷石膏综合利用产品

磷石膏制造建材产品，不仅受到磷石膏中杂质的影响，还受到其产品的应用范围、经济性、运输半径等各方面条件的制约。由于我国石膏建材市场的潜力非常大，只要综合利用技术取得了突破，磷石膏在建材领域综合利用发展空间仍较大。

（2）磷石膏在化工领域的应用现状

化工领域主要利用磷石膏制作硫酸、硫酸铵、硫酸钾、硫酸钙等，应用工艺较成熟，如瓮福磷矿在此领域利用率已达 60% 以上，但在全国范围内，磷石膏在化工领域总体利用率仍然较低。

（3）磷石膏在农业领域的应用现状

目前，磷石膏已逐步开始应用于农业领域，如磷石膏用于降低肥料中氨的挥发、磷石膏降低堆肥过程中温室气体排放量，以及利用磷石膏作为土壤改良剂等。如瓮福化工公司与甘肃省农业科学院合作通过以磷石膏为主要原料，用化学法对西北地区盐碱性土壤进行改良，较好地调节土壤酸碱度及盐碱地土壤的理化性能。但是这项技术还有许多问题尚未得到有效解决，如由于各地产出的磷石膏杂质成分不一，同一套加工工艺不适合不同地区的需要，大量有害重金属元素难以去除，不能单纯地把磷石膏直接施到土壤中，否则会造成更严重的土壤污染问题。

（4）磷石膏作为充填材料的应用现状

自 2001 年起，开阳磷矿率先开展磷化工全废料自胶凝充填技术的研究，2005 年磷石膏胶结充填技术首次实现工业化应用，之后陆续在全国多个矿山推广应用。该技术已经非常成熟，主要在开阳磷矿、金川镍矿等矿山开展大规模工业化应用。

通过资料搜集与数据统计可知，磷石膏主要用途中水泥缓释剂、石膏建材、矿区采空回填所占比例最高，均大于 15%（图 5-12）。用磷石膏制造建材产品，虽然受到多种因素限制，但磷石膏建材产品还是具有一定的优势，如在装饰家居材料方面：磷石膏掺量大（达 70%）、产品优势突出（可回收循环利用，产品重量可调）、产品的生产和应用前景好；而作为充填材料，该技术已经非常成熟，主要在开阳磷矿、金川镍矿等矿山开展大规模工业化应用。综合分析，磷石膏作为建材产品和充填材料是目前较好的处置措施。

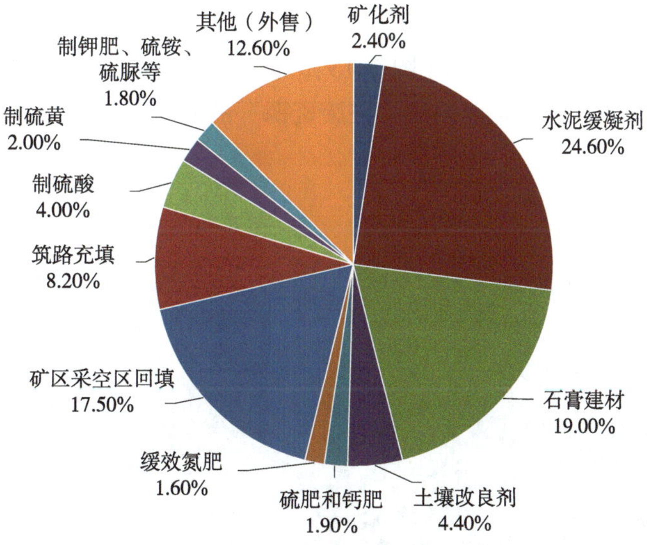

图 5-12　我国磷石膏各种利用途径统计

5.3.3.2 磷石膏综合利用展望

鉴于磷石膏综合利用产品的品质受杂质影响严重、市场竞争力不足以及磷石膏库的污染问题和安全隐患，磷石膏开发利用已成为影响发展的关键问题，影响着磷肥工业的发展。磷石膏上下游企业应注重加强科研和产业链延伸，走循环经济发展之路，增加产品的附加值，提高资源利用效率；政府应制定引导性政策，指引企业精细化磷石膏的排放，并积极培育示范企业，促进磷石膏综合利用的发展。展望分析如下：

（1）磷石膏制硫酸联产水泥工艺

通过磷石膏制硫酸联产水泥的工艺路线，生产磷铵副产磷石膏制硫酸联产水泥新技术，将磷铵、硫酸、水泥 3 套生产装置有机地排列组合为一体，形成绿色环保产业链。利用生产磷铵排放的废渣磷石膏制硫酸联产水泥，硫酸返回用于生产磷铵，硫酸尾气回收制取的液体 SO_2 作为海水提溴的原料，废水封闭循环利用，磷铵干燥采用节能型沸腾式热风炉，以锅炉排出的煤渣为原料，燃尽后成为合格的水泥混合材。废渣吃光用净，变废为宝，硫在装置中循环利用。此外，磷石膏可代替天然石膏制水泥缓凝剂，如安徽铜陵化学工业集团有限公司利用磷石膏生产水泥缓凝剂的能力已达到 40 万 t/a。开发利用磷铵副产磷石膏制硫酸联产水泥新技术，并实现大型化、产业化和国际化，对于解决磷石膏堆存占地、污染环境、影响磷复肥工业发展等难题，缓解我国硫资源缺乏的矛盾，保护矿山资源起到了很好的推动作用。

（2）磷石膏制作新型建材

目前，磷石膏在制作建材领域工艺不断革新，技术不断优化，许多专家学者对此做了大量研究，一些企业做了大量实践，已经取得较好成果。如开磷集团成立了贵州开磷磷石膏综合利用有限公司，专业从事磷石膏、黄磷炉渣、粉煤灰等“三废”资源综合利用技术研发和产品生产（图 5-13），目前公司在磷石膏综合利用方面已获得和申请专利 23 项，实现了企业内部“三废资源”的充分利用模式，磷石膏年利用量

图 5-13　开磷集团磷石膏综合利用生产线及产品

300 万 t 以上。建议通过产学研合作和自身的研发平台进行扩能技改和新型产品引进、开发工作，以协同创新调动一切可以利用的力量，促使我国的磷石膏综合利用工作取得革命性的突破，将化工废渣的资源化利用工作提升到一个新的高度。

（3）利用磷石膏改良盐碱地

我国盐碱地主要集中在新疆、宁夏、甘肃、吉林西部、内蒙古巴彦淖尔盟、锡林郭勒盟、陕西渭南等北部地区，而磷石膏排放地区主要集中在云南、贵州、四川等省份，因运费较高，目前南方的磷石膏难以运到北方。故建议把磷石膏列入改造盐碱地的专用肥料，解决运价问题；建立几条“土壤改良绿色通道”作为土壤改良示范，由磷石膏堆存问题较为严重的一个或几个地区定点向部分交通相对通畅的盐碱地输送土壤改良用磷石膏，对其减免过桥、过路等费用，待改良效果凸显后逐步增加更多的“绿色通道”。

（4）调整资源及扶持政策

根据我国建材技术的实际发展情况，及时调整资源综合利用的优惠和扶持政策，在磷石膏制品的推广和应用方面给予大力支持。尽快修订磷石膏相关标准，通过标准、规范约束排放磷石膏的品质，使其更利于下游产业的应用（图 5-14、图 5-15）。

图 5-14　生产石膏板材的新型建材厂

图 5-15　生产包装的石膏板材（磷石膏再利用）

6 矿山地质环境影响评价

6.1 评价原则

评价因素包括地质环境条件、采矿活动对环境的影响和破坏程度。地质环境条件主要有地形地貌、气象水文、地层及构造、水文地质条件、岩土体工程地质条件、矿产资源分布；采矿活动对环境的影响主要包括矿山数量及规模、开采方式、开采强度、开采矿种、矿山土地占用及破坏、“三废”排放及水土污染、矿山次生地质灾害、地下采空区的空间分布、矿产资源开发利用及保护规划、矿山生态环境恢复治理难易程度等方面。为此，在充分利用集中开采区矿山地质环境调查数据资料，结合矿山地质环境保护与治理方案数据资料，通过详细调查矿山地质环境现状、充分研究其形成机制及规律的基础上，筛选出具有代表性的评价因子，以采矿对矿山地质环境影响程度为主，兼顾地质环境背景，结合人类工程经济活动的强度，依据“区内相似、区间相异”的原则进行分区。在进行矿山地质环境综合评价分区时遵循以下原则：

6.1.1 以采矿对矿山地质环境影响程度为主，兼顾地质环境背景条件的原则

1）以矿产开发所引起的矿山地质环境问题为主要评价因子，着重考虑这些因子对矿山地质环境的影响程度，包括矿山环境地质问题的发育数量、发育规模、分布密度、危害程度以及被破坏地质环境恢复的难易程度等。

2）考虑这些矿山环境地质问题发生时所处的自然地理位置、地形地貌、水文气象、地质构造、工程地质、水文地质等地质环境背景条件、矿产开发密度、开采的方式等矿山开采条件。

6.1.2 综合分析的原则

影响矿山地质环境的因素很多，每处矿山地质环境问题均由多种因素共同作用而造成，不同的地质环境背景下产生的矿山地质环境问题类型不同，不同矿种、不同开采方式所诱发的矿山地质环境问题也不同，而相同矿种和开采方式也可产生不同类型

的矿山地质环境问题，同一类型矿山地质环境问题的规模大小、危害程度也有所不同。因此，采取综合分析原则、确定相关联的因子作为分区指标因子，较客观地反映矿山地质环境现状和规律。

6.1.3 综合评价分区标准原则

根据中国地质环境监测院发布的《全国矿产资源集中开采区矿山地质环境调查技术要求》，将矿山地质环境影响程度分区等级统一划分为影响轻微区、影响较严重区和影响严重区三级。

6.2 评价方法

本次矿山地质环境评价主要是针对采矿区的地质环境问题，经过资料搜集、野外调查、取样分析之后，经过定性与半定量相结合的方法对获取的技术资料进行总结与归纳，应用计算机技术进行辅助处理，形成对矿山地质环境的综合评价。

6.2.1 评价程序

矿山地质环境评价程序及方法的确定（矿山地质环境调查评价程序如图 6-1 所示）。

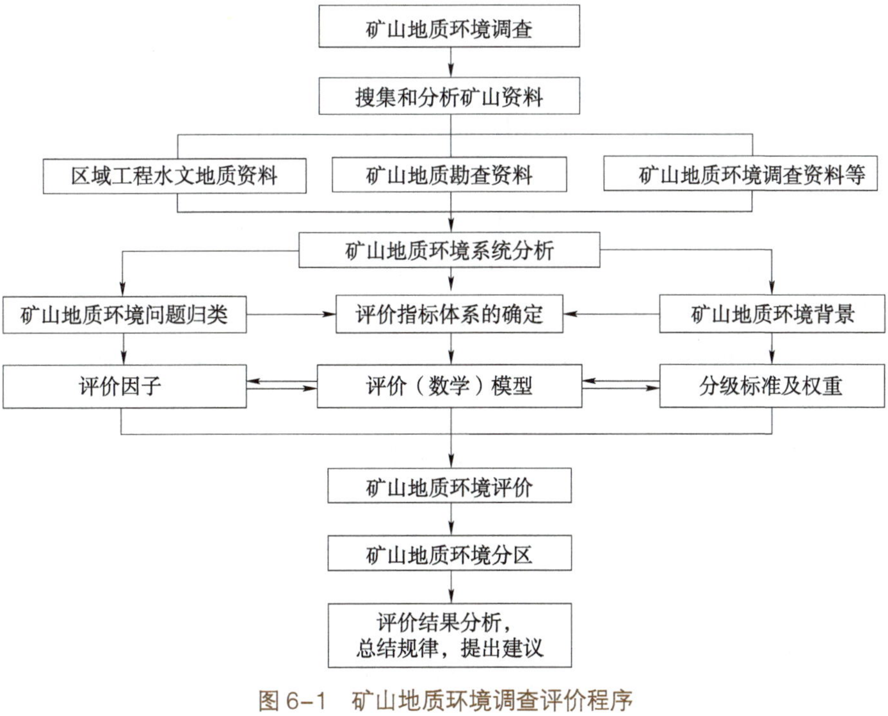

图 6-1 矿山地质环境调查评价程序

1）本次评价主要针对闭坑矿山、生产矿山和新建矿山环境保护的基础工作，为矿山地质环境保护和矿山生态恢复与重建提供基础性数据和依据；

2）选取矿山地质环境评价指标及合理确定其权重；

3）矿山地质环境评价主要以野外实地调查为主，充分搜集已有资料，结合现代较为先进的技术手段（如遥感、工程物探等），进行综合性评价；

4）运用层次分析法、专家评分法等方法，结合实际建立相应评价模型，进行矿山地质环境影响评价；

5）本次采用加权指数模型法开展矿山地质环境影响评价。

6.2.2 评价单元格

采用正方形网格单元划分方法，即将整个调查区划分成统一大小和形状的正方形网格，以其作为基本评价单元。根据精度要求，对规划区进行网格剖分，每个单元格为边长 1 km 的正方形，单元面积为 1 km^2。

6.2.3 评价因子

6.2.3.1 评价因子选取

参照《全国矿产资源集中开采区矿山地质环境调查技术要求》中区域地质环境背景参考指标：重点是水文地质、工程地质、环境地质、土地利用现状、地形地貌、地层岩性与地质构造、其他人类工程活动等。矿山基本概况参考指标：主要是矿山面积、生产规模、生产能力、采矿方式、开采深度、采空区面积等。矿山地质环境问题参考指标主要包括：矿山地质灾害、矿山地下含水层影响破坏、矿山地形地貌景观影响破坏、矿山占用影响破坏土地、矿山固体废物排放及综合利用和矿山地质环境综合治理情况等。

鄂西（荆襄）地区矿山以磷矿为主，安徽铜陵地区矿山以硫铁矿、铜矿为主，两个地区主要矿山类型不同，存在的矿山地质环境问题也不尽相同。荆襄磷矿调查区矿山地质环境问题主要为含水层破坏、土地资源破坏及地形地貌景观破坏；其次是地质灾害（崩塌、地面塌陷）、水土环境污染等问题。而铜陵硫铁矿调查区地质环境问题主要为地面塌陷、含水层破坏、水土环境污染；其次是土地资源破坏、地形地貌景观破坏、崩塌和滑坡等问题。此外，与荆襄地区相比，铜陵市作为典型的矿业城市，在矿产资源开发规划方面有明确要求，在矿山生态恢复治理上投入的工作量较大。因此，针对两个地区的差异和地区特点，选择适用于各地区特点的评价因子指标进行矿山地质环境评价。

（1）鄂西（荆襄）地区

根据荆襄地区磷矿山地质环境问题特征，综合考虑矿山地质环境相关各类因子的相互关系，本次将评价因子分为两大类型。

1）一级变量指标因子（A）。本次选取一级变量指标评价因子为矿山地质环境条件、矿山工程活动及资源影响程度、地质灾害、水土环境污染。

2）二级变量指标因子（B）。二级变量指标因子主要为一级变量因子的组成要素，例如矿山原生地质环境条件的组成要素包括分布的矿山类型、地质构造复杂程度、矿体上覆岩土体性质、矿山地表微地貌。矿山工程活动及资源影响程度的组成要素包括开采方式、植被破坏、土地压占与破坏、水资源破坏（水位下降）。地质灾害的组成要素包括地质灾害发育程度、造成的危害损失和潜在危害。水土流失组成要素为年降水量和水土流失影响程度。环境污染组成要素为水资源污染和土壤污染。

（2）安徽铜陵地区

根据铜陵地区硫铁矿地质环境特征及《铜陵市矿山地质环境保护与治理规划》，选取下列指标作为评价因子：

1）矿山地质环境问题。主要有土地占用与破坏、地下水均衡破坏、区域水土污染及矿山地质灾害。土地占用与破坏评价指标以占用与破坏的面积占单元格面积比值作为评价依据。地下水均衡指标以影响居民和农业用水程度作为评价依据。区域水土污染以区域内地表水污染、地下水污染和土壤污染 3 个方面的污染叠加综合程度作为评价依据。矿山地质灾害主要考虑滑坡（潜在滑坡）、崩塌、泥石流、岩溶塌陷、采空塌陷，以灾害的数量、规模、损失作为评价依据。

2）地质环境条件。主要指地形地貌、气象水文、地层构造、水工环水文地质条件、人类工程活动、地质灾害发育强度等，用地质灾害易发程度来表示。

3）矿产资源开发规划。指矿产资源的分布、矿产资源开发利用及保护规划。

4）矿山生态环境恢复治理难易程度。主要指矿山地质环境治理的技术要求、工程量、经费、治理周期等。

6.2.3.2 评价因子分级

矿山地质环境评价具有复杂性和系统性，很多因素影响着评价结果。因此，为确保评价结果的科学性、客观性与可比性，本书根据国家相关规范、标准以及文献中已有的矿山地质环境综合评价指标体系研究，在听取有关专家意见的基础上进行指标分级（评分），划分为较好级（1 分）、较差级（2 分）和差级（3 分）3 个等级。具体分级赋值量化标准见表 6-1、表 6-2。

表 6-1　鄂西磷矿矿山地质环境评价因子分级赋值

序号	一级变量指标因子（A）	二级变量指标因子（B）		差级（3）	较差级（2）	较好级（1）
1	矿山地质环境背景条件	分布矿山类型		磷矿（大）	磷矿（中）	磷矿（小）
		地质构造复杂程度		复杂	中等复杂	简单
		矿体上覆岩土体性质		软岩	软—中软互层	硬质岩
		矿山地表微地貌		陡坡、悬崖	缓斜坡	平地
2	矿山工程活动及资源影响程度	开采方式		露天开采（开采深度）/m		
				>300	100～300	<100
				地下开采（开采深度）/m		
				<100	100～500	>500
		植被破坏 /hm^2		>10	5～10	<5
		土地压占与破坏 /hm^2		>5	1～5	<1
		水资源（水位下降）/m		>200	50～200	<50
3	地质灾害	地质灾害发育程度		发育	较发育	不发育
		地质灾害危害损失	人	>10	3～10	<3
			万元	>100	30～100	<30
		地质灾害潜在危害	人	>10	3～10	<3
			万元	>100	30～100	<30
4	水土流失	年降水量 /mm		>2 000	1 000～2 000	<1 000
		影响程度		严重	中等	较轻
5	环境污染	水资源污染		严重	中等	较轻
		土壤污染		严重	中等	较轻

表 6-2　铜陵地区硫铁矿矿山地质环境评价因子分级赋值标准

评价因子		影响程度分级及赋值		
		差级（3）	较差级（2）	较好级（1）
矿山地质环境问题	土地资源占用及破坏（破坏面积与单元格面积比值）	≥20	10～20	≤10
	地下水均衡破坏	地下水降深大，影响矿区农业和居民用水	地下水降深较大，部分影响矿区农业和居民用水	影响小或无

续表

评价因子		影响程度分级及赋值		
		差级（3）	较差级（2）	较好级（1）
矿山地质环境问题	区域水土污染	受到矿业开发活动影响，区域内地表水、地下水和土壤污染严重	区域内地表水、地下水和土壤污染程度较强	区域内无或微弱地表水、地下水和土壤污染
	矿山地质灾害	地质灾害种类多，规模大、损失大	地质灾害种类较多，规模、损失较大	地质灾害种类少、规模小、损失小，或无矿山地质灾害
地质环境背景条件		易发矿山环境问题与地质灾害	较易发矿山环境问题与地质灾害	不易发矿山环境问题与地质灾害
矿产资源开发规划		重点开采区	鼓励开采区	限制开采区
矿山生态恢复治理难易程度		投入的工程量大、技术要求高、治理经费高、治理周期长	投入的工程量适中、技术成熟、治理经费不高、治理周期较长	治理工程简单、投入小、周期短

6.2.3.3 权值的确定

权重可表示各矿山环境地质问题因子在整个评价系统的相对重要性。本次评价区各因子权值的确定采用专家打分法。鄂西（荆襄）地区指标因子权重较高的为矿山工程活动和资源影响程度；其次为地质灾害和环境污染。铜陵地区指标因子权重较高的为区域水土污染，最后为矿山地质灾害和地下水均衡破坏。两个地区各地质环境评价因子的权重值见表 6-3、表 6-4。

6.2.4 评价模型

本次评价主要使用的方法为加权指数模型，即按一定的标准给予评价区域中所有的环境要素的不同评价因子一定的评价值，再加权求和。其数学模式为

$$Q=\sum_{i=1}^{n}W_iF_i \tag{6-1}$$

式中：Q——综合质量指数；

F_i——某一组成要素单项评价分值，按表 6-1、表 6-2 确定；

W_i——评价因子权重，采用打分法按表 6-3、表 6-4 确定。

将评价指数 Q 分值划分为 3 个等级：

$Q<1.20$ 影响轻微；$1.20\leq Q<1.70$ 影响较严重；$Q\geq1.70$ 影响严重。

分别对应于矿山地质环境影响评价 3 个区：矿山地质环境影响轻微区、矿山地质

环境影响较严重区和矿山地质环境影响严重区。

表 6–3　鄂西地区矿山地质环境评价因子权重

一级变量指标因子（A）	权重值	二级变量指标因子（B）		权重值
矿山地质环境背景条件	0.15	分布矿山类型		0.5
		地质构造复杂程度		0.1
		矿体上覆岩土体性质		0.3
		矿山地表微地貌		0.1
矿山工程活动及资源影响程度	0.30	露天开采		0.25
		地下开采		0.3
		植被破坏 /hm^2		0.1
		土地压占与破坏 /hm^2		0.1
		水资源（水位下降）/m		0.25
地质灾害	0.20	地质灾害发育程度		0.2
		地质灾害危害损失	人	0.25
			万元	0.25
		地质灾害潜在危害	人	0.15
			万元	0.15
水土流失	0.15	年降水量 /mm		0.6
		影响程度		0.4
环境污染	0.20	水资源污染		0.5
		土壤污染		0.5

表 6–4　铜陵地区矿山地质环境评价因子权重

评价因子		权重
矿山环境问题	土地资源占用及破坏	0.15
	地下水均衡破坏	0.2
	区域水土污染	0.25
	矿山地质灾害	0.15
地质环境背景条件		0.1
矿产资源开发规划		0.1
矿山生态恢复治理难易程度		0.05

6.2.5 评价分区

通过评价模型可计算得到每个评价单元的综合质量指数的评价等级，然后结合实地调查情况、地质背景、矿山分布、地质环境问题范围等内容可在 MapGIS 上调整评价分区的边界范围，使其更加接近实际情况。

6.3 矿山地质环境分区评述

根据上述评价原则及方法，将调查区共划分为矿山地质环境影响严重区 13 个，总面积 182.26 km^2，占调查区范围的 6.89%；影响较严重区 22 个，总面积 466 km^2，占调查区范围的 17.61%；影响轻微区 14 个，总面积 1 997.03 km^2，占调查区范围的 75.50%。总体来看，鄂西荆襄磷矿调查区矿山地质环境质量一般，安徽铜陵硫铁矿调查区矿山地质环境质量较差。矿山地质环境分区具体如下：

6.3.1 鄂西荆襄磷矿调查区

在评价单元分级的基础上，将鄂西荆襄磷矿调查区矿山地质环境划分为 3 个区：矿山地质环境影响严重区、矿山地质环境影响较严重区和矿山地质环境影响轻微区。如图 6-2 所示，将调查区矿山地质环境分为 5 个影响严重区（Ⅰ），总面积为 16.5 km^2；11 个影响较严重区（Ⅱ），总面积 129 km^2；3 个影响轻微区（Ⅲ），总面积 1 173.4 km^2。具体包括严重区有龙会山—大峪口—放马山磷矿山地质环境影响严重区（$Ⅰ_{H1}$）、熊家湾—红土山磷矿山地质环境影响严重区（$Ⅰ_{H2}$）、喜人化工—王集磷矿山地质环境影响严重区（$Ⅰ_{L1}$）、龙会山—新泉村矿山地质环境影响严重区（$Ⅰ_{L2}$）、张湾村磷石膏堆矿山地质环境影响严重区（$Ⅰ_{L3}$）。较严重区有龙会山—大峪口—放马山—熊家湾—红土山磷矿化工产业基地矿山地质环境较严重区（$Ⅱ_{H1}$）、放马山尾矿库矿山地质环境影响较严重区（$Ⅱ_{H2}$）、向家山—丽山村矿山地质环境较严重区（$Ⅱ_{H3}$）、陈营村—转斗村矿山地质环境影响较严重区（$Ⅱ_{H4}$）、耀星村—杜家巷—龙泉港—江家巷矿山地质环境较严重区（$Ⅱ_{H5}$）、喜人化工—王集磷矿临近区矿山地质环境较严重区（$Ⅱ_{L1}$）、张湾—峡卡河水库矿山地质环境影响较严重区（$Ⅱ_{L2}$）、龙会山—马子岭—任湾村矿山地质环境影响较严重区（$Ⅱ_{L3}$）、丁家冲—冯家冲—董冲—雷公岭矿山地质环境影响较严重区（$Ⅱ_{L4}$）、刘冲—联合—秦冲磷矿矿山地质环境影响较严重区（$Ⅱ_{S1}$）、瑞丰尾矿库矿山地质环境影响较严重区（$Ⅱ_{S2}$）。影响轻微区有胡集幅其他区域（$Ⅲ_{H1}$）、刘猴集幅其他区域（$Ⅲ_{L1}$）、双河口幅其他区域（$Ⅲ_{S1}$）。

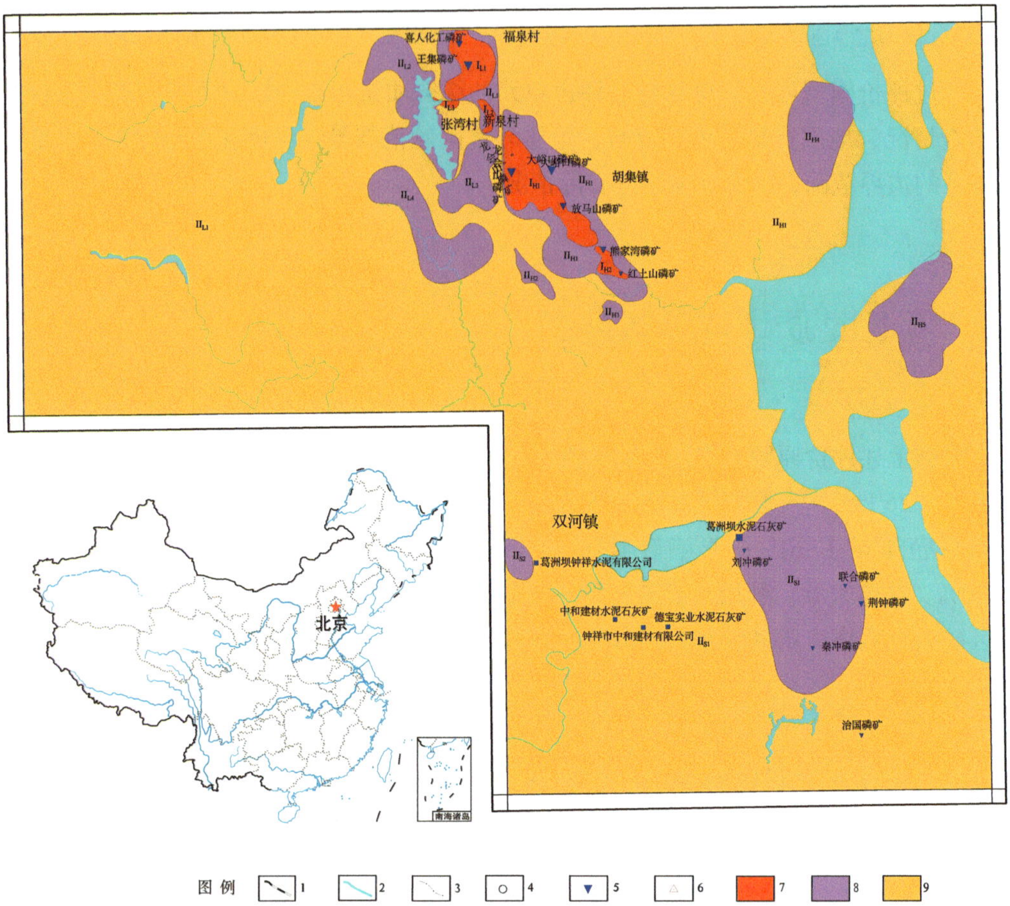

图 6–2　鄂西荆襄磷矿矿山地质环境影响评价分区

1—铁路；2—河流水库；3—县界；4—乡镇位置；5—矿山位置；6—河流水库位置；7—严重区；8—较严重区；9—轻微区

表 6–5　鄂西荆襄磷矿调查区矿山地质环境现状评价分区说明

评价分区		名称	位置	影响面积 / km^2	主要矿山地质环境问题
严重区（Ⅰ）	$Ⅰ_{H1}$	龙会山—大峪口—放马山磷矿山地质环境影响严重区	龙会山—放马山一带	8.9	（1）采空塌陷，面积 95.73 hm^2； （2）崩塌 4 处，其中放马山金山林石料露采边坡处为大型崩塌； （3）土地、资源占用与破坏面积大，多处大型磷石膏堆，占地约 285 hm^2； （4）地貌景观和生态环境破坏； （5）含水层破坏严重； （6）水土污染较严重

续表

评价分区		名称	位置	影响面积 / km^2	主要矿山地质环境问题
严重区（Ⅰ）	$Ⅰ_{H2}$	熊家湾—红土山磷矿山地质环境影响严重区	熊家湾—红土山一带	1.1	（1）采空塌陷，面积 1.3 hm^2； （2）崩塌 4 处，位于熊家湾磷矿； （3）土地、资源占用与破坏，面积 1.3 hm^2； （4）地貌景观和生态环境破坏； （5）含水层破坏严重； （6）水土污染较严重
	$Ⅰ_{L1}$	喜人化工—王集磷矿山地质环境影响严重区	喜人化工—王集磷矿区一带	5.5	（1）采空塌陷，面积 54 hm^2； （2）崩塌 4 处，其中喜人化工塌陷崩塌为大型； （3）土地、资源占用与破坏面积大，主要为磷石膏堆； （4）地貌景观和生态环境破坏； （5）含水层破坏严重； （6）水土污染较严重
	$Ⅰ_{L2}$	龙会山—新泉村矿山地质环境影响严重区	龙会山—新泉村一带	0.7	（1）属采空塌陷区； （2）岩溶塌陷区，面积约 32 hm^2； （3）滑坡一处，中型； （4）崩塌 2 处，小型； （5）土地、资源占用与破坏面积较大，主要为废石渣堆，面积约 48 hm^2； （6）地貌景观和生态环境破坏； （7）水土污染较严重
	$Ⅰ_{L3}$	张湾村磷石膏堆矿山地质环境影响严重区	张湾村一带	0.3	（1）岩溶塌陷区，面积 114 hm^2； （2）土地、资源占用与破坏面积大，主要为科海化工磷石膏占地； （3）地貌景观和生态环境破坏； （4）含水层破坏较严重； （5）水土污染较严重
较严重区（Ⅱ）	$Ⅱ_{H1}$	龙会山—大峪口—放马山—熊家湾—红土山磷矿化工产业基地矿山地质环境较严重区	龙会山—红土山磷矿化工产业基地一带	18.9	（1）临近矿区的胡集镇化工园区，分布有数十家化工企业； （2）属采空塌陷区，目前较稳定； （3）南部为岩溶塌陷区，部分已治理； （4）含水层破坏较严重； （5）土壤污染较严重
	$Ⅱ_{H2}$	放马山尾矿库矿山地质环境影响较严重区	放马山尾矿库一带	1.6	（1）放马山尾矿库占用破坏土地资源，面积 16.3 hm^2； （2）地貌景观和生态环境破坏； （3）属采空塌陷影响区； （4）含水层破坏较严重； （5）水土污染较严重

续表

评价分区		名称	位置	影响面积 / km^2	主要矿山地质环境问题
较严重区（Ⅱ）	$Ⅱ_{H3}$	向家山—丽山村矿山地质环境较严重区	向家山—丽山村一带	0.9	（1）土地、资源占用与破坏，主要为红土山小型磷石膏堆，面积约 10 hm^2； （2）地貌景观和生态环境破坏； （3）属岩溶塌陷区； （4）含水层破坏； （5）土壤污染
	$Ⅱ_{H4}$	陈营村—转斗村矿山地质环境影响较严重区	胡集镇陈营—崔家村一带	12.2	汉江西岸胡集镇肥水养殖集中区，水土污染较严重
	$Ⅱ_{H5}$	耀星村—杜家巷—龙泉港—江家巷矿山地质环境较严重区	耀星村—杜家巷—龙泉港—江家巷一带	14.2	（1）汉江东岸丰乐镇水土污染区； （2）地下水位下降
	$Ⅱ_{L1}$	喜人化工—王集磷矿邻近区矿山地质环境较严重区	喜人化工—王集磷矿一带	4.7	（1）邻近喜人化工—王集磷矿的区域，土地、资源占用与破坏，破坏方式主要为废渣堆及工业场地； （2）属采空塌陷区； （3）地貌景观和生态环境破坏； （4）含水层破坏
	$Ⅱ_{L2}$	张湾—峡卡河水库矿山地质环境影响较严重区	张湾村—峡卡河水库一带	13.1	（1）岩溶塌陷，面积 114 hm^2； （2）崩塌 1 处，中型； （3）地貌景观和生态环境破坏； （4）含水层破坏较严重，峡卡河水库水位持续下降； （5）水土污染较严重
	$Ⅱ_{L3}$	龙会山—马子岭—任湾村矿山地质环境影响较严重区	龙会山—马子岭—任湾村一带	6.5	（1）采空塌陷区； （2）土地、资源占用与破坏，破坏方式主要为小型废渣堆； （3）地貌景观和生态环境破坏； （4）小型崩塌 2 处
	$Ⅱ_{L4}$	丁家冲—冯家冲—董冲—雷公岭矿山地质环境影响较严重区	丁家冲—冯家冲—董冲—雷公岭一带	13.5	（1）滑坡 1 处，为小型地灾隐患点； （2）含水层破坏； （3）水土污染区

续表

评价分区		名称	位置	影响面积 / km^2	主要矿山地质环境问题
较严重区（Ⅱ）	$Ⅱ_{S1}$	刘冲—联合—秦冲磷矿矿山地质环境影响较严重区	刘冲—联合—秦冲磷矿一带	41.3	（1）有刘冲、秦冲、联合、治国共4家小型地下开采磷矿，目前仅秦冲磷矿仍在开采，另3家已闭坑； （2）属采空塌陷和岩溶塌陷区，部分已治理，目前较稳定； （3）土地、资源占用与破坏，破坏方式主要为磷石膏占地，面积143 hm^2； （4）地貌景观和生态环境破坏； （5）含水层破坏较严重； （6）水土污染较严重
	$Ⅱ_{S2}$	瑞丰尾矿库矿山地质环境影响较严重区	瑞丰尾矿库一带	2.1	（1）土地、资源占用与破坏，土地占用类型为磷石膏尾矿库，面积13 hm^2； （2）地貌景观和生态环境破坏； （3）水土污染区
影响轻微区（Ⅲ）	$Ⅲ_{H1}$	胡集幅影响轻微区	其他地区	381.7	无矿山开采，地质环境良好
	$Ⅲ_{L1}$	刘猴集幅影响轻微区	其他地区	395.1	无矿山开采，地质环境良好
	$Ⅲ_{S1}$	双河口幅影响轻微区	其他地区	396.6	无矿山开采，地质环境良好

注：下标中字母表示不同的图幅，其中H表示胡集幅，L表示刘猴集幅，S表示双河口幅。

6.3.2 安徽铜陵硫铁矿调查区

根据上述评价原则和评价方法，将调查区矿山地质环境分为8个影响严重区（Ⅰ）、11个影响较严重区（Ⅱ）、7个影响轻微区（Ⅲ），面积分别为165.75 km^2、337.00 km^2、823.63 km^2（图6-3）。严重区有凤凰山—江家冲矿山地质环境影响严重区（$Ⅰ_{D1}$）、新桥—叶山矿山地质环境影响严重区（$Ⅰ_{D2}$）、铜官山—联盟矿山地质环境影响严重区（$Ⅰ_{T1}$）、蛇形山—东湖闸—陶山—狮子山—朝山—南洪矿山地质环境影响严重区（$Ⅰ_{T2}$）、牛山—新桥—盛冲矿山地质环境影响严重区（$Ⅰ_{T3}$）、福光—敕山矿山地质环境影响严重区（$Ⅰ_{T4}$）、笔架村—潘冲村—刘家村—长垄村—桃冲矿山地质环境影响严重区（$Ⅰ_{F1}$）、海螺水泥厂矿山地质环境影响严重区（$Ⅰ_{F2}$）。较严重区有仙人冲—钟鸣—金榔—沙滩角—麻桥村矿山地质环境较严重区（$Ⅱ_{D1}$）、章木山—羊山矿山地质环境影响较严重区（$Ⅱ_{T1}$）、牌坊山矿山地质环境较严重区（$Ⅱ_{T2}$）、高联—郎坑—盛冲—观湖山矿山地质环境影响较严重区（$Ⅱ_{t3}$）、朱屋基矿山地质环境较严重区（$Ⅱ_{F1}$）、朱屋基矿山地质环境较严重区（$Ⅱ_{F2}$）、繁昌县东侧环城南路地区矿山地质环境影响较严重区（$Ⅱ_{F3}$）、黄金涝硫铁矿—上新塘硫铁矿矿山地质环境影响较严重区（$Ⅱ_{F4}$）、南冲—桃花冲矿山地质环境影响较严重区（$Ⅱ_{F5}$）、飞尚膨润土矿山地质环境影响较严重区（$Ⅱ_{F6}$）、沙埂头—蔡家冲矿山地质环境影响较严重区（$Ⅱ_{F7}$）。影响轻微区有牌坊里—观音洞—乔山—工山坊矿山地质环境影响轻微区（$Ⅲ_{D1}$）、罗家冲—马仁医院—罗冲矿山地质环境影响轻微区（$Ⅲ_{D2}$）、索山圩—新仑矿山地质环境影响轻微区（$Ⅲ_{D3}$）、市区—西湖—顺安—朱村矿山地质环境影响轻微区（$Ⅲ_{T1}$）、蔡家村矿山地质环境影响轻微区（$Ⅲ_{T2}$）、绵山矿山地质环境影响轻微区（$Ⅲ_{T3}$）、荻港东部—孙村—繁昌县城区矿山地质环境影响轻微区（$Ⅲ_{F1}$），详见表 6-6。

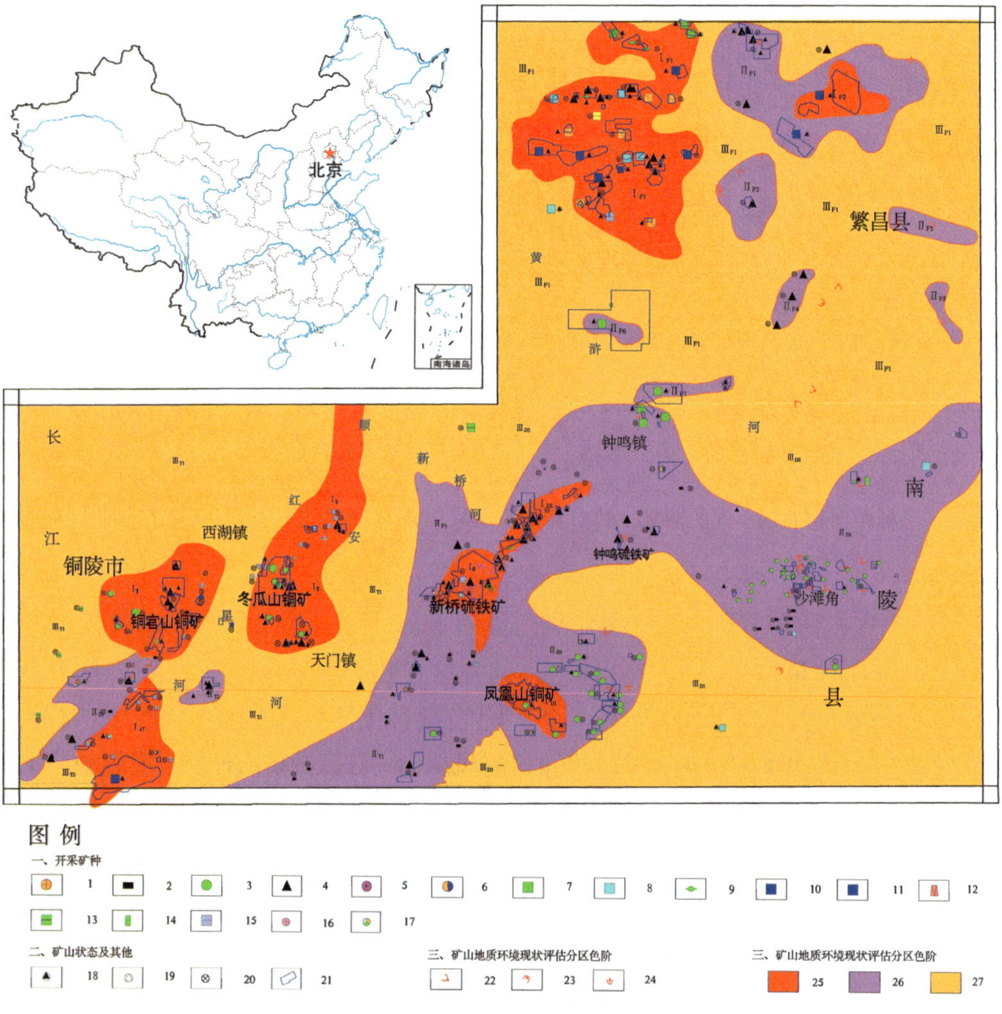

图 6-3　安徽铜陵硫铁矿调查区矿山地质环境影响评价分区

1—金矿；2—煤矿；3—铜矿；4—硫铁矿；5—锰矿；6—铅锌矿；7—膨润土；8—石灰岩矿；9—高岭土；10—水泥配料用砂岩；11—水泥用石灰岩矿；12—冶金用石英岩；13—砖瓦用黏土矿；14—玄武岩；15—建筑用石料；16—银矿；17—多金属矿；18—生产矿山；19—在建矿山；20—闭坑矿山（停产和废弃）；21—矿权；22—滑坡；23—崩塌；24—采空塌陷；25—严重区（Ⅰ）；26—较严重区（Ⅱ）；27—轻微区（Ⅲ）

表 6–6 铜陵地区硫铁矿基地矿山地质环境现状评价分区说明

评价分区及代号		名称	位置	影响面积 / km^2	主要矿山地质环境问题
严重区（Ⅰ）	$Ⅰ_{D1}$	凤凰山—江家冲矿山地质环境影响严重区	凤凰山—江家冲一带	5.79	（1）采空塌陷，面积 11 hm^2； （2）岩溶塌陷，面积 16.6 hm^2； （3）滑坡 2 处，位于叶山铁矿及新桥硫铁矿； （4）土地、资源占用与破坏，面积 46.78 hm^2； （5）地貌景观和生态环境破坏
	$Ⅰ_{D2}$	新桥—叶山矿山地质环境影响严重区	新桥—叶山一带	6.72	（1）采空塌陷，面积 12.6 hm^2； （2）岩溶塌陷，面积 2 hm^2； （3）滑坡 1 处，位于新桥叶湖铁矿； （4）崩塌 2 处，位于清泉铁矿及小涝竹园头铁矿； （5）土地、资源占用与破坏，面积 234.45 hm^2； （6）地貌景观和生态环境破坏
	$Ⅰ_{T1}$	铜官山—联盟矿山地质环境影响严重区	联盟村—物资总库—章家山一带	23.38	（1）地面塌陷 1 处，位于黄狮涝金矿，面积 3.14 hm^2； （2）滑坡 2 处，位于黄狮涝金矿、天马山硫金矿； （3）崩塌 1 处，位于铜官山铜矿采矿遗址边坡； （4）土地、资源占用与破坏，面积 131.30 hm^2； （5）地貌景观和生态环境破坏
	$Ⅰ_{T2}$	蛇形山—东湖闸—陶山—狮子山—朝山—南洪矿山地质环境影响严重区	姚村—汪村—桃山村—狮子山—南洪一带	34.51	（1）采空塌陷 1 处，位于狮子山铜光新村，面积 0.031 4 hm^2； （2）岩溶塌陷 2 处，位于朝山村、新民村，面积 40.05 hm^2； （3）土地、资源占用与破坏，面积 178.88 hm^2； （4）地貌景观和生态环境破坏
	$Ⅰ_{T3}$	牛山—新桥—盛冲矿山地质环境影响严重区	新桥朱冲组—新建村一带	8.89	（1）溶塌陷 2 处，位于新建村朱冲组、新湖村塘坝组，面积 66.88 hm^2； （2）滑坡 1 处，位于新桥硫铁矿； （3）土地、资源占用与破坏，面积 191.67 hm^2； （4）地貌景观和生态环境破坏

续表

评价分区及代号		名称	位置	影响面积 / km^2	主要矿山地质环境问题
严重区（Ⅰ）	$Ⅰ_{T4}$	福光—敕山矿山地质环境影响严重区	章村—分水岭—郎家涝一带	16.89	（1）土地、资源占用与破坏，面积 316.79 hm^2； （2）地貌景观和生态环境破坏
	$Ⅰ_{F1}$	笔架村—潘冲村—刘家村—长垄村—桃冲矿山地质环境影响严重区	张家村—刘家村—桃冲一带	62.45	（1）滑坡 8 处，均为小型地灾隐患点，位于繁昌县克里村、荻港镇赭圻村、荻港镇潘冲村、繁昌县长寺村及荻港镇蒋家冲村； （2）崩塌 2 处，均为小型地灾隐患点，位于荻港镇潘冲村和繁昌县克里村； （3）土地、资源占用与破坏，破坏方式主要为露天采场及工业场地，面积 84 252.30 hm^2； （4）地貌景观和生态环境破坏
	$Ⅰ_{F2}$	海螺水泥厂矿山地质环境影响严重区	戴冲村一带	7.13	（1）土地、资源占用与破坏，破坏方式主要为露天采场及固体废物堆积场地，面积 148.48 hm^2； （2）地貌景观和生态环境破坏
较严重区（Ⅱ）	$Ⅱ_{D1}$	仙人冲—钟鸣—金榔—沙滩角—麻桥村矿山地质环境较严重区	仙人冲—钟鸣—金榔—沙滩角—麻桥村一带	190.66	（1）采空塌陷，面积 27.38 hm^2； （2）滑坡 6 处，位于汇龙膨润土矿、芜湖文武玄武岩矿业、南陵县金龙铜矿、上牧冲组、碗村及丁山余； （3）崩塌 2 处，位于仙人冲铜矿及张山组； （4）土地、资源占用与破坏，面积 254.56 hm^2； （5）地貌景观和生态环境破坏
	$Ⅱ_{T1}$	章木山—羊山矿山地质环境影响较严重区	石岭—墩上徐—古圣村一带	15.04	（1）滑坡 3 处，分别位于石岭铅锌矿排土场、章山铁矿、新建堆浸公司，面积 0.21 hm^2； （2）土地、资源占用与破坏，面积 114.76 hm^2； （3）地貌景观和生态环境破坏
	$Ⅱ_{T2}$	牌坊山矿山地质环境较严重区	牌坊山	2.3	（1）土地、资源占用与破坏，面积 5.93 hm^2； （2）地貌景观和生态环境破坏

续表

评价分区及代号		名称	位置	影响面积 / km^2	主要矿山地质环境问题
较严重区（Ⅱ）	$Ⅱ_{T3}$	高联—郎坑—盛冲—观湖山矿山地质环境影响较严重区	顺安镇新桥—高联—郎坑一带	71.58	（1）土地、资源占用与破坏，面积 121.09 hm^2； （2）地貌景观和生态环境破坏
	$Ⅱ_{F1}$	朱屋基矿山地质环境较严重区	农艺村—马坝—茶亭村一带	32.97	（1）采空塌陷 2 处，均为小型地灾隐患点，位于繁昌县缸窑村和繁昌县枣园村； （2）土地、资源占用与破坏，破坏方式主要为露天采场及工业场地，面积 183.48 hm^2； （3）地貌景观和生态环境破坏
	$Ⅱ_{F2}$	朱屋基矿山地质环境较严重区	乐村—朱屋基—俞屋基一带	8.82	（1）滑坡 3 处，均为小型地灾隐患点，位于繁昌县大路口、繁昌县店门口、繁昌县乐村； （2）崩塌 1 处，均为小型地灾隐患点，位于繁昌县孙村； （3）土地、资源占用与破坏，破坏方式主要为尾矿库及工业场地，面积 26.19 hm^2； （4）地貌景观和生态环境破坏
	$Ⅱ_{F3}$	繁昌县东侧环城南路地区矿山地质环境影响较严重区	环城南路汽配城—柏树村一带	4.46	（1）滑坡 2 处，其中 HP209 为繁昌县坝湾小型地灾隐患点，HP207 为超大型滑坡，位于繁昌凤形村； （2）土地、资源占用与破坏，破坏方式主要为尾矿库及露天采场，面积 17.60 hm^2； （3）地貌景观和生态环境破坏
	$Ⅱ_{F4}$	黄金涝硫铁矿—上新塘硫铁矿矿山地质环境影响较严重区	谢村—罗冲一带	3.2	（1）土地、资源占用与破坏，破坏方式主要为尾矿库及固体废物堆积场地，面积 12.07 hm^2； （2）地貌景观和生态环境破坏
	$Ⅱ_{F5}$	南冲—桃花冲矿山地质环境影响较严重区	南冲—桃花冲一带	2.11	（1）滑坡 1 处，为小型地灾隐患点，位于繁昌县南冲村； （2）土地、资源占用与破坏，破坏方式主要为露天采场，面积 23.05 hm^2； （3）地貌景观和生态环境破坏

续表

评价分区及代号		名称	位置	影响面积 / km^2	主要矿山地质环境问题
较严重区（Ⅱ）	$Ⅱ_{F6}$	飞尚膨润土矿山地质环境影响较严重区	左村一带	2.56	（1）土地、资源占用与破坏，破坏方式主要为露天采场及工业广场，面积 28.88 hm^2； （2）地貌景观和生态环境破坏
	$Ⅱ_{F7}$	沙埂头—蔡家冲矿山地质环境影响较严重区	沙埂头—蔡家冲一带	3.3	（1）土地、资源占用与破坏，土地占用类型为露天采场，面积 29.81 hm^2； （2）地貌景观和生态环境破坏
影响轻微区（Ⅲ）	$Ⅲ_{D1}$	牌坊里—观音洞—乔山—工山坊矿山地质环境影响轻微区	牌坊里—观音洞—乔山—工山坊一带	180.42	（1）土地、资源占用与破坏，面积 6.1 hm^2； （2）地貌景观和生态环境破坏
	$Ⅲ_{D2}$	罗家冲—马仁医院—罗冲矿山地质环境影响轻微区	罗家冲—马仁医院—罗冲矿山一带	48.90	无矿山开采，地质环境良好
	$Ⅲ_{D3}$	索山圩—新仑矿山地质环境影响轻微区	索山圩—新仑一带	9.20	无矿山开采，地质环境良好
	$Ⅲ_{T1}$	市区—西湖—顺安—朱村矿山地质环境影响轻微区	市区—西湖镇—顺安镇北部—朱村一带	262.68	（1）土地、资源占用与破坏，面积 35.06 hm^2； （2）地貌景观和生态环境破坏
	$Ⅲ_{T2}$	蔡家村矿山地质环境影响轻微区	蔡家村	3.76	无矿山开采，地质环境良好
	$Ⅲ_{T3}$	绵山矿山地质环境影响轻微区	绵山一带	4.73	无矿山开采，地质环境良好
	$Ⅲ_{F1}$	荻港东部—孙村—繁昌县城区矿山地质环境影响轻微区	荻港东部—孙村—繁昌县城区一带	313.94	（1）滑坡 3 处，均为小型隐患点，位于繁昌县乐村、繁昌县张塘和西湖山； （2）崩塌 1 处，位于繁昌县施加同； （3）土地、资源占用与破坏，破坏方式为露天采场，面积 46.87 hm^2； （4）地貌景观和生态环境破坏

注：下标中字母表示不同的图幅，其中 T 表示铜陵幅，D 表示戴家汇幅，F 表示繁昌县幅。

6.4 矿山地质环境发展趋势分析

中华人民共和国成立以来，鄂西荆襄磷矿调查区和铜陵地区硫铁矿基地矿山地质环境问题的发展过程，总体上呈现逐步上升趋势，这与中华人民共和国成立以来全国矿山数量逐步增多、矿业开发强度和利用程度逐步增高基本同步。20世纪五六十年代，这一段时期内建设的矿山均为国有矿山，由于矿业开发总量不大，对矿山地质环境的破坏比较轻微，矿山环境地质问题相对较少；20世纪80年代初至90年代中期，这一段时期内，受“有水快流”的影响，乡镇、个体采矿一拥而上，遍地开花，矿山生态环境问题日益突出，其主要包括“三废”排放及其造成的水土流失、水土污染，土地及植被破坏，采空塌陷及其他次生地质灾害时常发生；20世纪90年代中期至今，随着各级政府对矿山地质环境问题的重视，各地成立了专门的地质环境管理机构，加强了矿山地质环境保护工作，经过矿业次序整顿，各种法规的健全，矿山开采逐步走向有序，矿山生态环境恢复治理在国有大中型矿山逐渐开展，矿山环境地质问题有所缓和，进入平稳发展阶段。尤其近年来，绿色矿山建设全面推进，新技术、新材料、新工艺不断出现，机械化、自动化、信息化、智能化程度不断提升，对资源和环境的保护力度越来越大。鄂西荆襄磷矿调查区和铜陵地区硫铁矿基地矿山地质环境发展趋势具体如下：

6.4.1 鄂西荆襄磷矿调查区

近年来，随着我国矿山地质环境保护各项制度日益完善和治理投入力度的不断加大，矿山地质环境状况逐步得到改善。从鄂西地区经济发展水平、矿产资源开发利用现状及趋势来看，在未来的一段时间内，解决大量历史遗留问题仍是一项长期的任务，调查区矿山地质环境保护工作仍然面临着严峻的形势。

1）从矿山地质环境管理趋势看，随着各级政府对矿山地质环境问题的重视，矿山环境保护法律、法规的颁布实施，矿山生态环境准入准出制度将逐步建立和完善，今后矿山地质环境的整体发展趋势将会得到改善。

2）从矿山地质灾害发展趋势来看，调查区磷矿除部分闭坑之外，其余矿山转为地下深部开采。矿区早年的采空塌陷个别进行了工程治理，其余多为自然塌落充填，相对稳定，随着深部采矿活动的不断进行，巷道不断向深处延伸，采空区范围继续扩大，原有岩层的完整性将进一步遭到破坏，地应力将再次面临新的调整，对现存采空区的稳定性造成不利影响，危险性日渐加大。矿业活动可能诱发、加剧调查区矿山地质灾害的危险性。

3）从矿产资源开发利用水平的发展趋势看，湖北省大力开展矿产资源整合工作。

2013 年 12 月以来，湖北省磷矿“三型矿山”建设试点工作为磷矿资源的合理、有效利用打下了坚实的基础；2016 年 9 月《湖北省工业“十三五”发展规划》提出积极推广湿法磷酸精制工艺，加大对磷矿伴生资源氟、硅、碘、镁、稀土、锶、钒、钛、铀等有用元素高效回收利用，建成一批硫铁矿铁资源回收、中低品位磷矿制酸、磷石膏综合利用、氟资源回收利用产业化项目；沿长江、汉江建设生态型、科技型化工园区，加大技术改造力度，改进传统生产工艺，大力推进绿色发展。

然而，绿色化工矿山的建设仍然有很长的路要走。科技创新率不高、利益共享机制不完善等客观因素依然制约着绿色和谐矿山的建设发展。

调查区包括磷化工在内的化工厂众多，大量堆放的磷石膏对矿山地质环境造成了严重的影响。目前，磷石膏综合利用情况在我国磷化工近 30 年的发展中取得了可喜的成绩，但是存在的问题仍然突出，如磷石膏产量大、市场容量小、综合利用率低等。现阶段，磷石膏的主要处理方式还是堆积且其排放量日益增加，严重制约了磷化工企业的生存与发展，因此，必须攻克磷石膏综合利用的技术和市场难题，关注研发新动向并提高研发实力，在巩固产品品质的基础上提高市场占有率，同时，坚持绿色生产，通过改进生产工艺，积极推进磷石膏无害化排放堆积。

6.4.2 安徽铜陵硫铁矿调查区

20 世纪 90 年代中期至今，矿山环境地质问题相对有所缓和，进入平稳发展阶段，但建材类露采矿山开采对土地资源的破坏仍然十分突出，部分金属矿山废水外排引起的水土污染对环境的影响仍不可忽视。调查区内的主要矿山地质环境问题的发展趋势如下：

6.4.2.1 土地、植被资源占用与破坏

本次实地调查及相关资料收集显示，调查区所在地方政府响应国家的矿山环境治理政策，对于区内的矿产资源开发利用和保护工作将进一步优化、加强，一批布局不合理的矿山正进行整合、矿山规模优化调整，矿山数量缩减，部分企业整合发展大型矿山企业集团，矿山地质环境得到保护与治理。根据《铜陵市矿产资源总体规划》（2016—2020），区内将调整优化矿山开采规模结构：重点调减小型砂石黏土矿山数量，禁止新建单一低品位硫铁矿山和低于最低开采规模石料矿山，整合调减小型铁、铜、金矿山，大中型矿山比例达到 45%；严格矿产资源规划分区管理：强化规划功能分区的管控作用，加强重点矿区矿产资源开发利用监管，严格禁止、限制勘查开采区管理，严格实施开采准入条件，严格控制矿业权数量和矿石开采总量。因此土地、植被资源占用与破坏情况将不会加剧。

6.4.2.2 地形地貌景观和生态环境破坏

根据实地调查，区域内矿山企业进行环境停工整改，部分矿山企业采用高标准的采掘技术并实施边采边治理的原则进行地质环境恢复治理工程，加快推进绿色矿山格局的建设。随着矿山地质环境治理工作的开展，区域内大量小型采石场被关闭，部分闭坑矿山地质环境得到恢复治理。同时，当地政府未来将加强矿山地质环境保护力度，对新建矿山、生产矿山和闭坑矿山分别制定相应的保护与治理要求，坚持“突出重点、因地制宜、分类治理”的原则，推进矿山地质环境恢复治理。因此，矿业活动对地形地貌景观和生态环境破坏的势头得到了有效的遏制。

6.4.2.3 地下水均衡破坏

根据 3 年的实地调查，本地区地下水均衡破坏集中于新桥硫铁矿、冬瓜山铜矿、凤凰山铜矿等大型矿山，均为矿业开发基地，根据矿产资源总体规划，这些矿区均位于矿产资源重点勘查区块，规划期内将重点加强这些矿区的深部和外围区勘探，提供危机矿山接替资源，延长矿山服务年限，因此，未来这些矿区地下水排水量将保持现有水平或略有增大，地下水水位将持续下降，地下水均衡破坏将加剧。

6.4.2.4 崩塌、滑坡等地质灾害

根据实地调查，地区的矿山引起的崩塌、滑坡数量规模较少。调查区内的小型采石场数量和开采资源量不断缩减，一些低产能、规模小、污染大的露天采场和选矿厂关闭，除此之外，各矿山环境治理及矿山地质灾害治理工程也同时开展，区域矿区地质环境好转，崩塌、滑坡地质灾害也将减少。

6.4.2.5 水土污染

本次调查结果显示，铜陵地区硫铁矿基地土壤受到了重金属轻微污染，污染严重区域主要集中在尾矿库、固体废物堆、废弃矿山、选厂附近等矿业活动区域。受矿山酸性水的影响，调查区地表河流顺安河、红星河、新桥河在矿业活动频繁区域的河段受到明显污染，地下水基本未受到污染。随着绿色矿山建设的全面推进，调查区内水土污染情况会得到明显控制，但是废弃矿山、裸露固体废物堆产生的酸性废水仍会对周围的水土环境产生较严重的污染。

7 矿山地质环境保护与治理分区

7.1 分区原则

矿山地质环境保护与恢复治理分区总体思想按照推进生态文明建设、加快绿色矿山建设、促进资源开发与环境保护协调发展的理念，建立长期、有效的矿山地质环境保护与治理机制，全面推进矿山地质环境保护与治理工作，并以“区内相似、区间相异”的思路进行矿山地质环境保护与治理分区。

本次矿山地质环境保护与恢复治理分区遵循以下 4 点原则：

7.1.1 在保护中开发，在开发中保护的原则

矿山地质环境保护与治理和硫铁矿及磷矿资源开发及社会经济发展相适应，做到既使矿产资源开发利用程度最大化，又使矿山地质环境遭受的影响最小化，最大限度地降低矿业活动产生的负面环境效应。

7.1.2 统筹规划，合理布局，重点突出，因地制宜的原则

根据矿山在矿业活动中存在的地质环境问题和矿业实际情况，统筹规划，合理布局。遵循轻重缓急的原则，首先对重点区域和重点矿山的地质环境保护与恢复治理，以近期防治工作为重点，将矿山恢复治理与地方区域规划和经济发展长远规划有机结合起来。

7.1.3 分期实施，效益最大化的原则

区别不同矿山在矿业活动中存在的不同问题，结合硫铁矿及磷矿矿山利用矿产资源在国民经济和粮食安全中的作用及其所在地理位置，采取不同的治理措施，综合考虑经济效益分期、分阶段治理。

7.1.4 工程措施与生态恢复相结合原则

进行矿山地质环境保护与恢复治理时，针对地质灾害区域采取适宜的工程措施，对于地质环境保护和需要恢复的区域，宜采用生态恢复的方案，多种措施合理配置，尽可能恢复至原生态。

7.2 分区方法

本次矿山地质环境保护与治理分区是依据矿山地质环境问题类型、分布特征及其危害性，在充分考虑地质环境条件的差异并结合地质灾害危险性、水环境和土地资源及地形地貌景观现状评价和预测评价的基础上，对调查区进行矿山地质环境保护与治理分区划分。

依据中国地质环境监测院发布的《全国矿产资源集中开采区矿山地质环境调查技术要求》《集中开采区矿山调查技术要求》，结合主要环境地质问题的分布规律，参照影响评价结果，同时将结合矿山已有环境治理措施及成效，按照国家矿产资源规划和“十三五”经济发展长远规划，遵循“以防为主，防治结合”及“轻、重、缓、急”的原则，将矿山地质环境保护与治理区域划分为矿山地质环境保护区、矿山地质环境预防区、矿山地质环境治理区三级区。

7.2.1 矿山地质环境保护区

调查区范围内国家和地方政府规定的矿产资源禁采区。如国家地质公园、国家森林公园、旅游风景名胜区、城市饮用水水源地、重大工程规划区、农田保护区、重要交通干道等直观、可视范围内的区域，以及国家和地方政府规定不得开采矿产资源的其他地区。

7.2.2 矿山地质环境预防区

调查区范围内国家和地方政府规定的矿产资源限采区和开采区（鼓励开采区）。采矿活动对生态环境有较大影响但通过采取措施可以预防控制破坏程度。

7.2.3 矿山地质环境治理区

矿产资源开发已经对矿山地质环境造成影响或破坏，须采取相应措施实施恢复治理的区域，包括矿山地质环境影响评价中的严重影响区、较严重影响区，以及需治理的部分轻微影响区。

7.3 分区评述

根据上述分区原则及方法，将调查区划分为矿山地质环境保护区 25 个，总面积 198.95 km^2；矿山地质环境预防区 27 个，总面积 57.87 km^2；矿山地质环境治理区 22 个，总面积 531.81 km^2。但由于两个调查区地理位置、地形地貌及区域矿产资源分布差异明显，本部分分别进行两个区域的分区评述。

7.3.1 鄂西荆襄磷矿调查区环境保护与治理分区评述

将鄂西荆襄磷矿调查区划分为矿山地质环境保护区（B）12 个，面积为 109.87 km^2；矿山地质环境预防区（Y）5 个，面积为 12.02 km^2；矿山地质环境治理区（Z）12 个，面积为 131.12 km^2，如图 7-1 所示。

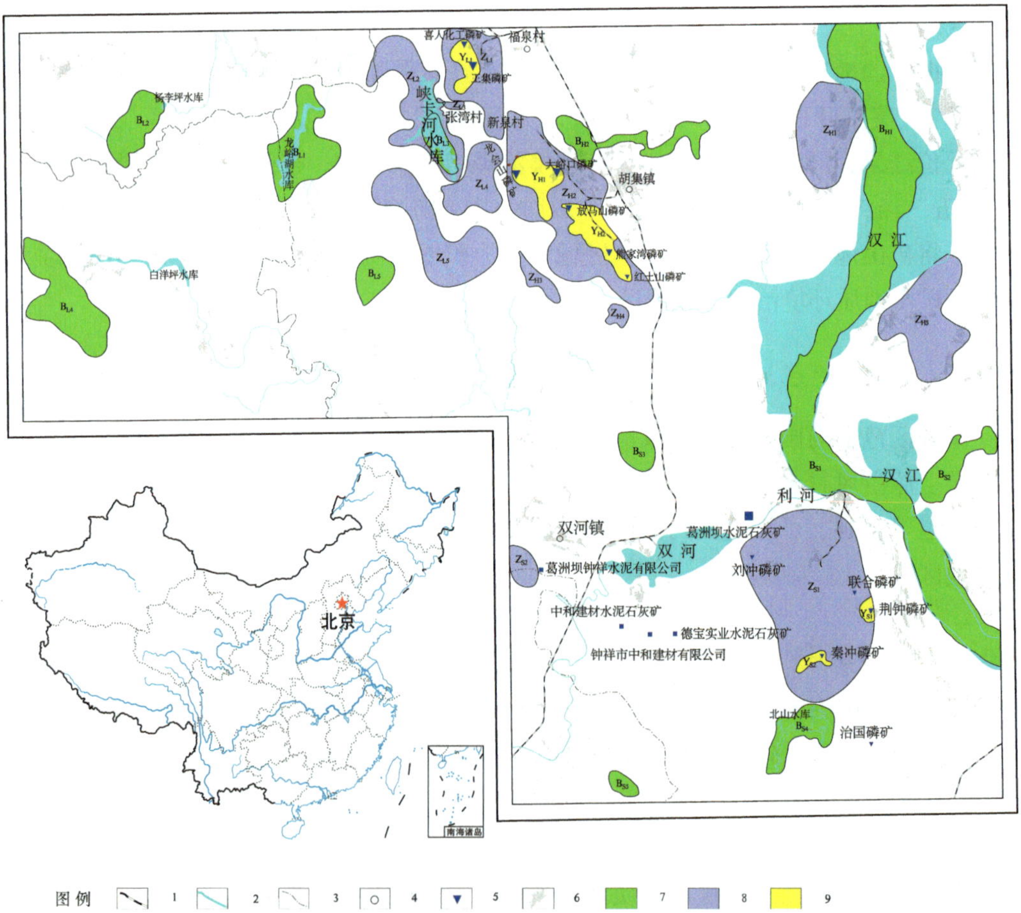

图 7-1 鄂西荆襄磷矿调查区矿山地质环境保护与治理分区

1—铁路；2—河流；3—县界；4—城镇；5—磷矿；6—城镇建筑；7—矿山地质环境保护区（B）；8—矿山地质环境治理区（Z）；9—矿山地质环境预防区（Y）

矿山地质环境保护区包括汉江（胡集幅）湿地保护缓冲带（B_{H1}）、胡集镇北部水源地保护区（B_{H2}）、长岗岭地区水源地保护区（B_{L1}）、杨李坪水源地保护区（B_{L2}）、峡卡河水源地保护区（B_{L3}）、荆门市东宝区北河自然风景区（B_{L4}）、横山嘴水源地保护区（B_{L5}）、汉江（双河口幅）湿地保护缓冲带（B_{S1}）、汉江东岸石家湾一带水源地保护区（B_{S2}）、长龙河地区水源地保护区（B_{S3}）、罗家陡山地区水源地保护区（B_{S4}）、黑龙泉地区水源地保护区（B_{S5}）。

矿山地质环境预防区包括胡集镇大峪口磷矿矿山地质环境预防区（Y_{H1}）、胡集镇放马山磷矿矿山地质环境预防区（Y_{H2}）、胡集镇王集磷矿矿山地质环境预防区（Y_{L2}）、双河镇荆钟矿山地质环境预防区（Y_{S1}）、双河镇秦冲磷矿矿山地质环境预防区（Y_{S2}）。

矿山地质环境治理区包括胡集镇陈家营—崔家台村矿山地质环境治理区（Z_{H1}）、胡集幅西侧磷矿集采区矿山环境治理区（Z_{H2}）、胡集镇乔家冲地区矿山地质环境治理区（Z_{H3}）、胡集镇郑家湾地区矿山地质环境治理区（Z_{H4}）、丰乐镇高庙—龙泉港村矿山地质环境治理区（Z_{H5}）、胡集镇新泉村北侧矿山地质环境治理区（Z_{L1}）、胡集镇张湾村地区矿山地质环境治理区（Z_{L2}）、峡卡河水库周边地区矿山地质环境治理区（Z_{L3}）、胡集镇黑冲地区矿山环境治理区（Z_{L4}）、刘家冲—石岩寺—七庙冲地区矿山地质环境治理区（Z_{L5}）、磷矿镇刘冲—秦冲—联合—治国磷矿矿山地质环境治理区（Z_{S1}）、双河镇洋丰—瑞丰磷化工矿山地质环境治理区（Z_{S2}）。如表 7-1 所示。

表 7-1 鄂西荆襄磷矿调查区矿山地质环境保护与治理分区

序号	区划名称	区划位置	保护与综合治理对象	区划等级
1	汉江（胡集幅）湿地保护缓冲带（B_{H1}）	位于湖北省钟祥市胡集镇与丰乐镇之间，南北向跨胡集幅段汉江及其周边区域	水源涵养区、湿地生态保育点以及中华鲟、白鲟、胭脂鱼、鲟鱼等珍稀水生野生动物	矿山地质环境保护区
2	胡集镇北部水源地保护区（B_{H2}）	胡集镇北部金牛山水库、格子山水库及康乐水库	水源涵养区、公园景观、水域、市民休闲动物设施等	
3	长岗岭地区水源地保护区（B_{L1}）	长岗岭两侧龙峪湖水库及黄鱼冲水库	水源涵养区、公园景观、水域、各类动植物资源等	
4	杨李坪水源地保护区（B_{L2}）	宜城市赵家坊—周家湾	水源涵养区、自然景观、各类动植物资源	
5	峡卡河水源地保护区（B_{L3}）	胡集镇西侧峡卡河水库	水源涵养区、自然景观、各类动植物资源	
6	荆门市东宝区北河自然风景区（B_{L4}）	荆门市东宝区仙居乡三泉村	公园景观、水源涵养区、水域、市民休闲动物设施等	
7	横山嘴水源地保护区（B_{L5}）	横山嘴水库	水源涵养区、自然景观、各类动植物资源	

续表

序号	区划名称	区划位置	保护与综合治理对象	区划等级
8	汉江（双河口幅）湿地保护缓冲带（B_{S1}）	位于湖北省钟祥市双河镇张家巷—胡家庄一带，双河口幅双河镇境内的汉江及其周边区域	水源涵养区、湿地生态保育点以及中华鲟、白鲟、胭脂鱼、鲟鱼等珍稀水生野生动物	矿山地质环境保护区
9	汉江东岸石家湾一带水源地保护区（B_{S2}）	钟祥市石家湾—十里长冲	水源涵养区、公园景观、水域、市民休闲动物设施等	
10	长龙河地区水源地保护区（B_{S3}）	长龙河水库	自然景观、各类动植物资源	
11	罗家陡山地区水源地保护区（B_{S4}）	北山水库一带	水源涵养区、公园景观、水域、市民休闲动物设施等	
12	黑龙泉地区水源地保护区（B_{S5}）	黑龙泉水库	自然景观、各类动植物资源	
13	胡集镇大峪口磷矿矿山地质环境预防区（Y_{H1}）	胡集镇肖家湾—金家楼—张家冲一带	①治理、监测、预防区内地质灾害；②开展矿山地质环境监测工作，监测矿区土地资源的压占和破坏状况，监测水、土环境状况	矿山地质环境预防区
14	胡集镇放马山磷矿矿山地质环境预防区（Y_{H2}）	胡集镇向家庙一带	①综合利用固体废物（磷石膏），防止矿区及周边水土环境遭受污染；②治理采空塌陷区；③治理矿山排土场；④治理矿山工业场地；⑤开展矿山地质环境监测工作，监测矿区土地资源的压占和破坏状况，监测水、土环境状况、塌陷区、采空区地面变形情况	
15	胡集镇王集磷矿矿山地质环境预防区（Y_{L2}）	胡集镇王家湾—岳家湾一带	①综合利用固体废物（磷石膏），防止矿区及周边水土环境遭受污染；②治理采空塌陷区；③治理矿山排土场；④治理矿山工业场地；⑤开展矿山地质环境监测工作，监测矿区土地资源的压占和破坏状况，监测水、土环境状况、塌陷区、采空区地面变形情况	

续表

序号	区划名称	区划位置	保护与综合治理对象	区划等级
16	双河镇荆钟矿山地质环境预防区（Y_{S1}）	双河镇赵家山一带	①治理、监测、预防区内地质灾害；②治理矿山排土场；③治理矿山工业场地；④综合利用固体废物（磷石膏），防止矿区及周边水土环境遭受污染	矿山地质环境预防区
17	双河镇秦冲磷矿矿山地质环境预防区（Y_{S2}）	双河镇秦冲村一带	①治理、监测、预防区内地质灾害；②治理矿山排土场；③治理矿山工业场地；④综合利用固体废物（磷石膏），防止矿区及周边水土环境遭受污染	
18	胡集镇陈家营—崔家台村矿山地质环境治理区（Z_{H1}）	胡集镇陈家营—崔家台村	①治理矿山工业场地；②综合利用矿山废物；③开展矿山地质环境监测工作，监测矿区土地资源的压占和破坏状况，监测水、土环境状况	矿山地质环境治理区
19	胡集幅西侧磷矿集采区矿山环境治理区（Z_{H2}）	胡集镇彭家台—金家楼—向家庙一带	①充填井下采空区，防止地面产生塌陷；②对胡集镇的居民区、厂区的塌陷、滑坡等灾害开展治理；③治理矿山排土场；④综合开发利用区内磷石膏堆，减少磷石膏堆存量；⑤对关闭矿山开展土地复垦，恢复土地原有用途；⑥开展矿山地质环境监测工作，监测矿区土地资源的压占和破坏状况，监测水、土环境状况、塌陷区、采空区地面变形情况	
20	胡集镇乔家冲地区矿山地质环境治理区（Z_{H3}）	胡集镇乔家冲一带	①治理矿山工业场地；②综合利用矿山废弃物；③开展矿山地质环境监测工作，监测矿区土地资源的压占和破坏状况，监测水、土环境状况	
21	胡集镇郑家湾地区矿山地质环境治理区（Z_{H4}）	胡集镇郑家湾北侧地区	①治理矿山工业场地；②综合利用矿山废弃物；③开展矿山地质环境监测工作，监测矿区土地资源的压占和破坏状况，监测水、土环境状况	

续表

序号	区划名称	区划位置	保护与综合治理对象	区划等级
22	丰乐镇高庙—龙泉港村矿山地质环境治理区（Z_{H5}）	丰乐镇高庙—龙泉港村	①治理矿山工业场地；②综合利用矿山废弃物；③开展矿山地质环境监测工作，监测矿区土地资源的压占和破坏状况，监测水、土环境状况	矿山地质环境治理区
23	胡集镇新泉村北侧矿山地质环境治理区（Z_{L1}）	胡集镇新泉村北侧、福泉村西侧地区	①充填井下采空区，防止地面产生塌陷；②对周边村庄塌陷、滑坡等灾害开展治理；③治理矿山排土场；④综合开发利用区内磷石膏堆，减少磷石膏堆存量；⑤对关闭矿山开展土地复垦，恢复土地原有用途；⑥开展矿山地质环境监测工作，监测矿区土地资源的压占和破坏状况，监测水、土环境状况、塌陷区、采空区地面变形情况	
24	胡集镇张湾村地区矿山地质环境治理区（Z_{L2}）	胡集镇张湾地区	①废弃矿山环境治理；②综合利用矿山废弃物；③开展矿山地质环境监测工作，监测矿区土地资源的压占和破坏状况，监测水、土环境状况	
25	峡卡河水库周边地区矿山地质环境治理区（Z_{L3}）	峡卡河水库外围地区	①对关闭矿山开展土地复垦，恢复土地原有用途；②治理矿山工业场地；③开展矿山地质环境监测工作，监测矿区土地资源的压占和破坏状况，监测水、土环境状况、地面变形情况	
26	胡集镇黑冲地区矿山环境治理区（Z_{L4}）	胡集镇黑冲一带	①综合利用矿山废弃物；②开展矿山地质环境监测工作，监测矿区土地资源的压占和破坏状况，监测水、土环境状况	
27	刘家冲—石岩寺—七庙冲地区矿山地质环境治理区（Z_{L5}）	刘家冲—石岩寺—七庙冲一带	①治理矿山工业场地；②综合利用矿山废弃物；③开展矿山地质环境监测工作，监测矿区土地资源的压占和破坏状况，监测水、土环境状况	

续表

序号	区划名称	区划位置	保护与综合治理对象	区划等级
28	磷矿镇刘冲—秦冲—联合—治国磷矿矿山地质环境治理区（Z_{S1}）	磷矿镇刘冲—秦冲一带	①充填井下采空区，防止地面产生塌陷；②对居民区、厂区的塌陷、滑坡等灾害开展治理；③治理矿山排土场；④综合开发利用区内磷石膏堆，减少磷石膏堆存量；⑤对关闭矿山开展土地复垦，恢复土地原有用途；⑥开展矿山地质环境监测工作，监测矿区土地资源的压占和破坏状况，监测水、土环境状况、塌陷区、采空区地面变形情况	矿山地质环境治理区
29	双河镇洋丰—瑞丰磷化工矿山地质环境治理区（Z_{S2}）	洋丰与瑞丰磷化工企业周边地区	①治理、监测、预防区内地质灾害；②治理矿山排土场；③治理矿山工业场地；④综合利用固体废物（磷石膏），防止矿区及周边水土环境遭受污染	

注：下标中字母表示不同的图幅，其 H 表示胡集幅，L 表示刘猴集幅，S 表示双河口幅。

7.3.2 安徽铜陵硫铁矿调查区环境保护与治理分区评述

将安徽铜陵硫铁矿调查区划分为 13 个矿山地质环境保护区（B）、22 个矿山地质环境预防区（Y）、10 个矿山地质环境治理区（Z），面积分别为 89.08 km²、45.85 km²、400.69 km²（图 7-2）。

矿山地质环境保护区包括叶山林场森林公园（B_{D1}）、金榔风景区（B_{D2}）、凤凰山—相思树风景区（B_{D3}）、铜陵淡水豚自然保护区（B_{T1}）、笠帽山自然保护区（B_{T2}）、天井湖风景区（B_{T3}）、笔架山自然保护区（B_{T4}）、螺丝山自然保护区（B_{T5}）、铜官山国家矿山公园保护区（B_{T6}）、铜都森林公园（B_{T7}）、中部长江湿地保护修复带（芜湖段）（B_{F1}）、峨溪河文化生态湿地公园（B_{F2}）、人字洞遗址公园（B_{F3}）。

矿山地质环境治理区包括铜陵市盛冲—黄龙山—叶山林场—下沙—山塥—丁家湖—水村—院冲矿山地质环境治理区（Z_{D1}）、铜陵市陶山—狮子山—朝山—南洪治理重点区（Z_{T1}）、铜陵市新桥—盛冲矿山地质环境治理区（Z_{T2}）、铜陵市福光—敕山—板桥—陈冲—古圣矿山地质环境治理区（Z_{T3}）、繁昌县笔架村—潘冲村—刘家村—长垄村—桃冲矿山地质环境治理区（Z_{F1}）、繁昌县农艺村—马坝—茶亭村矿山地质环境治理区（Z_{F2}）、繁昌县朱屋基矿山地质环境治理区（Z_{F3}）、繁昌县东侧环城南路地区矿山地质环境治理区（Z_{F4}）、繁昌县南冲—桃花冲矿山地质环境治理区（Z_{F5}）、繁昌县东侧环城南路地区矿山地质环境治理区（Z_{F6}）。

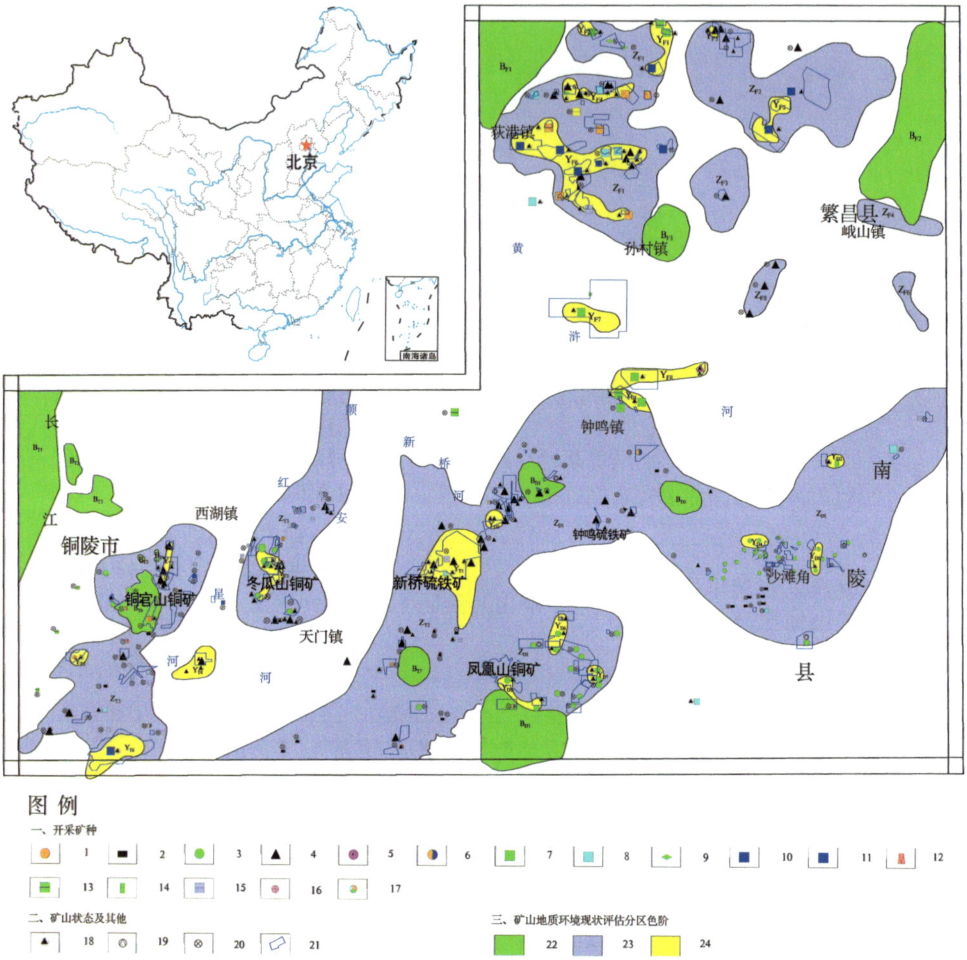

图 7-2　安徽铜陵硫铁矿调查区矿山地质环境保护与治理分区

1—金矿；2—煤矿；3—铜矿；4—硫铁矿；5—锰矿；6—铅锌矿；7—膨润土；8—石灰岩矿；9—高岭土；10—水泥配料用砂岩；11—水泥用石灰岩矿；12—冶金用石英岩；13—砖瓦用黏土矿；14—玄武岩；15—建筑用石料；16—银矿；17—多金属矿；18—生产矿山；19—在建矿山；20—闭坑矿山（停产和废弃）；21—矿权；22—矿山地质环境保护区（B）；23—矿山地质环境治理区（Z）；24—矿山地质环境预防区（Y）

矿山地质环境预防区包括铜陵市钟鸣镇狮子山矿山地质环境预防区（Y_{D1}）、南陵县三里湾文武玄武岩矿业矿山地质环境预防区（Y_{D2}）、铜陵县新桥叶湖铁矿矿业矿山地质环境预防区（Y_{D3}）、铜陵县金榔矿山地质环境预防区（Y_{D4}）、南陵县戴腰山矿山地质环境预防区（Y_{D5}）、南陵县宝山陶一带矿山地质环境预防区（Y_{D6}）、南陵县马蹄山矿山地质环境预防区（Y_{D7}）、铜陵凤凰山矿山地质环境预防区（Y_{D8}）、新桥—盛冲矿山地质环境预防区（Y_{T1}）、铜陵市铜官山铜矿矿山地质环境预防区（Y_{T2}）、铜陵市冬瓜山铜矿矿山地质环境预防区（Y_{T3}）、铜陵市铜兴硫铁矿矿山地质环境预防区（Y_{T4}）、铜陵市白鹤铁金矿矿山地质环境预防区（Y_{T5}）、铜陵市海螺水泥厂石灰石矿矿山地质环境预防区（Y_{T6}）、繁昌县大磕山—里冲矿山地质环境预防区（Y_{F1}）、繁昌县毛家山矿区矿山地质环境预防区（Y_{F2}）、繁昌县富达矿业铭铁矿矿区矿山地质环境预防区（Y_{F3}）、繁昌县荻港 S216 省道北侧矿区矿山地质环境预防区（Y_{F4}）、繁昌县马坝海螺水泥石灰岩矿区矿山地质环境预防区（Y_{F5}）、繁昌县荻港镇南侧石灰岩矿区矿山地质环境预防区（Y_{F6}）、繁昌县飞尚膨润土矿区矿山地质环境预防区（Y_{F7}）、繁昌县沙埂头—蔡家冲矿山地质环境预防区（Y_{F8}）。如表 7-2 所示。

表 7-2　安徽铜陵硫铁矿调查区矿山地质环境保护与治理分区

序号	区划名称	区划位置	保护与综合治理对象	区划等级
1	叶山林场森林公园（B_{D1}）	铜陵县钟鸣镇	自然景观、各类动植物资源	矿山地质环境保护区
2	金椰风景区（B_{D2}）	铜陵县钟鸣镇东部笠帽顶一带	自然景观、各类动植物资源	
3	凤凰山—相思树风景区（B_{D3}）	铜陵县顺安镇东南部	金牛洞古人类采矿遗址、相思树、滴水崖、各类动植物资源	
4	铜陵淡水豚自然保护区（B_{T1}）	长江铜陵段	白鳍豚、江豚、中华鲟、白鲟、胭脂鱼、鲟鱼、长吻鮠等珍稀水生野生动物	
5	笠帽山自然保护区（B_{T2}）	铜陵县城关镇西侧	自然景观、各类动植物资源	
6	天井湖风景区（B_{T3}）	长江西路北侧	公园景观、水域、市民休闲动物设施等	
7	笔架山自然保护区（B_{T4}）	铜陵市区东端、厂家给你东路南侧	动物景观、动植物资源、市民休闲活动设施等	
8	螺丝山自然保护区（B_{T5}）	铜陵市东端、长江东路北侧	动物景观、动植物资源、市民休闲活动设施等	
9	铜官山国家矿山公园保护区（B_{T6}）	铜官山笔山—铜官山	铜官山铜矿采矿遗迹	
10	铜都森林公园（B_{T7}）	铜陵县钟鸣镇	革命烈士纪念塔、各类植被资源	
11	中部长江湿地保护修复带（芜湖段）（B_{F1}）	荻港北西部侧	水源涵养区、湿地生态保育点以及中华鲟、白鲟、胭脂鱼、鲟鱼等珍稀水生野生动物	
12	峨溪河文化生态湿地公园（B_{F2}）	繁昌县城—峨桥镇	动物景观、动植物资源、市民休闲活动设施等	
13	人字洞遗址公园（B_{F3}）	孙村北侧	人字洞文化遗迹公园景观、市民休闲活动设施等	

续表

序号	区划名称	区划位置	保护与综合治理对象	区划等级
14	铜陵市钟鸣镇狮子山矿山地质环境预防区（Y_{D1}）	钟鸣县狮子山与繁昌县霍家冲交界处	①治理、监测、预防区内地质灾害；②开展矿山地质环境监测工作，监测矿区土地资源的压占和破坏状况，监测水、土环境状况、塌陷区、采空区地面变形情况	矿山地质环境预防区
15	南陵县三里湾文武玄武岩矿业矿山地质环境预防区（Y_{D2}）	南陵县杨村湖水库西侧	①治理、监测、预防区内地质灾害；②治理采空塌陷区；③治理矿山排土场；④治理矿山工业场地；⑤开展矿山地质环境监测工作，监测矿区土地资源的压占和破坏状况，监测水、土环境状况、塌陷区、采空区地面变形情况	
16	铜陵县新桥叶湖铁矿矿业矿山地质环境预防区（Y_{D3}）	铜陵县大明寺东南侧	①治理岩溶塌陷区；②治理矿山工业场地；③开展矿山地质环境监测工作，监测矿区土地资源的压占和破坏状况，监测水、土环境状况、塌陷区、采空区地面变形情况	
17	铜陵县金榔矿山地质环境预防区（Y_{D4}）	铜陵县金榔与南陵县长塘冲交界处	①治理岩溶塌陷区；②治理采空塌陷区；③治理矿山排土场；④治理矿山工业场地；⑤开展矿山地质环境监测工作，监测矿区土地资源的压占和破坏状况，监测水、土环境状况、塌陷区、采空区地面变形情况	
18	南陵县戴腰山矿山地质环境预防区（Y_{D5}）	南陵县寺冲里东侧	①治理、监测、预防区内地质灾害；②治理采空塌陷区；③治理矿山排土场；④治理矿山工业场地；⑤开展矿山地质环境监测工作，监测矿区土地资源的压占和破坏状况，监测水、土环境状况、塌陷区、采空区地面变形情况	

续表

序号	区划名称	区划位置	保护与综合治理对象	区划等级
19	南陵县宝山陶一带矿山地质环境预防区（Y_{D6}）	南陵县小铜官山西侧	①综合利用固体废物，防止矿区及周边水土环境遭受污染；②治理采空塌陷区；③治理矿山排土场；④治理矿山工业场地；⑤开展矿山地质环境监测工作，监测矿区土地资源的压占和破坏状况，监测水、土环境状况、塌陷区、采空区地面变形情况	矿山地质环境预防区
20	南陵县马蹄山矿山地质环境预防区（Y_{D7}）	南陵县马蹄山	①治理岩溶塌陷区；②治理采空塌陷区；③治理矿山排土场；④开展矿山地质环境监测工作，监测矿区土地资源的压占和破坏状况，监测水、土环境状况、塌陷区、采空区地面变形情况	
21	铜陵凤凰山矿山地质环境预防区（Y_{D8}）	铜陵市凤凰山村	①治理岩溶塌陷区；②治理采空塌陷区；③治理矿山排土场；④治理矿山工业场地；⑤开展矿山地质环境监测工作，监测矿区土地资源的压占和破坏状况，监测水、土环境状况、塌陷区、采空区地面变形情况	
22	铜陵市新桥—盛冲矿山地质环境预防区（Y_{T1}）	狮子山区凤凰山社区铜陵县顺安镇东部	①治理岩溶塌陷区；②治理采空塌陷区；③治理矿山排土场；④治理矿山工业场地；⑤开展矿山地质环境监测工作，监测矿区土地资源的压占和破坏状况，监测水、土环境状况、塌陷区、采空区地面变形情况	
23	铜陵市铜官山铜矿矿山地质环境预防区（Y_{T2}）	铜陵市狮子山区铜官山	①充填井下采空区，防止地面产生塌陷；②对狮子山老城区的居民区、厂区的岩溶塌陷灾害开展治理；③对关闭矿山开展土地复垦，恢复土地原有用途；④开展矿山地质环境监测工作，监测矿区土地资源的压占和破坏状况，监测水、土环境状况、塌陷区、采空区地面变形情况	

续表

序号	区划名称	区划位置	保护与综合治理对象	区划等级
24	铜陵市冬瓜山铜矿矿山地质环境预防区（Y_{T3}）	铜陵市狮子山区狮子山村	①充填井下采空区，防止地面产生塌陷；②对狮子山老城区的居民区、厂区的岩溶塌陷灾害开展治理；③对关闭矿山开展土地复垦，恢复土地原有用途；④开展矿山地质环境监测工作，监测矿区土地资源的压占和破坏状况，监测水、土环境状况、塌陷区、采空区地面变形情况	矿山地质环境预防区
25	铜陵市铜兴硫铁矿矿山地质环境预防区（Y_{T4}）	铜陵市红星河与顺安河之间	①充填井下采空区，防止地面产生塌陷；②治理矿山排土场；③综合开发利用区内尾砂库，减少尾砂堆存量；④对关闭矿山开展土地复垦，减少尾砂堆存量；⑤开展矿山地质环境监测工作，监测矿区土地资源的压占和破坏状况，监测水、土环境状况、塌陷区、采空区地面变形情况	
26	铜陵市白鹤铁金矿矿山地质环境预防区（Y_{T5}）	铜陵市发电厂东侧	①综合利用固体废物，防止矿区及周边水土环境遭受污染；②及时治理已开采完毕区段；③开展矿山地质环境监测工作，监测水、土环境状况	
27	铜陵市海螺水泥厂石灰石矿矿山地质环境预防区（Y_{T6}）	铜陵市郊区	①综合利用固体废物，防止矿区及周边水土环境遭受污染；②及时治理已开采完毕区段；③开展矿山地质环境监测工作，监测矿区土地资源的压占和破坏状况，监测水、土环境状况、塌陷区、采空区地面变形情况	
28	繁昌县大磕山—里冲矿山地质环境预防区（Y_{F1}）	216省道两侧大磕山	①对关闭矿山开展土地复垦，恢复土地原有用途；②治理矿山工业场地；③开展矿山地质环境监测工作，监测矿区土地资源的压占和破坏状况，监测水、土环境状况、地面变形情况	

续表

序号	区划名称	区划位置	保护与综合治理对象	区划等级
29	繁昌县毛家山矿区矿山地质环境预防区（Y_{F2}）	新港镇笔架桥毛家山	①治理矿山工业场地；②综合利用矿山废弃物；③开展矿山地质环境监测工作，监测矿区土地资源的压占和破坏状况，监测水、土环境状况	矿山地质环境预防区
30	繁昌县富达矿业铭铁矿矿区矿山地质环境预防区（Y_{F3}）	马坝梅山水库西侧方村	①治理矿山工业场地；②综合利用矿山废弃物；③开展矿山地质环境监测工作，监测矿区土地资源的压占和破坏状况，监测水、土环境状况	
31	繁昌县荻港S216省道北侧矿区矿山地质环境预防区（Y_{F4}）	荻港蜘蛛山—楼屋基—磕里村	①废弃矿山环境治理；②治理矿山工业场地；③综合利用矿山废弃物；④开展矿山地质环境监测工作，监测矿区土地资源的压占和破坏状况，监测水、土环境状况；⑤治理、监测、预防区内地质灾害	
32	繁昌县马坝海螺水泥石灰岩矿区矿山地质环境预防区（Y_{F5}）	马坝林家同—梅冲里一带	①废弃矿山环境治理；②治理矿山工业场地；③综合利用矿山废弃物；④开展矿山地质环境监测工作，监测矿区土地资源的压占和破坏状况，监测水、土环境状况；⑤废弃矿山地表植被恢复	
33	繁昌县荻港镇南侧石灰岩矿区矿山地质环境预防区（Y_{F6}）	荻港镇阴家徐—小岭王—桃冲—寺冲一带	①废弃矿山环境治理；②治理矿山工业场地；③综合利用矿山废弃物；④开展矿山地质环境监测工作，监测矿区土地资源的压占和破坏状况，监测水、土环境状况；⑤废弃矿山地表植被恢复	
34	繁昌县飞尚膨润土矿区矿山地质环境预防区（Y_{F7}）	繁昌县左村	①综合开发利用区内尾砂库，减少尾砂堆存量；②治理矿山排土场；③治理矿山露采场；④治理矿山工业场地；⑤治理矿山地质环境监测工作，监测矿区土地资源的压占和破坏状况，监测水、土环境状况、塌陷区、采空区地面变形情况	
35	繁昌县沙埂头—蔡家冲矿山地质环境预防区（Y_{F8}）	沙埂头—蔡家冲一带	①废弃矿山环境治理；②综合利用矿山废弃物；③开展矿山地质环境监测工作，监测矿区土地资源的压占和破坏状况，监测水、土环境状况	

续表

序号	区划名称	区划位置	保护与综合治理对象	区划等级
36	铜陵市盛冲—黄龙山—叶山林场—下沙—山塝—丁家湖—水村—院冲矿山地质环境治理区（Y_{D1}）	铜陵县天门镇南部、顺安镇东部、钟鸣镇西部	①废弃矿山环境治理；②治理矿山工业场地；③综合利用矿山废弃物；④开展矿山地质环境监测工作，监测矿区土地资源的压占和破坏状况，监测水、土环境状况；⑤废弃矿山地表植被恢复	矿山地质环境治理区
37	铜陵市陶山—狮子山—朝山—南洪治理区（Z_{T1}）	铜陵县顺安镇西部、狮子山老城区和县天门镇北部	①充填井下采空区，防止地面产生塌陷；②对狮子山老城区的居民区、厂区的岩溶塌陷灾害开展治理；③治理矿山排土场；④综合开发利用区内尾砂库，减少尾砂堆存量；⑤对关闭矿山开展土地复垦，恢复土地原有用途；⑥开展矿山地质环境监测工作，监测矿区土地资源的压占和破坏状况，监测水、土地环境状况、塌陷区、采空区地面变形情况	
38	铜陵市新桥—盛冲矿山地质环境治理区（Z_{T2}）	狮子山区凤凰山社区铜陵县顺安镇东部	①治理岩溶塌陷区；②治理采空塌陷区；③治理矿山排土场；④治理矿山工业场地；⑤开展矿山地质环境监测工作，监测矿区土地资源的压占和破坏状况，监测水、土环境状况、塌陷区、采空区地面变形情况	
39	铜陵市福光—敕山—板桥—陈冲—古圣矿山地质环境治理区（Z_{T3}）	铜陵市郊区	①治理矿山工业场地；②综合利用矿山废弃物；③开展矿山地质环境监测工作，监测矿区土地资源的压占和破坏状况，监测水、土环境状况	
40	繁昌县笔架村—潘冲村—刘家村—长垄村—桃冲矿山地质环境治理区（Z_{F1}）	铜陵县荻港镇东部、孙村以北、繁昌县西北部	①对关闭矿山开展土地复垦，恢复土地原有用途；②治理矿山工业场地；③开展矿山地质环境监测工作，监测矿区土地资源的压占和破坏状况，监测水、土环境状况、地面变形情况	

续表

序号	区划名称	区划位置	保护与综合治理对象	区划等级
41	繁昌县农艺村—马坝—茶亭村矿山地质环境治理区（Z_{F2}）	繁昌县农艺村—马坝—茶亭村一带	①充填井下采空区，防止地面产生塌陷；②治理矿山排土场；③开展矿山地质环境监测工作，监测水土环境状况；④开展矿山地质环境监测工作，监测矿区土地资源的压占和破坏状况，监测水、土地环境状况、塌陷区、采空区地面变形情况；⑤治理矿山露采场	矿山地质环境治理区
42	繁昌县朱屋基矿山地质环境治理区（Z_{F3}）	乐村—朱屋基—俞屋基一带	①综合开发利用区内尾砂库，减少尾砂堆存量；②治理矿山排土场；③治理矿山露采场；④治理矿山工业场地；⑤治理矿山地质环境监测工作，监测矿区土地资源的压占和破坏状况，监测水、土环境状况、塌陷区、采空区地面变形情况	
43	繁昌县东侧环城南路地区矿山地质环境治理区（Z_{F4}）	繁昌县东部环城南路汽配城—柏树村一带	①综合开发利用区内尾砂库，减少尾砂堆存量；②治理矿山排土场；③治理矿山露采场；④治理矿山工业场地；⑤治理矿山地质环境监测工作，监测矿区土地资源的压占和破坏状况，监测水、土环境状况、塌陷区、采空区地面变形情况	
44	繁昌县南冲—桃花冲矿山地质环境治理区（Z_{F5}）	南冲—桃花冲一带	①综合开发利用区内尾砂库，减少尾砂堆存量；②治理矿山排土场；③治理矿山露采场；④治理矿山工业场地；⑤治理矿山地质环境监测工作，监测矿区土地资源的压占和破坏状况，监测水、土环境状况、塌陷区、采空区地面变形情况	
45	繁昌县东侧环城南路地区矿山地质环境治理区（Z_{F6}）	谢村—罗冲一带	①废弃矿山环境治理；②综合利用矿山废弃物；③开展矿山地质环境监测工作，监测矿区土地资源的压占和破坏状况，监测水、土环境状况	

注：下标中字母表示不同的图幅，其中 T 表示铜陵幅，D 表示戴家汇幅，F 表示繁昌县幅。

7.4 保护与治理对策建议

针对调查区矿山地质环境问题现状和已有治理工作中存在的问题，结合调查区矿山地质环境保护与治理区划，提出方向性和具体实施两个方面的保护与治理对策建议。

7.4.1 方向性对策建议

7.4.1.1 强化认识，提高站位

党的十九大以来，生态文明建设上升到前所未有的新高度。保护与治理矿山地质环境问题不仅是生态文明建设中的一项重要内容，更是践行“绿水青山就是金山银山”理念的具体行动。地方政府和矿山企业要充分认识开展矿山地质环境问题治理的必要性、紧迫性、重要性，结合国家相关政策，进一步转变思想、提高站位，并把治理工作作为一项重要的政治任务来抓。

7.4.1.2 加快绿色矿山建设，深入推进矿山复绿行动

近年来，通过绿色矿山创建，围绕“发展绿色矿业，推进绿色矿山建设”和《关于加快建设绿色矿山的实施意见》（国土资规〔2017〕4 号）、《化工行业绿色矿山建设规范》（DZ/T 0313—2018）、《湖北省矿产资源开采管理条例》、《安徽省非煤矿山管理条例》、《铜陵市非煤矿山环境整治实施方案》等有关政策、规定和要求，调查区内全面开展了矿山企业环境综合整治和绿色矿山创建工作，矿山环境治理与绿色发展成效显著，矿山企业经济发展与生态环境建设不断显现良好局面。调查区内湖北大峪口化工有限责任公司大峪口磷矿、铜陵海螺水泥有限公司石灰石矿、铜陵化工集团新桥硫铁矿、铜陵县焦冲金硫矿 4 座矿山获得国家级绿色矿山建设试点单位。

地方政府和矿山企业要继续加快开展创建“绿色矿山”工作，转型调整和关闭淘汰一批不符合产业政策、生态恢复能力不足，环境污染严重，安全生产保障能力低下的小型矿山。矿山生产遵循“开采方式科学化、资源利用集约化、开采方式科学化、企业管理规范化、生产工艺环保化、矿山环境生态化”的基本要求，有利于实现矿山发展的资源效益、环境效益和社会效益的协调统一，资源开发与环境保护并举，矿山发展与社区繁荣共赢。

要加强对矿山复绿行动的持续宣传，促使矿山复绿工作深入人心。制定政策鼓励和引导矿山复绿工作，将矿山复绿完成情况作为企业申请、延续、变更矿权的重要条件，使尊重环境、讲诚信的企业得到更好的发展。启动矿山复绿示范基地建设，形成示范效应，加强矿山复绿技术研发，以先进技术促进矿山复绿成效。

要坚持“预防为主、防治结合、过程控制”的原则，将矿山生态环境保护与修复贯穿矿产资源开采的全过程。

7.4.1.3 加大对矿山地质环境治理的支持力度，创新治理投入制度

钟祥市和铜陵市是计划经济时期国家重要的战略物资——磷矿、粗铜生产基地和生产农用化肥基地。2009 年，两市均被列入全国第二批资源枯竭城市名单。许多矿山企业受多方面影响关停或破产，从而遗留了许多矿山历史遗留问题急需解决。同时，随着矿产资源更大规模地开采，矿山地质环境恶化的趋势仍在加剧，矿山地质环境保护和恢复治理工作艰巨。国家应加大对老矿业城市的矿山地质环境恢复治理的投资力度，加强财政支持，下大力气恢复治理矿山地质环境。

对于调查区所属的矿山地质环境恢复治理面临资金短缺的问题，如何破解资金“瓶颈”，要创新矿山地质环境治理投入机制。一是加大“谁破坏、谁治理”和“谁治理、谁受益”原则的落实，通过产权交易，广泛吸引民间资本投入矿山地质环境治理；二是鼓励金融机构向矿山地质环境治理项目提供信贷支持，地方政府积极争取金融机构贷款，国家引导金融机构向矿山地质环境治理项目予以政策倾斜；三是国家通过制定税费优惠等政策，鼓励矿山企业拿出更多资金投入矿山地质环境保护与治理。

7.4.1.4 依靠科技进步，提高治理水平，加强监测工作

在现有治理手段上，加强关键技术攻关，加快研究推广一些新的治理技术支撑矿山治理工作，在降低治理成本的基础上，提高治理效率减轻矿产资源开发对地质环境的破坏，推动保护式开采。矿山地质环境治理是一项多学科交叉的工程项目，要在现有地质、采矿、水文地质、工程地质等学科的基础上，加强与环境保护、园林生态、景观等相关学科的融合。对固体废物尽快开展回收与综合利用技术研究，充分发挥固体废物的资源价值，既能变废为宝，更能从根源上消除其对地质环境的影响。

加强矿山地质环境监测工作，建立群专结合的监测网络。对矿山地质环境不能等到出现问题才来治理，而应实施动态监测，并及时采取防范措施。监测应形成网络，群众监测、矿山企业监测与专业监测相结合，建立起统一管理与分级分部门管理相结合的地质环境保护系统。要加强地质环境信息系统建设，实现矿山地质环境信息实时采集、处理和传递，提高预测预报水平。

针对查明的矿山地质环境问题实施矿山地质环境动态监测，遥感技术在矿山地质环境监测方面已日趋成熟，利用遥感技术对矿山地质环境的监测，主要是通过建立一个计算机的数据处理平台，即建立一套针对地质环境信息管理的数据库信息系统，对矿山及其周边的地质环境进行调查，采集数据之后，将这些环境信息输入计算机数据处理管理系统，进行更加精确的数据处理分析，进行下一步的评价，并且可通过计算机网络信息化的传递，将这些数据信息共享。当矿山地质环境发生变化时，这些数据

信息也会相应的发生变化，相关企业部门就可以根据监测到的数据信息进行对矿山的一些有针对性的管理，为进一步的矿区生态环境修复提供基础性数据。

7.4.1.5 积极构建矿山地质环境治理责任确认制度

首先，加强矿业秩序和资源整合，明确一个矿体一个主体开采，从而明确环境治理与保护责任。其次，积极构建矿山地质环境治理责任确认制度，对于开采矿产资源造成矿山地质环境破坏的，按照“谁破坏、谁治理”的原则，由采矿权人负责治理恢复；对于历史遗留问题，矿山地质环境治理恢复责任人灭失的，由政府承担治理责任。最后，积极发挥社会居民的作用，在确认政府与企业对矿山地质环境治理责任的前提下，让当地居民认识到地质环境保护也是每个公民自身责任，形成全社会共同参与矿山地质环境保护与治理的氛围。

责任明确后，地方政府、矿山企业可采取“责任者付费，专业化治理”的方式，将产生的矿山地质环境问题交由专业机构治理。发挥矿山企业主动性和第三方治理企业活力，提高治理效率和质量，促进科技进步。

7.4.1.6 完善矿山地质环境监督管理相关法律

目前，我国关于矿山地质环境保护与恢复治理的法律规定并不健全，大多为原则性的规定，且缺乏有机的联系。长期以来，由于执法主体众多，职权职责划分不清，导致在矿山地质环境管理中，制度实施水平不高，管理不到位，好的制度不能发挥其应有的作用。应结合我国矿山地质环境的实际状况，设立矿山地质环境保护治理法律，修改完善已有法律法规和技术规范中已不适用于矿山地质环境保护、绿色矿山建设的部分，逐步将矿山环境管理和矿山环境恢复治理纳入法治轨道。

7.4.2 具体治理实施建议

通过矿山地质环境调查，依据调查区的矿山地质环境实际问题，结合现有的矿山地质环境保护与治理工作方法，主要从土地损毁、矿山地质灾害（地面塌陷、滑坡和崩塌）、固体废物（磷石膏堆）、矿山含水层破坏和矿山水土污染 5 个方面分别提出保护与治理对策建议，具体如下：

7.4.2.1 土地损毁

通过土地损毁实地调查资料，综合考虑地形地貌、交通位置、破坏方式、旅游开发价值等因素，对受损毁的土地按不同土地类型提出复垦利用建议。其中，对于地平面以上范围较大的、地势平坦且交通较便利类型的露天采场、工业广场（如安徽铜陵海螺水泥有限公司石灰石矿），建议将其规划利用为建设用地（如工业用地、居住用地等）；对于地处山坡、地势不平或交通不便的露天采场、工业广场，建议将其规划利用为原土地类型；对于具有旅游开发价值的超大采坑（如新桥硫铁矿），建议将其规划利用为旅游性建设用地；对于尾矿库、固体废物堆，建议规划利用为原土地类型。

根据以上原则，将受损毁的土地按照不同土地类型初步提出复垦利用建议。经统计：调查区可恢复的露天采场 39 处（共 1 522.64 hm^2），工业广场 10 处（共 135.53 hm^2），尾矿库 20 处（共 344.41 hm^2），固体废物堆 27 处（共 348.38 hm^2）。土地损毁可恢复类型及治理内容详见表 7-3。

表 7-3 主要矿山土地损毁可恢复类型及治理内容

破坏方式	序号	名称	状态	可恢复土地面积 / hm^2	可恢复类型	治理内容
露天采场	1	大峪口磷矿	生产	23	林地	边坡治理、土地复垦、绿化
	2	放马山磷矿	生产	20	林地	边坡治理、土地复垦、绿化
	3	金山林石料厂	生产	20	林地	边坡治理、土地复垦、绿化
	4	金瑞石料有限公司	停产	4.08	林地	边坡治理、土地复垦、绿化
	5	新生钠长石石料有限公司	生产	0.36	林地	边坡治理、土地复垦、绿化
	6	玉真石料厂	生产	96	林地	边坡治理、土地复垦、绿化
	7	安徽铜陵海螺水泥有限公司石灰石矿	生产	216.0	林地、建设用地	边坡治理、土地复垦、绿化
	8	荻港海螺水泥有限公司石灰岩矿	生产	135.0	林地、建设用地	边坡治理、土地复垦、绿化
	9	海螺水泥箬帽山—戴家店矿区	生产	125.2	林地、建设用地	边坡治理、土地复垦、绿化
	10	新桥硫铁矿	生产	98.0	林地、旅游建设用地	露采场边坡治理，土地复垦、绿化，岩溶塌陷区治理
	11	国源矿业恒顺矿业采厂	生产	96.0	林地、建设用地	边坡治理、土地复垦、绿化
	12	荻港镇东北部无名废弃采场	闭坑	70.7	林地、建设用地	边坡治理、土地复垦、绿化
	13	分水岭煤矸石矿	闭坑	60.0	林地	边坡治理、土地复垦、绿化
	14	繁昌县洞山采石场	生产	49.0	林地、建设用地	边坡治理、土地复垦、绿化
	15	铜官山铜矿	恢复治理中	48.0	林地、旅游建设用地	土地复垦、绿化，采空塌陷区治理

续表

破坏方式	序号	名称	状态	可恢复土地面积 / hm^2	可恢复类型	治理内容
露天采场	16	安徽铜陵海螺水泥有限公司虎山工段	闭坑	45.0	林地	边坡治理、土地复垦、绿化
	17	铜陵市敷山采石场	闭坑	30.0	林地	边坡治理、土地复垦、绿化
	18	繁昌县独山石灰石矿	生产	23.0	林地	边坡治理、土地复垦、绿化
	19	狮子山伯乐矿业	恢复治理	22.0	林地	边坡治理、土地复垦、绿化
	20	劲松石料厂、晨光石料厂、顺安建材厂	恢复治理	21.0	林地	边坡治理、土地复垦、绿化
	21	飞尚非金属矿采厂	生产	20.5	林地	边坡治理、土地复垦、绿化
	22	孙加墩北 1.6 km 无名采石场	闭坑	20.3	林地	边坡治理、土地复垦、绿化
	23	牡陵铁矿	闭坑	20.0	林地	边坡治理、土地复垦、绿化
	24	鸡冠山铜矿	生产	19.6	林地	边坡治理、土地复垦、绿化
	25	桃花尖水泥配料用砂岩矿	生产	19.2	林地	边坡治理、土地复垦、绿化
	26	荻港镇老埠头无名废弃采场	闭坑	19.1	林地	边坡治理、土地复垦、绿化
	27	陵阳产业园	生产	19.0	林地	边坡治理、土地复垦、绿化
	28	木排冲石料厂	恢复治理	18.8	林地	边坡治理、土地复垦、绿化
	29	金华石料厂	生产	18.1	林地	边坡治理、土地复垦、绿化
	30	大磕山水泥配料红土矿	生产	18.0	林地	边坡治理、土地复垦、绿化
	31	古竹岭石灰石矿	闭坑	18.0	林地	边坡治理、土地复垦、绿化
	32	荻港镇海荻石矿	生产	16.3	林地	边坡治理、土地复垦、绿化
	33	红花山金矿采厂	生产	16.2	林地	边坡治理、土地复垦、绿化
	34	长安石料有限公司	生产	14.4	林地	边坡治理、土地复垦、绿化
	35	凤凰山矿业	生产	14.3	林地、耕地	土地复垦、绿化，岩溶塌陷区治理，采空塌陷区治理
	36	孙村红花山沸石采厂	生产	13.5	林地	边坡治理、土地复垦、绿化
	37	青山采石厂	恢复治理	12.0	林地	边坡治理、土地复垦、绿化
	38	毛家山硅质原料矿	生产	12.0	林地	边坡治理、土地复垦、绿化
	39	国源渣岭石矿	生产	11.0	林地	边坡治理、土地复垦、绿化

续表

破坏方式	序号	名称	状态	可恢复土地面积 / hm^2	可恢复类型	治理内容
工业广场	40	分水岭煤矸石矿	闭坑	60.00	林地、建设用地	土地复垦、绿化
	41	芜湖市华盛矿业有限公司	生产	13.50	耕地、建设用地	土地复垦、绿化
	42	毛家山硅质原料矿	生产	12.60	耕地、建设用地	土地复垦、绿化
	43	长安石料有限公司	生产	11.18	林地、建设用地	土地复垦、绿化
	44	南陵县田山铜矿	闭坑	7.25	林地	土地复垦、绿化
	45	凤凰山矿业	生产	7.00	林地	土地复垦、绿化
	46	陵阳产业园	生产	6.00	林地	土地复垦、绿化
	47	董店福利石灰石加工厂	闭坑	6.00	林地	土地复垦、绿化
	48	前山矿业	生产	6.00	林地	土地复垦、绿化
	49	林冲选矿厂	闭坑	6.00	林地	土地复垦、绿化
尾矿库	50	大峪口磷矿	生产	35.4	基本农田、林地	绿化、定期监测
	51	放马山磷矿	生产	16.3	林地	绿化、定期监测
	52	楚丰磷矿矿业公司	生产	0.6	草地	绿化、定期监测
	53	洋丰化工厂	生产	50	林地	绿化、定期监测
	54	瑞丰化工厂	生产	0.3	林地	绿化、定期监测
	55	冬瓜山铜矿老鸦岭尾矿库	生产	50.92	林地	绿化、定期监测
	56	乌木山尾矿库	恢复治理	40.00	林地	绿化、定期监测
	57	杨山冲尾矿库	恢复治理	30.00	林地	绿化、定期监测
	58	相思谷尾矿库	闭坑	20.00	林地	绿化、定期监测
	59	铜铁矿业选厂	闭坑	15.70	耕地	绿化、定期监测
	60	陵阳产业园	生产	12.00	林地	绿化、定期监测
	61	繁昌孙村镇上蒋村北部400 m处无名采场	闭坑	11.44	林地	绿化、定期监测
	62	林冲尾矿库	闭坑	11.04	林地	绿化、定期监测

续表

破坏方式	序号	名称	状态	可恢复土地面积 / hm^2	可恢复类型	治理内容
尾矿库	63	红星选矿厂	生产	8.50	草地	绿化、定期监测
	64	仙人冲矿业铜选厂	生产	8.00	林地	绿化、定期监测
	65	桃冲尾矿库	生产	8.00	林地	绿化、定期监测
	66	金龙选矿厂	闭坑	7.68	林地	绿化、定期监测
	67	金龙铜矿	闭坑	7.68	林地	绿化、定期监测
	68	铜陵润东实业公司选厂	生产	5.50	草地	绿化、定期监测
	69	泰富矿业公司尾矿库	闭坑	5.35	林地	绿化、定期监测
固体废物	70	大峪口磷矿	生产	24	基本农田、林地	综合利用、绿化、土地复垦
	71	放马山磷矿	生产	18	林地	综合利用、绿化、土地复垦
	72	红土山磷矿	生产	5	草地	综合利用、绿化、土地复垦
	73	熊家湾磷矿	生产	0.2	林地	综合利用、绿化、土地复垦
	74	新洋丰化工厂	生产	22	林地、草地	综合利用、绿化、土地复垦
	75	王集磷矿	生产	1.2	荒地	综合利用、绿化、土地复垦
	76	喜人化工磷矿	生产	0.8	林地	综合利用、绿化、土地复垦
	77	龙会山磷矿	生产	15	林地	综合利用、绿化、土地复垦
	78	私人采石场	生产	0.8	林地	综合利用、绿化、土地复垦
	79	私人采石场	生产	12	林地	综合利用、绿化、土地复垦
	80	乐乡关制砖厂	生产	0.064	基本、农田	综合利用、绿化、土地复垦
	81	葛洲坝钟祥水泥厂	生产	4	林地	综合利用、绿化、土地复垦
	82	荆钟化工	生产	0.1	林地、荒地	综合利用、绿化、土地复垦
	83	新桥硫铁矿	生产	100.00	林地	综合利用、绿化、土地复垦
	84	六国化工磷石膏	恢复治理	24.00	其他	综合利用、绿化、土地复垦
	85	桃冲长龙山铁矿	生产	22.80	林地	综合利用、绿化、土地复垦
	86	凤凰山矿业固体废物场地	生产	22.10	林地	综合利用、绿化、土地复垦
	87	鸡冠山铜矿	生产	11.30	林地	综合利用、绿化、土地复垦

续表

破坏方式	序号	名称	状态	可恢复土地面积 / hm^2	可恢复类型	治理内容
固体废物	88	长山选矿厂	生产	10.50	林地	综合利用、绿化、土地复垦
	89	从友实业有限公司	生产	10.00	林地	综合利用、绿化、土地复垦
	90	凤凰山矿业	生产	9.00	耕地	综合利用、绿化、土地复垦
	91	叶山铁矿	在建	8.00	林地	综合利用、绿化、土地复垦
	92	棋子冲金矿	恢复治理	6.05	其他	综合利用、绿化、土地复垦
	93	亮天堂铁矿	闭坑	6.00	其他	综合利用、绿化、土地复垦
	94	牡陵铁矿	闭坑	5.40	林地	综合利用、绿化、土地复垦
	95	白马山铁矿	生产	5.07	林地	综合利用、绿化、土地复垦
	96	包村金矿	闭坑	5.00	林地	综合利用、绿化、土地复垦
磷石膏堆	97	科海化工科技有限公司磷石膏尾矿库	—	17.34	—	综合利用、绿化、土地复垦
	98	洋丰中磷磷石膏堆	—	133.34	—	综合利用、绿化、土地复垦
	99	大峪口磷石膏尾矿库	—	122	—	综合利用、绿化、土地复垦
	100	放马山磷石膏堆	—	18	—	综合利用、绿化、土地复垦
	101	新洋丰磷石膏堆	—	69.65	—	综合利用、绿化、土地复垦
	102	红土山磷石膏堆	—	10	—	综合利用、绿化、土地复垦
	103	新瑞仹磷石膏堆	—	13.33	—	综合利用、绿化、土地复垦
	104	鄂中磷石膏堆	—	33.34	—	综合利用、绿化、土地复垦
	105	华毅磷石膏堆	—	29	—	综合利用、绿化、土地复垦
	106	荆钟磷石膏堆	—	7.5	—	综合利用、绿化、土地复垦
	107	大生化工磷石膏堆	—	0.29	—	综合利用、绿化、土地复垦
	108	林子山磷石膏堆	—	0.3	—	综合利用、绿化、土地复垦

经统计，调查区矿业活动土地损毁可利用土地面积共计 2 805.1 hm^2，其中鄂西荆襄磷矿调查区为 823.3 hm^2，安徽铜陵硫铁矿调查区为 1 981.8 hm^2。调查区土地损毁可利用林地面积为 1 958.9 hm^2，工业、生活建设用地面积为 538.7 hm^2，旅游建设用地面积为 146.0 hm^2，耕地面积为 41.4 hm^2，草地面积为 59.3 hm^2，其他面积为 60.8 hm^2（图 7-3）。

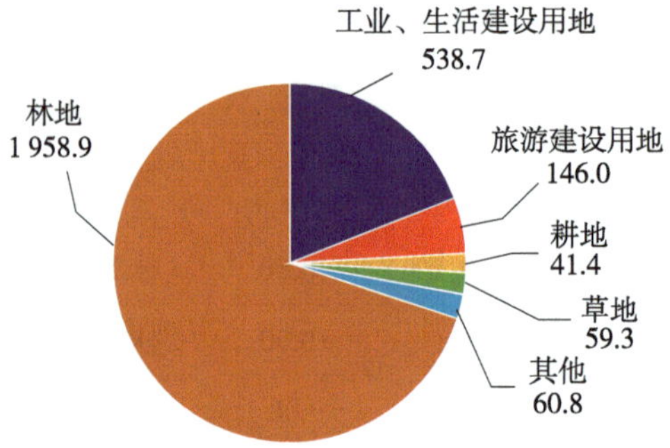

图 7-3　调查区土地损毁规划利用建议面积统计

土地损毁治理应尽量利用矿山剥离的表土、废石对采坑及采场边坡进行复垦还林造田，这样不但可以缓和随着矿山的发展与林业、农业争地的矛盾，而且可以保护环境，变害为利。因此在矿山生产和管理过程中，应根据不同条件积极、认真研究和实施利用剥离的表土和废石的复垦还林造田或复绿工作。植被品种选择应考虑当地的根系发达、固土保水、抗逆性强的植物。对于不能还林造田的地方（如在矿区形成最终边坡平台上）筑堤填土，建议种树以及其他能攀爬的藤蔓植物，以实现最终边坡的绿化。除此之外，各个矿区应该根据自己的实际情况和条件，以自然—经济—社会复合生态系统理论和"绿色开采技术"为基础土地破坏进行综合治理和开发利用。

调查区内的土地损毁类型主要为露天采场、工业广场、尾矿库、固体废物，其次为地面塌陷，针对这些类型在土地复垦和地形地貌景观修复方面提几点对策建议：

（1）露天采场

1）调查区主要为丘陵山区，区内露天采坑应采取边坡加固、采坑回填、平台覆土、植树种草或者挂网客土喷播等工程技术措施修复生态，并使修复后的平台和边坡与周围景观相协调。特别是位于"三区两线"可视范围的露天开采高陡岩石边坡，应采取工程措施与生物措施进行恢复。

2）露天采坑可根据边坡情况、坑底地形、岩体风化程度、矿床充水条件等，在消除地质灾害隐患的基础上，复垦为工业用地、典型矿业遗迹等适宜的地类，新桥硫铁矿露天采坑闭坑后建议复垦为矿业遗迹，因其有水土污染（酸性水和重金属污染），应采取有效措施使水土污染得到修复后再进行土地复垦。

（2）工业广场

1）矿山工业场地不再使用的厂房和各种设施，在无法进行综合利用时应全部拆除，并进行景观和植被恢复；磷矿和硫铁矿多为地下开采，矿山闭坑后，不再利用的井巷工程应将井筒充填、井口封堵完整，采取防护措施并设立警示牌。

2）对于工业广场造成的废弃土地（如硫铁矿选矿厂、废弃磷化工厂），复垦时应采取相应的清理工程及土壤污染治理工程，清理对象包括不再留续使用的建（构）筑物、废旧设备、设施、地表临时建（构）筑物、硬化地面及建筑垃圾、生活垃圾及其他废料。

（3）尾矿库、固体废物

1）固体废物，应有效综合利用、科学合理堆放处置，减少对地形地貌的破坏；当固废物堆总高度大于 10 m 时，修复应分台阶进行，台阶边坡坡度建议小于 38°，以利于坡面植被生长。

2）尾矿砂（渣）首先应进行综合利用，多余部分需安全处置，处置率应达到 100%；尾矿堆坝的边坡应设护坡和排水沟。

3）调查区内的固体废物堆、尾矿库多具有酸性、重金属等污染，如果复垦为耕地、园地，应铺设隔离层，再覆土 50 cm 以上。同时要依据有毒有害物质的含量水平，确定隔离层设置层厚、材质等，尽可能深度覆盖。

4）对于人工堆积的固体废物堆导致的土地破坏，可以采用排土场修整法。一般露天矿排土场整修主要是梯田平盘式，具体根据排土场的边坡角、堆放方式、占地面积、堆积物的物理特性、抗侵蚀能力和水土流失量的大小以及绿化。随着逐年翻耕、径流冲淤而逐渐加高地埂，使田面坡度逐年变缓，最终形成水平田地。

（4）地面塌陷

1）对于因采空塌陷导致的土地破坏可以利用开采的围岩废渣作为塌陷区土地复垦的充填材料进行充填，这既可使采矿破坏的土地得到恢复，又可减少围岩废石堆放占地，消除废石堆山对周边地区的安全隐患；填充物可根据充填场地的用途，优先选择利用废石、尾矿、废渣、建筑垃圾等，严禁将重金属污染物或者其他有毒有害物质用作回填或者充填材料。

2）区内主要为非积水塌陷区，复垦时建议采取回填平整、坡度整理、修建排水系统等措施进行梯级地块整治，开发成梯田。

7.4.2.2 矿山地质灾害

矿山地质环境条件各异，对矿区地面塌陷、滑坡、崩塌所采取的治理措施也各不相同。采取削方减载、坡面防护、反压坡脚、加强排水等工程措施是较为有效的，这些措施根据实际情况既可以单独施用，也可以组合施用。根据灾害规模及危害程度大小，还可采取一些非工程的防治措施，威胁较大的地面塌陷、滑坡、崩塌地质灾害，应积极组织群众搬迁避让，加强监测。

矿山地质灾害治理前后均应监测，其监测点设置、监测仪器选择、监测方法、监测频率等应符合《崩塌、滑坡、泥石流监测规范》（DZ/T 0221—2006）、《矿山地质环境监测技术规程》（DZ/T 0287—2015）规定。

本次调查区内矿山开采产生的废渣土、尾矿等，由于堆放场地地形、堆放坡度、防护措施设置不当，以及开采方式不合理等因素影响，易引发崩塌、滑坡等地质灾害，因此应建立合理的矿山地质灾害综合防治系统（表 7-4）。

表 7–4　矿山地质灾害综合防治系统

类别	防治措施			
崩塌、滑坡、防治系统	预防系统	避、撤		划定滑坡、崩塌危险区
				撤离危险区的人、财、物
				禁止在危险区建居民点、工厂、铁路等
		保护环境		保护、恢复区域林草覆盖
				合理施工、避免造成坡体失稳
				严禁乱采乱挖，合理堆放废土、弃渣
				改善坡面排水系统
	预警系统	确定活动的、危险的滑坡		
		监测（人工、仪器）		降雨（暴雨）、泉水变化
				地表变化、岩体破坏、滑坡位移
				裂缝变化、位移、地声
		预测评价		分析研究
				建立评价系统
				预警预报
	治理系统	工程措施	滑坡治理工程	载水工程
				排水工程
				减重工程
				抗滑工程
				抗岸工程
				固土工程
		生物措施	山地水源涵养林	
			沟谷水土保持林	沟头预防林
				沟坡防护林
				沟底防冲林
			护堤固滩林	
		社会经济措施		
塌陷区综合治理系统	井式减塌技术措施	充填采矿法	干式充填法	人力充填
				重力充填
				风力充填
			水力充填法	水砂充填
				尾矿充填
			胶结充填法	
		条带采矿法		
		房柱采矿法		
		覆盖破碎带、断裂带注浆法		

续表

<table>
<tr><th>类别</th><th colspan="3">防治措施</th></tr>
<tr><td rowspan="18">塌陷区综合治理系统</td><td rowspan="10">土地复用还田于民</td><td colspan="2">改旱地为水田</td></tr>
<tr><td colspan="2">井上、井下疏、排水—降低地下潜水高度</td></tr>
<tr><td colspan="2">挖深垫浅火围盆造田</td></tr>
<tr><td rowspan="6">发展塌陷区“立体型生态农业”</td><td>外援带—旱作物</td></tr>
<tr><td>外援带—水生作物</td></tr>
<tr><td>水旱过渡带—林木（喜湿林木）</td></tr>
<tr><td>牧业（喜湿牧草）</td></tr>
<tr><td>积水区边缘带—养殖业（水禽、小水兽及高产值养殖业）</td></tr>
<tr><td>积水区—养鱼业（网箱养鱼）</td></tr>
<tr><td>废石</td><td>综合利用</td></tr>
<tr><td rowspan="3">村镇迁建</td><td colspan="2">废石回填，强夯加固，人造迁建基地</td></tr>
<tr><td colspan="2">设计抗变形建筑物</td></tr>
<tr><td colspan="2">环境优美、美化</td></tr>
<tr><td rowspan="5">水污染处理</td><td colspan="2">地表污水层及浅层地下水的净化处理</td></tr>
<tr><td colspan="2">饮用水与工农用水分离</td></tr>
<tr><td colspan="2">生物污水净化</td></tr>
<tr><td colspan="2">开采深层洁净地下水</td></tr>
<tr><td colspan="2">另辟新的清洁水源</td></tr>
</table>

根据地面塌陷、滑坡、崩塌所在矿区的自身特点，提出针对性的防治建议：

（1）滑坡

由矿业活动导致的滑坡灾害点主要为秦冲磷矿、新桥硫铁矿、铜陵县钟鸣叶山铁矿等。目前矿山状态大部分稳定，险情等级为小型，主要威胁对象为矿山，具体防治建议见表 7-5。

表 7-5 矿区滑坡防治建议

序号	名称	目前状态	险情等级	威胁对象	防治建议
1	龙会山磷矿滑坡	较稳定	小型	公路	群测群防，专业监测，设立警示牌
2	钟祥市秦冲磷矿滑坡	较稳定	大型	水库，公路	工程治理，应急排危除险
3	钟鸣叶山铁矿滑坡	不稳定	小型	矿山，输电线路	工程治理，设立警示牌

续表

序号	名称	目前状态	险情等级	威胁对象	防治建议
4	汇龙膨润土滑坡	较稳定	小型	居民地，公路	工程治理，设立警示牌
5	新桥叶湖铁矿滑坡	稳定	小型	矿山	设立警示牌
6	黄狮涝金矿滑坡	较稳定	小型	矿山，其他	设立警示牌
7	新建章山铁矿滑坡	较稳定	小型	其他	工程治理，设立警示牌
8	新桥硫铁矿滑坡	不稳定	小型	矿山	变形监测，工程治理，设立警示牌
9	天马山硫金矿滑坡	稳定	小型	矿山	工程治理，应急排危除险，设立警示牌
10	南陵县金龙铜矿滑坡	不稳定	小型	矿山	工程治理，设立警示牌
11	芜湖文武玄武岩矿业滑坡	较稳定	小型	矿山	设立警示牌
12	上牧冲组滑坡	不稳定	中型	居民点，森林	搬迁避让，设立警示牌
13	石岭铅锌矿排土场滑坡隐患点	较稳定		居民点，公路	设立警示牌
14	新建堆浸公司滑坡	不稳定	小型	其他	工程治理，设立警示牌
15	峨山镇凤形村峨山头滑坡	较稳定	特大	居民点，公路，输电线路、通信设施	群防群测，工程治理，设立警示牌

滑坡防治应优先考虑搬迁避让；滑坡治理可采用减荷措施、压脚阻滑措施、排水措施、锚固支挡措施、注浆加固措施等。滑坡工程治理大体可分为三类：一是消除或减轻水的危害；二是改变滑坡体外形、设置抗滑建筑物；三是改善滑动带土石性质。

1）消除或减轻水危害。通过设立排水沟等方式拦截、旁引滑坡外的地表水流入滑坡区；利用盲沟、钻孔等方式将地下水引出；通过在滑坡前缘抛石、铺设石笼、修筑钢筋混凝土块排管等方式避免河水冲刷。

2）改变滑坡体外形、设置抗滑建筑物。通过削坡减重改善滑坡体外形，降低重心，提高稳定性；通过修筑支挡工程方式增加滑坡的重力平衡条件，使滑体迅速恢复稳定。

3）改善滑动带土石性质。一般采用注浆加筋法、群桩法、焙烧法、爆破灌浆法等物理化学方法对滑坡进行整治。由于滑坡成因复杂，影响因素多，因此常常需要上述几个方法同时使用、综合治理，方能达到目的。

4）规划工程应尽量避开南部丘陵坡麓陡斜坡地带。厂房、公路、铁路等工程规划布置在丘陵坡麓，免不了挖填方工程，产生人工边坡。因此，在工程设计和建设时，应根据有关规范的要求，对人工边坡进行勘察、设计，确定合理的人工边坡坡度，并采取切实可行的护坡及坡面防护措施。如坡体表面设置排水工程，边坡后缘设置排水沟，并进行防渗处理。

（2）崩塌

由矿业活动导致的崩塌灾害点主要为放马山磷矿、王集磷矿、钟祥市中和建材有限公司、南陵县小工山铁铜矿、仙人冲铜矿等，目前状态大部分较稳定，险情等级大多为小型，威胁对象主要为矿山，具体防治建议见表 7-6。

表 7-6 崩塌防治建议

序号	名称	目前状态	险情等级	威胁对象	防治建议
1	大峪口磷矿崩塌		小型	其他	群测群防，设立警示牌
2	放马山磷矿崩塌		大型	其他	
3	龙会山磷矿崩塌		小型	矿山	
4	龙会山磷矿崩塌	较稳定	小型	矿山	
5	王集磷矿崩塌	较稳定	大型	公路	群测群防，专业监测，搬迁避让，工程治理，应急排危除险
6	喜人磷矿崩塌	较稳定	小型	矿山	群测群防，工程治理，设立警示牌
7	喜人磷矿崩塌		小型	居民地，农田	
8	王集磷矿崩塌		小型	其他	
9	秦冲磷矿崩塌		中型	农田，公路，其他	立警示牌
10	中和建材有限公司崩塌		大型	矿山，矿区工作人员	
11	钟祥水泥有限公司崩塌	较稳定	中型	工厂，公路	工程治理，设立警示牌
12	德宝实业有限公司崩塌		中型	居民地，森林，公路	群测群防，专业监测，工程治理，应急排危除险，设立警示牌
13	磷矿镇刘冲磷矿崩塌	较稳定	小型	居民地	应急排危除险，设立警示牌
14	铜陵县钟鸣镇牡陵铁矿崩塌	不稳定	小型	矿山，森林	工程治理
15	铜陵县钟鸣叶山铁矿崩塌	不稳定	小型	矿山，森林	工程治理
16	铜陵县仙人冲铜矿崩塌	不稳定	小型	矿山，森林，公路	设立警示牌
17	铜陵县小涝竹园头铁矿崩塌	稳定	小型	矿山，森林	设立警示牌
18	清泉铁矿崩塌	稳定	小型	矿山，森林	设立警示牌
19	铜官山铜矿崩塌	不稳定	小型	其他	工程治理，设立警示牌
20	南陵县小工山铁铜矿崩塌	较稳定	中型	矿山	设立警示牌

当崩塌（危岩）体采取工程手段治理难度大或治理费用过高时，可采取避让措施；划定崩塌（危岩）危害范围，撤离危险区人员及重要设施，并设立严禁进入危险区的警示标志。

崩塌的工程治理方法如下：

1）支撑与坡面防护。对悬于上方、以拉断坠落的悬臂状或拱桥状等危岩采用墩、柱、墙或其组合形式支撑加固，或结合 SNS 边坡柔性防护网，以钢丝绳作为主要构成部分覆盖（主动防护）或拦截（被动防护）危岩体。

2）拦截法。对中小型崩塌，可修筑遮挡建筑物或拦截建筑物。

3）锚固法。利用穿过软弱结构面、深入完整岩体内一定深度的钻孔，插入钢筋、钢棒、钢索、预应力钢筋及回填混凝土，借以提高岩体的摩擦阻力、整体性与抗剪强度。

4）排水法。通过修建地表排水系统，将降雨产生的径流拦截汇集，利用排水沟排出坡外。

5）削坡及软基加固。对危岩体上部削坡，减轻上部荷载，增加危岩体和滑坡体的稳定性。对于陡崖、悬崖和危岩下裸露的泥岩基座，在一定范围内喷浆护壁可防止进一步风化，同时增加软基的强度。

同时，建房、修路、取土切坡应符合有关规范确定的边坡角，坡率应根据具体挖方段岩土层松密程度、岩层走向、裂隙发育状况、风化及破碎程度确定。

（3）地面塌陷

地面塌陷是调查区较为普遍的矿山地质灾害，其中安徽铜陵硫铁矿调查区较为严重。以往多是在塌陷区形成且造成危害以后，才着手进行治理，这种“滞后”的治理行为，常常事倍功半。今后应以防为主，防治结合，在塌陷区形成之前，就采取“超前”防治措施。

根据实地调查得知，调查区中由矿业活动导致的地面塌陷主要为王集磷矿、大峪口磷矿、喜人磷矿、金九铜矿（铜光新村采空塌陷）、新桥硫铁矿（新湖村塘坝组岩溶塌陷、新湖村朱冲组岩溶塌陷）等，具体治理建议见表 7-7。

表 7-7　地面塌陷治理建议

序号	名称	规模	潜在威胁对象	治理措施
1	熊家湾磷矿采空塌陷	小型		设立警示牌
2	熊家湾磷矿采空塌陷	小型	居民地	设立警示牌
3	红土山磷矿采空塌陷	小型	居民地，农田	设立警示牌
4	熊家湾磷矿采空塌陷	小型	居民地	设立警示牌
5	放马山磷矿采空塌陷	小型		设立警示牌
6	王集磷矿采空塌陷	中型	农田	设置护栏，设立警示牌

续表

序号	名称	规模	潜在威胁对象	治理措施
7	大峪口磷矿采空塌陷	中型	矿山，公路	设置护栏，设立警示牌
8	王集磷矿采空塌陷	小型		设立警示牌
9	龙会山磷矿采空塌陷	小型		设立警示牌
10	龙会山磷矿采空塌陷	小型		设立警示牌
11	喜人磷矿采空塌陷	中型		设置护栏，设立警示牌
12	龙会山磷矿采空塌陷	小型		设立警示牌
13	龙会山磷矿采空塌陷	小型	矿山	设立警示牌
14	龙会山磷矿采空塌陷	小型		设立警示牌
15	喜人磷矿采空塌陷	小型		设立警示牌
16	刘冲磷矿采空塌陷	小型	居民地，森林	加强监测，设立警示牌
17	刘冲磷矿采空塌陷	小型		设立警示牌
18	秦冲磷矿采空塌陷	小型		设立警示牌
19	铜光新村采空塌陷	小型	居民地，公路	设立警示牌对塌陷坑附近进行隔离，周围住户已搬迁，拆除危房
20	筲箕涝铁矿采空塌陷	小型	矿山	设立警示牌、废矿渣回填
21	钟鸣清泉铁矿采空塌陷	小型	矿山	设立警示牌
22	钱冲铜矿采空塌陷	小型	矿山，森林	设立警示牌
23	仙人冲铜矿采空塌陷	小型	矿山	防护隔离
24	缸窑铁矿采空塌陷	小型	农田，饮灌渠，其他	设立警示牌
25	沙滩角铜矿采空塌陷	小型	矿山，农田	设立警示牌
26	万迎山采空塌陷	中型	村镇，矿山，森林	采坑填埋
27	近山铜矿采空塌陷	小型	森林	设置护栏
28	塌里牧采空塌陷	中型	森林	设置护栏
29	黄狮涝金矿采空塌陷	小型	矿山	设立警示牌，进行塌坑填埋
30	枣园采空塌陷	小型	矿山	设立防护网，设立警示牌，定期监测
31	新湖村塘坝组岩溶塌陷	中型	居民地，行人	对塌陷坑进行回填 回填材料为亚黏土及碎石
32	新湖村朱冲组岩溶塌陷	小型	居民地，行人	对塌陷坑进行回填 回填材料为亚黏土及碎石
33	凤凰山铜矿岩溶塌陷	小型	村镇，矿山，森林	塌陷坑填埋

为了预防或减少地面塌陷的产生，在制定开采设计时就考虑预防措施，并在开采进行中认真实施，包括在采矿过程中所使用的各种“减塌技术和措施”等，如充填采矿法、条带采矿法以及井下支护和岩层加固措施等。采取这些措施能够大大减少矿山塌陷的范围、塌陷幅度，减缓塌陷的时间进程，减轻塌陷的危害程度。

地面塌陷包括岩溶塌陷和采空塌陷，治理方法及建议如下：

1）岩溶塌陷

①岩溶塌陷坑处理措施。对已产生的塌陷坑，应全部进行回填处理。回填前应先清除其中垮塌的松土，底部用大片石封堵洞口，然后填入碎石，做成反滤层，上覆黏土碎石夯实。塌陷区的农用地、未利用地区域，表部 2 m 覆盖耕植土，可恢复用作农用地；对于建设用地分布区，可采用钢筋混凝土硬化，保证硬化面不塌陷。对于地面裂缝，采用水泥封堵。

②房屋地基处理措施。对于遭岩溶塌陷破坏的房屋，通过鉴定如果建筑物结构未遭受破坏，可对建筑物地基基础进行加固处理。根据区内已有工程治理经验，可采取基础置换、注浆等治理方法。

③综合治理措施

A. 完善地表排水系统，防止大气降水、工业及生活污水下渗。修建截水沟，拦截地表迁流，将地表水引出塌陷区，减小地表水的入渗量。对塌坑、塌陷裂缝应及时进行回填、密闭处理，防止地表水下渗加剧塌陷。工程建设新施工工程地质勘察钻孔一律要求现场封闭。

B. 进一步完善地下水治理工程。矿山排水会加大岩溶塌陷的程度。可建立井下隔水密闭墙，减弱周边矿山排水影响该地区。周边矿山突水时要及时采取措施予以封堵，以免造成区域地下水位快速下降引发新的塌陷。

2）采空塌陷

①生产矿山采空塌陷。生产矿山需采取能减少地面塌陷、地面沉降的采矿方法，尽量采取充填法采矿，避免或减小采空塌陷的危害。编制和履行矿山地质环境保护与综合治理方案，落实监测措施，开展采空区地面变形监测。采空区影响范围内一般不宜建设重要工程，防止采空塌陷带来的危害。

②闭坑矿山采空塌陷。闭坑矿山采空塌陷包括历史遗留矿山的采空塌陷，建议进行尾砂充填。充填料可取自附近尾矿库，一方面可增加采空区稳定性，另一方面可减少尾矿库尾砂堆放量，提高尾矿库本身安全性，增加建设用地或农用地。

7.4.2.3 固体废物

随着矿产资源的开采，大量固体废物的堆放，不仅造成资源浪费，而且对环境造成很大的影响。如压占土地、破坏植被、破坏地貌、水土流失等，同时还潜伏着泥石流、山体崩塌、滑坡等地质灾害。硫铁矿尾矿或废石中的硫、砷以及重金属铅、锌、汞等，还有尾矿中夹杂的化学药剂，酸、碱、氰化物对地表水、地下水及周边环境造成污染。尾矿、磷石膏堆在干旱或大风天气下造成的扬尘，污染大气环境。调查区内主要的固体废物为磷化工产生的磷石膏堆、硫铁矿开采产生的废石堆和选矿产生的尾矿砂。

矿山固体废物的治理方法主要有堆置处理、复垦处理、填埋处理和再利用处理。

（1）堆置处理

堆置处理即将固体废物直接堆放到预先划定并做好准备的场地上。场地应在综合考虑地形、水文地质情况、地震情况、水文气象情况等进行选择，做到尽量保护地下水和地表水的水质、防止洪水或地震作用下造成的灾害。把固体废物堆放在堆放场后，通过对表面覆盖防尘网、石块、泥土，绿化或对表层化学处理的方式使其稳定，减少二次污染。

尾矿堆存要求更加严苛，尾矿坝基础材料应保证有足够的强度和不透水性。若在尾砂堆放区进行工程建设，应避免用未经处理的尾砂层作为天然地基持力层。对于乙类建筑，地基抗液化措施，必须全部消除液化沉陷；对于丙类建筑，全部消除液化沉陷或部分消除液化沉陷且对基础和上部结构处理；对于丁类建筑，进行基础和上部结构处理。

（2）复垦处理

一般是矿产开采过程中的复垦处理。复垦处理一般步骤为表土采掘→表土储存→回填整平（固体废物）→铺垫表土→复垦种植。开采前将表土采掘并储存，将综合利用后剩余的废石充填采空区，在其服务年限终了时，上部覆储存的表土，再种植当地有较好稳定性及能防止水土流失的林木，同时播种以豆科为主起到固氮作用的藤草植物，逐步提高土壤的有机质，防止水土流失，达到土地复垦的目的。复垦后的土地可以用于农、林、牧、渔及修建公共设施等。

（3）填埋处理

将毒性小的尾矿砂与水泥混合，可作为井下胶填充物。对于有毒的土地废弃物要综合考虑废弃物的预处理、地下水保护系统、场地及地表水控制管理的前提下，采用安全填埋。

（4）矿山固体废物的再利用

从废物中进一步回收有价元素，主要从铜尾矿库中回收硫铁矿精矿、石精矿；从铅锌尾矿中回收铅、锌、钨、银等，主要方法有重磁浮法、溶剂萃取法、电极回收法、电解气浮法、微生物法。另外，可以利用磷石膏制作水泥缓凝剂、石膏砌块和石膏砖、纸面石膏板、粒状磷酸铵、硫酸等。

磷石膏堆不仅是调查区内突出的地质环境问题，而且长江经济带的“三磷”问题也很严峻，因此处理好磷化工的磷石膏堆治理问题至关重要。针对磷石膏堆问题，重在解决其综合利用的问题，从政府、企业和综合利用方法三方面提出以下对策和建议：

1）政府部门加大支持力度。磷石膏综合利用的关键还是国家政策的支持力度，要通过财政、税收、能源等政策扶持使企业在磷石膏综合利用中有利可图或基本保本。

①摸清状况，合理布局。相关部门应进一步查明磷石膏资源及生产状况。根据现有的生产工艺和能力，结合地域经济发展水平、市场需求量，选择经济合理的目标产品，引导企业合理布局生产线，避免同一地区大规模重复建设。

②进一步减免税收，加大扶持力度。磷石膏因投资较大，在建厂初期应给予土地、资金等方面政策优惠。在落实资源综合利用、环境保护、节能减排等已有相关优惠政策之上，进一步完善税费减免政策，扩大磷石膏产品税收减免范围（如新型建材、水泥缓凝剂等），并在企业成长期进行税费减免试点。

③设立财政专项资金，鼓励企业发展。磷石膏的利用和其他废物利用一样，是一项利国利民的工作，符合国家的战略决策。设立财政专项资金，给予企业和科研院校开展研发、技术攻关及生产等方面资金支持，扩大企业经营规模，鼓励企业使用新技术，开发新产品，做大做强。

④加强对企业的监管，建立约束、激励机制。树立绿色发展理念，积极引导企业开展和加大综合利用的力度，建立磷石膏综合利用激励机制，将资源节约、综合利用、节能减排和环境保护等项纳入企业重要考核目标。

2）企业加快综合利用步伐。企业作为磷石膏产生和使用的经济主体，首先要提高认识，加强管理；其次要积极引进资金，扩大生产；最后要加强合作，采用“产学研”模式，与科研院所的合作开展技术攻关。

3）磷石膏综合利用方法。

①磷石膏要实现资源化利用，提高磷石膏品质、减少杂质含量是基础，这项工作必须从源头抓起。磷肥企业要根据所使用的磷矿质量，选择合适的工艺技术方案，加强对生产进行全过程管理。

②进一步完善工业副产石膏综合利用标准体系，加快工业副产石膏及相关产品和应用标准的制（修）订。

③今后要大力推广磷石膏用作水泥缓凝剂及生产纸面石膏板、石膏砌块、石膏商品砂浆等新型建筑材料。重点鼓励全部使用磷石膏作为原料。

④开发一批关键共性技术，如低成本、高性能、环保型磷石膏净化技术，低品质磷石膏生产低成本、高性能的矿井充填专用胶凝材料技术，利用工业副产石膏改良土壤的关键技术等。

⑤积极开展化学法处理磷石膏的技术攻关，推进低能耗磷石膏制硫酸联产水泥或氧化钙、制硫酸铵联产碳酸钙、制硫酸钾联产氯化铵或氯基 NPK 复合肥等先进技术产业化。

7.4.2.4 矿山含水层破坏

调查区内磷矿和硫铁矿主要为井工开采方式，长期开采活动导致了含水层破坏。

含水层破坏一般包括物理破坏和化学破坏，物理破坏主要为含水层顶底板结构、含水层疏干，而化学破坏为含水层水质受到污染。调查区内的含水层破坏主要为物理破坏。针对矿山含水层破坏防治提以下几点对策建议：

1）治理前首先要通过收集资料准确掌握矿区水文地质条件，对于通过收集资料难以摸清水文地质条件的矿区，需要进行专门的水文地质试验，充分了解矿区水文地质问题，查清边界条件，获取水文地质参数。

2）要做好矿山开采阶段地下水动态监测工作，并根据建设、生产、闭坑各阶段的水位变化、涌水量、水质情况，采取有效的防治措施。

3）硫铁矿矿山开采对矿区含水层影响大的矿山，应采取主动防治措施，控制含水层破坏的范围、规模，及时修复被污染的土壤、地表水。

4）建议采用防渗帷幕灌浆措施进行物理破坏防治，既可以封堵含水层顶底板导水裂隙破碎带或漏洞，恢复其隔水层功能，避免含水层水量漏失，也可以拦截主要导水通道，减少含水层中地下水的溢出，减少疏干排水量。区内新桥硫铁矿采用防渗帷幕注浆治理露天采场引起的含水层破坏，效果显著。

7.4.2.5 矿山水土污染

调查区内的安徽铜陵硫铁矿区水土污染较严重，而鄂西荆襄磷矿区水土污染一般。硫铁矿区主要受“酸性水”和重金属影响，磷矿区则主要受磷化工厂和磷石膏堆的影响。以下分别从硫铁矿区和磷矿区两个方面介绍水土污染防治对策建议。

（1）硫铁矿区

硫铁矿区主要的水土污染源为酸性水，主要包括矿坑排水、选矿废水和固体废物淋滤水，其中矿坑排水、选矿废水为重点防治对象。

1）矿坑排水。矿坑排水包括矿井涌出水、矿岩堆淋溶废水及采矿工艺废水，其主要来源是大气降水、地表水、地下水和老窑积水。采矿废水的特点是高悬浮物，且含有酚类物质及铁、锰等金属成分。由于该区矿产多为伴生矿，成分复杂，尤其是硫铁矿含硫较高，故废水多呈一定的酸性。综合处置方法：

①矿坑废水收集进入曝气调节池，并通过内部格栅截留大体积杂质，部分转化废水中的二价铁离子为三价；出水进入还原池，在还原剂的作用下，彻底还原六价铬离子为三价；出水进入 pH 调节池，调节 pH 为弱碱性生成金属氢氧化物沉淀，并在空气作用下，将 Fe^{2+} 转化为 Fe^{3+}，Mn^{2+} 转化为 Mn^{3+}，S^{2-} 转化为 S^{6+}，令生成的沉淀浓度积较小，便于沉淀；废水在沉淀池泥水分离后，进入生化池，在厌氧和好氧微生物共同作用下，去除废水中残余有机物；生化池出水沉淀生物污泥后，经过滤处理后，进入回用池，视需要回用或排放；回用池也作为过滤池的反洗水池，反洗排水进入曝气调节池重新处理。絮凝沉淀池的金属离子沉淀和生化沉淀池的生物污泥排至污泥池，经压滤处理后，压滤排水进入曝气调节池重新处理，压滤池按环评要求处理。矿坑废水

治理流程如图 7-4 所示。当然，矿坑废水处置方法有很多种，应根据实际情况考虑。

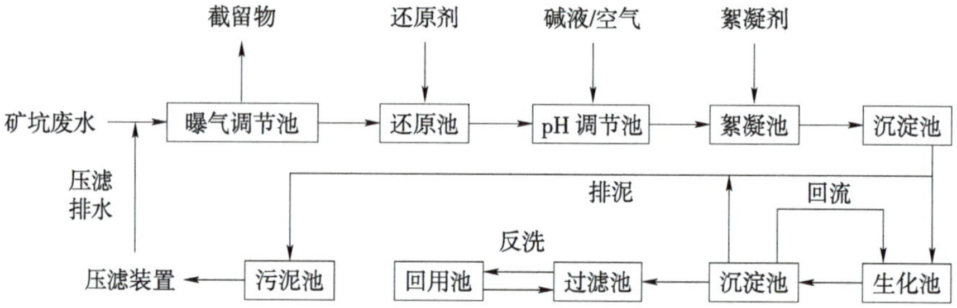

图 7-4　矿坑废水治理流程

②加强对污染源头的控制，矿石堆场、废石堆需进行防渗处理，淋滤水应收集处理；完善污水处理措施，加强污水净化，改进处理方法，切实符合排放标准。对排放“三废”的工矿企业必须加强监督管理，严格控制其环境风险，对其中污染严重、一时又难以治理的企业，需采取关、停、并、转、迁的办法来控制矿坑水的污染，从而减小矿坑排水对周边环境的影响。

2）选矿废水。选矿废水主要包括尾矿水和精矿浓密溢流水，其中以尾矿水为主，一般占选矿废水总排水量的 60%～70%。选矿废水水量大，占整个矿山废水量的 34%～79%；废水中悬浮物含量高，且不易自然沉降。悬浮物主要为泥沙和尾矿粉，含量可高达每升几千到几万毫克，且呈难以自然沉降的细分散的胶状；废水中污染物种类多、危害大。其中含有各种选矿药剂，如氯化物、黑药、黄药、煤油、硫化钠等，还有一定量的金属离子及氟、砷等污染物质，若不经处理排入水体，危害很大。

①小型矿山。经实地调查，大多数小型矿山的选矿废水无治理措施直接排放，影响周围环境，建议采取以下治理措施：

A. 治理选矿废水，首先应考虑选矿水返回使用的适用性以及回收有价值的金属的必要性，确定是否返回使用、回收废水中的有用金属，以尽量减少废水排放量、降低污染物含量，再结合以下几个程序进行：

一级处理（预处理）：采用物理处理方法，即用格栅、筛网、沉沙池、沉淀池、隔油池等构筑物，去除废水中的固体悬浮物、浮油，初步调整 pH，减轻废水的腐化程度。

二级处理（生化处理）：通过微生物代谢作用，将污水中的胶状、悬浮状或溶液状的有机污染物质转化为稳定的无害物质，经过二级处理后，去除悬浮物 90%～95%，有机污染物去除 90%，使水质大大改善。此过程中，常常出现磷、氮富氧化现象。

三级处理（深度处理）：使用生物脱氮除磷法、混凝沉淀法、过滤法、活性炭吸附法、离子交换法和电渗析法等进一步处理难降解的有机物、氮、磷等可溶性无机物、病菌。以进一步改善水质，达到国家有关排放标准。

B. 硫铁矿选矿废水具有含铁量高、酸性强的特点，在处理过程中会产生大量含铁污泥，可利用酸溶—离心分离去钙—氧化聚合工艺流程制备聚合硫酸铁。还可以采用湿法氧化沉淀法治理硫铁矿废水的同时制备铁黑颜料，以及高密度泥浆法（HDS）、载银活性炭—H_2O_2/O_3 化学催化—生化处理—浸没式超滤处理等方法处理硫铁矿选矿废水。

②大中型矿山。目前，大中型矿山企业都已经建立了废水处理系统，废水处理达标后再排放。针对废水的排放应加强监测工作，在废水处理前、处理后、排放入河口分别布置采样点定期监测。此外，应关注废水在运移过程中的渗漏问题，定期检查运输装置，避免废水渗漏对周围环境造成污染。

（2）磷矿区

磷矿区水土污染主要是由磷化工产生的磷石膏和选矿废水引起，结合荆襄磷矿调查区的实际情况，提出以下几点防治对策建议：

1）按照“防治结合、分区整治、突出重点、综合治理”思路，以南泉河、利河流域范围的胡集镇经济开发区、双河镇和磷矿镇为重点区域，以鄂中化工、世龙化工、荆钟化工、荆襄化工等一批对区域重金属质量影响较大的企业为重点对象，以砷污染物为重点，兼顾铅和铬，抓退出、调存量、优结构、严监管，大力推进重金属污染治理。

2）加强胡集磷化循环经济工业园、双河镇和磷矿镇的两个磷化工业区的环境基础设施建设和管理，加强企业工艺改造，推广和鼓励清洁生产工艺；建设淋滤废水收集沟与大废水循环沟隔离，稀酸回用池加盖防雨等防治措施。

3）新建磷石膏堆场做好防渗透和稳定性评价等工作，避免二次污染。

4）实现磷石膏资源化利用，提高磷石膏综合利用率，做好源头防控工作。

虽然磷矿区和硫铁矿区水土污染的特征有所差异，但污染防治的要求和流程基本相同，下面针对具体污染防治要求和方法提几点建议：

①矿山水土污染防治应在水体、土壤污染监测和评价基础上进行，要加强对矿山周边水土的动态监测，特别是地表水和地下水的水质监测。

②做好源头控制，减少污水排放量。

③加强矿山废水综合利用：矿山废水收集系统应健全有效，对矿坑排水实施清、污分流，设置相对独立的供水、排水和污水处理系统；矿山废水应净化处理、回收循环利用。

④土壤污染防治是对于采矿产生的固体废物，应在专用场所堆放，并采取措施防止二次污染；根据矿区环境条件、污染物特征和土地复垦方向，在试验的基础上采用有效的土壤修复方法。

8 项目主要成果

通过野外调查和综合分析研究，项目基本查明了调查区矿山地质环境现状，评价了矿山地质环境影响程度，并进行了矿山地质环境保护与恢复治理分区，重点研究了铜陵地区矿业开发活动对长江支流水体的影响。

8.1 解决资源环境、灾害和基础地质问题

8.1.1 查明了调查区矿山地质环境现状，总结了磷矿、硫铁矿矿山地质环境问题特征，预测了矿业活动引发地质灾害的发展趋势

（1）调查区矿山地质环境现状

通过实地调查发现，调查区内均存在不同程度的地质环境问题：①地质灾害，主要为崩塌、滑坡、地面塌陷等；②土地资源破坏；③地形地貌景观破坏；④含水层破坏；⑤矿区水土污染。

调查分析发现：磷矿、硫铁矿、铜矿（伴生硫铁矿）、（硫）金矿等矿山以井下开采为主，引起的地质环境问题较多，主要为矿山地质灾害、矿区水土污染和含水层破坏，其次为地形地貌破坏及土地破坏；石灰岩、膨润土矿、水泥配料黏土矿等建材及其非金属矿山均为露天开采，地质环境问题较单一，主要为地形地貌破坏及土地损毁，少部分存在矿山地质灾害和含水层破坏问题。

（2）磷矿、硫铁矿矿山地质环境问题特征

两个调查区的重点矿山地质环境问题存在差异：荆襄磷矿调查区矿山地质环境问题主要为含水层破坏、土地资源破坏及地形地貌景观破坏；其次是地质灾害（崩塌、地面塌陷）、水土环境污染等问题。而铜陵硫铁矿调查区地质环境问题主要为地面塌陷、含水层破坏、水土环境污染；其次是土地资源破坏、地形地貌景观破坏、崩塌和滑坡等问题。

磷、硫铁矿开采过程中主要引起的是地质灾害，含水层破坏，土地资源破坏，地

形地貌景观破坏，磷、硫铁矿矿石选冶。产品加工过程中主要引起的是水土环境污染。这是两个化工矿种矿山地质环境问题的共同特征，而各自又具有不同的特点：

磷矿区别于其他矿山的典型特点是“矿肥结合”，磷肥及复合肥厂建在矿山周边。矿区水土污染主要源于未严格处理的矿坑排水、选矿废液或不合理堆放的磷石膏堆受淋滤等作用与附近水土存在联系，产生水土污染。

硫铁矿区因矿石成分中所含硫及硫化物极易被氧化成硫酸而产生酸性水，从开采、矿石选冶到加工利用，整个开发利用过程中均可能造成“酸性水”污染的地质环境问题。

（3）在查明铜陵硫铁矿调查区地质灾害现状的基础上，分析了地质灾害发生与矿山开采活动的关系，预测了地质灾害的发展趋势

据调查统计，铜陵硫铁矿调查区地质灾害较发育，主要的地质灾害类型为岩溶塌陷、采空塌陷、滑坡、崩塌等。该区地质灾害的发生与矿山开采活动有着密切的联系，一些矿山疏干排水引发了大规模的岩溶塌陷；个别矿山地下开采的采空区未做充填，引发采空塌陷；矿山开采形成的高陡边坡，岩体中存在发育的原生节理或裂隙、软弱结构面，在受降水的影响后易造成边坡失稳引发崩塌、滑坡。

收集资料统计显示，调查区内影响较大的岩溶塌陷、采空塌陷多发生在2010年以前矿业开采活动较剧烈的时期。近年来，受“限制小型矿山开发，鼓励大型矿山建设”“持续推进矿山企业兼并重组”“全面推进绿色矿山建设”等政策影响和矿山寿命到期等影响，矿山数量呈逐年减少趋势；受矿山开采引发的地质灾害的数量也越来越少（图8-1）。

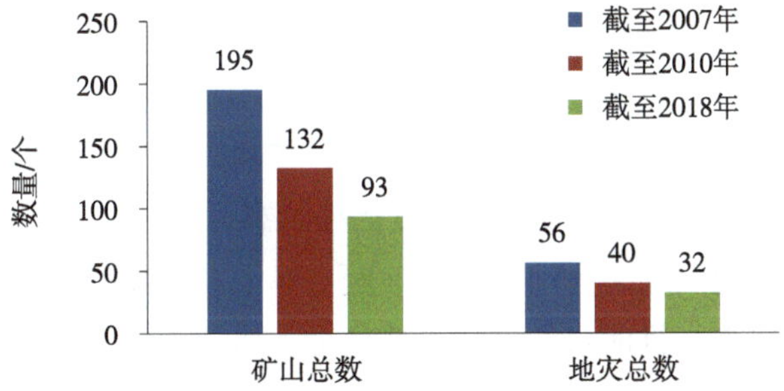

图8-1 铜陵地区矿山数与地灾数年份统计

调查区内岩溶塌陷主要分布在大中型生产矿山，随着矿山进一步开采，预测岩溶塌陷将加剧；采空塌陷主要分布在小型闭坑矿山，由于部分矿山的采空区未充填且随着周边矿山开采深度的加大，预计未来采空塌陷仍将发生；随着矿产资源开发的整合与优化调整，以及矿山环境保护与治理力度的加强，区域矿区地质环境好转，滑坡、崩塌地质灾害也将减少。

8.1.2 查明了调查区磷矿资源开发利用过程中所产生的地质环境问题及特征，指出了磷石膏堆是磷矿区首要的地质环境问题

磷矿资源开发利用全过程大致分为两个阶段：矿石开采和加工利用（磷化工企业）。根据实地调查及资料搜集，归纳荆襄磷矿调查区主要的地质环境问题（图 8-2）。

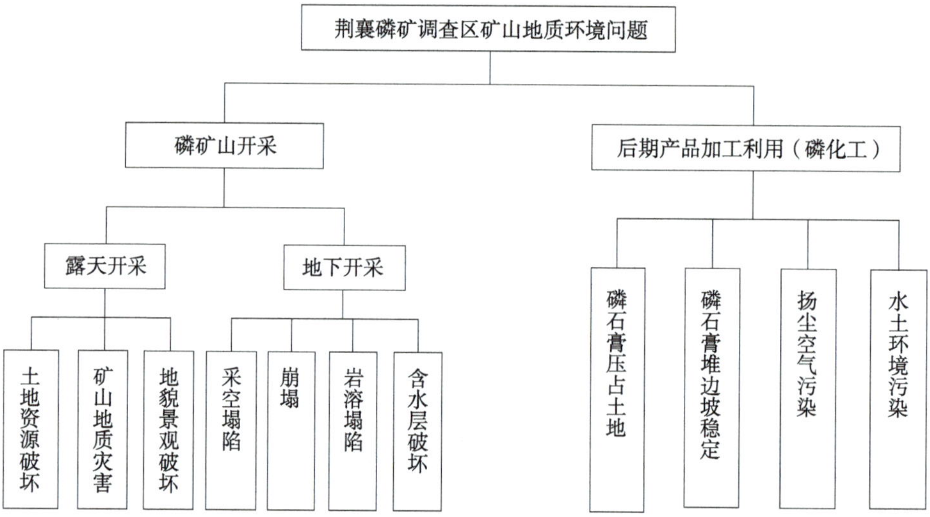

图 8-2 磷矿资源开发利用全过程中产生的矿山地质环境问题

现针对两个阶段分别总结地质环境问题特点如下：

（1）矿石开采阶段

磷矿山大部分为地下开采，引发的地质灾害主要为采空塌陷和少量崩塌；露天采场和废渣较少，土地资源破坏和地形地貌景观破坏不严重；荆襄磷矿矿石矿物为微低碳氟磷灰石，在开采过程中大多属较稳定矿物，不易对水土环境造成严重污染，水土污染评价结果显示，磷矿山周围基本为轻度污染状态。

最主要是地质环境问题为含水层破坏问题：矿山在长期开采活动中，导致地下水自然流场及补给、径流、排泄条件破坏，造成地下水位下降及水量减少，浅层地下水枯竭，地表泉点水量减少甚至断流。张湾—峡卡河地区（王集—大峪口磷矿一带）含水层破坏最为严重，目前已造成村内 5 座水库全部干涸，3 处泉眼绝流，造成多户人饮水出现严重困难。严重干旱时还影响胡集镇区 5 万余人的生活用水。

因此，磷矿开采阶段地质环境问题特点：含水层破坏和地质灾害（采空塌陷和崩塌）较严重，水土污染、土地资源破坏和地形地貌景观破坏不严重。

（2）加工利用（磷化工企业）阶段

磷产品加工过程中会产生磷石膏堆、矿渣堆、尾矿堆等，不仅压占损毁了大量土地资源，还造成了地形地貌景观破坏。这些固体废物受雨水淋滤和渗透作用形成含有

矿物中可溶成分的废水，这些废水排放后直接或间接地污染了地表水、地下水和周围农田、土地，并进一步污染了农作物；局部固体废物在堆存时具有崩塌隐患。其次，磷化工在生产过程中产生的选矿废水，主要包括精矿浓缩溢流水、冲洗水等，主要污染物为石油类、悬浮物、COD 和酸等，选矿废水的直接排放也对周边水土环境造成了污染。

据调查分析，磷产品加工过程中产生的固体废物主要是磷石膏，因此本阶段矿山地环境问题特点：磷石膏堆引起的土地损毁、地形地貌景观破坏和水土污染较严重，地质灾害和含水层破坏不严重。

8.1.3 在对磷石膏堆重点调查研究的基础上，分析总结了磷石膏堆引发的地质环境问题特征，提出了磷石膏综合应用建议

从磷石膏产量与堆存情况、磷石膏的理化性质两个方面进行了研究：目前我国磷石膏主要采用堆存方式处理，累计堆存量超过 5 亿 t，但利用率不到 40%，且磷石膏主要分布于长江经济带，其物理性质受含水量的影响较大，主要有害杂质为水溶性 P_2O_5 和水溶性 F。

结合实际调查总结出磷石膏堆引发的地质环境问题主要为扬尘污染、土地损毁、存在崩塌隐患和水土污染。最主要的为土地损毁和水土污染问题，特征如下：

1）磷石膏堆存量巨大，利用率较低，造成了严重的土地资源压占破坏。

2）干堆放的磷石膏呈粉末状，长久日晒易形成扬尘，影响大气环境。

3）被雨水的淋沥，含有水溶性 P_2O_5、F 等有害杂质易于流出。库堆存的磷石膏呈流塑状物体，稍有处置不当，含有杂质的酸性污染水出现渗漏或外溢，进入地表水、地下水或土壤，将会造成水体和土壤污染。据调查分析，受磷石膏堆场渗漏液影响，峡卡河水库部分样品中 SO_4^{2-}、F^- 超标，汉江支流浰河流经矿区河段总磷明显超标。

磷石膏对地质环境的影响不容忽视，已经成为制约磷化工行业可持续发展迫在眉睫急需解决的问题之一。要彻底解决这个问题，就要“变废为宝”，解决好磷石膏的综合利用问题。目前我国磷石膏主要应用于建材、农业、化工领域作为充填材料，通过综合分析各领域的应用现状，提出磷石膏作为建材产品和充填材料是目前较好的处置措施。无论在哪个领域或方向进行磷石膏综合利用，都必须以“走循环经济发展之路”为宗旨，通过产学研合作，取得综合利用技术性突破，同时注重上下游产业链延伸，做到化工废渣的资源化利用和良性循环。

8.1.4 查明了安徽铜陵硫铁矿调查区的地质环境问题现状，指出了硫铁矿区水土污染问题的严重性

安徽铜陵硫铁矿调查区地质环境现状：地质灾害随着矿山数量的减少而减少；土

地资源破坏和地形地貌景观的破坏随着矿山恢复治理工程的实施有所改善；含水层破坏产生的降水漏斗随着抽排地下水活动的减少和阻隔技术的实施而逐渐稳定；由于该区矿山多为含硫或共生硫化物，矿区水土污染情况比较严重，特别是土壤重金属污染和水体的酸性水污染。

硫铁矿开发利用大致分为矿石开采、矿石选冶两个阶段，两个阶段的地质环境问题特点既有联系，也有差异：

（1）矿石开采阶段

硫铁矿山开采主要采用井工和露天开采方式，井工开采矿山引起了采空塌陷，而露天开采矿山多引起滑坡和崩塌。两种开采方式的矿山均会大量抽排地下水，造成了严重的含水层破坏；区域地层多为碳酸盐岩类岩性，岩溶较发育，而地下水位的长期起伏变化又加剧了岩溶塌陷的发生。矿山开采形成的排土场（废石渣）造成了土地资源破坏和地形地貌景观破坏。开采的矿石和废石土在水（地下水、雨水）和空气（氧气）的作用下极易产生酸性水，污染了周边的水土环境。据调查分析，在大中型硫铁矿矿山（如新桥硫铁矿），矿坑水对水土污染较小，废石土淋滤水对周边水土有一定的污染，而在小型硫铁矿山中由于防控措施不当，矿坑水和固体废物淋滤水均对周边水土造成了严重污染，甚至影响了地下水。

因此，硫铁矿矿石开采阶段的地质环境问题特征：地质灾害（以地面塌陷为主）和含水层破坏最为严重，其次为土地资源破坏和地形地貌景观破坏；小型硫铁矿山的水土污染较严重，而大中型矿山在防控措施得当的情况下，水土污染较轻。

（2）矿石选冶阶段

硫铁矿在选冶阶段造成的地质环境问题主要是由选冶产生的尾矿和选矿废水造成的水土污染；其次为尾矿库引起的土地资源破坏和地形地貌景观破坏。其中，尾矿在未采取有效防渗透的措施下，造成了严重的水土重金属污染，同样选矿废水在未进行有效净化处理的情况下，也会造成水土的重金属污染。据调查分析，除新桥硫铁矿选矿厂周边水土仅受到了酸性水污染外，其他硫铁矿选矿厂周边均存在严重的重金属水土污染。

因此，硫铁矿矿石选冶阶段的地质环境问题特征：水土污染较严重，土地资源破坏和地形地貌景观破坏。

由此分析：硫铁矿开发利用的两个阶段中均存在较严重的水土污染问题，矿石选冶阶段的水土污染程度明显高于矿石开采阶段，而污染程度均与采取的防控措施情况有密切联系。

8.1.5 通过荆襄磷矿基地和铜陵地区硫铁矿基地矿山地质环境影响评价，初步建立了磷矿和硫铁矿集中开采区的矿山地质环境评价体系

本次环境影响评价是在充分利用集中开采区矿山地质环境调查数据资料，结合矿

山地质环境保护与治理方案数据资料，通过详细调查矿山地质环境现状、充分研究其形成机制及规律的基础上，筛选出具有代表性的评价因子，以采矿对矿山地质环境影响程度为主，兼顾地质环境背景，结合人类工程经济活动的强度，依据“区内相似、区间相异”的原则进行的分区。

基于两个调查区矿种不同，地质环境背景不同，矿山地质环境问题特征也不尽相同，为了能够准确反映出两个地区矿业开发活动对地质环境的影响程度，我们选择适用于各地区特点的评价因子指标和分级赋值方法（表 6-1、表 6-2）进行评价，评价分区结果显示影响评价效果较好，磷矿和硫铁矿集中开采区的矿山地质环境评价体系初步建立。

8.2 成果转化应用和有效服务

8.2.1 开展了典型化工矿山基地矿山地质环境问题调查工作，完成了影响评价分区、保护与治理分区，调查评价与分区成果资料有效服务了化工矿山地质环境保护与恢复治理

在开展荆襄磷矿调查区和铜陵硫铁矿调查区矿山地质环境调查的基础上，查明了两个调查区矿山地质环境问题现状，进行了影响评价分区：共划分了矿山地质环境影响严重区 13 个，总面积 182.26 km^2，占调查区范围的 6.89%；影响较严重区 22 个，总面积 466 km^2，占调查区范围的 17.61%；影响轻微区 14 个，总面积 1 997.03 km^2，占调查区范围的 75.50%。总体来看，鄂西荆襄磷矿调查区矿山地质环境质量一般，安徽铜陵硫铁矿调查区矿山地质环境质量较差。

在矿山地质环境影响评价的基础上，结合当地矿产资源总体规划，按照“区内相似、区间相异”的思路，进行了矿山地质环境保护与治理分区：共划分了矿山地质环境保护区 25 个，总面积 198.95 km^2，占调查区范围的 8.29%；矿山地质环境预防区 27 个，总面积 57.87 km^2，占调查区范围的 2.41%；矿山地质环境治理区 22 个，总面积 531.81 km^2，占调查区范围的 22.16%。

上述矿山地质环境影响评价及保护与治理分区成果资料为磷矿、硫铁矿矿山地质环境保护与恢复治理工作提供了基础数据与支撑服务。

8.2.2 归纳总结了调查区磷矿、硫铁矿矿山地质环境问题特征，并提出了相应的保护治理对策建议，为《矿山生态修复技术规范　第 5 部分：化工矿山》（TD/T 1070.5—2022）的编制提供了基础数据支持服务

项目对磷矿、硫铁矿矿山地质环境问题特征进行了系统归纳总结，主要的地质环

境问题为地面塌陷、含水层破坏、水土环境污染、土地资源破坏及地形地貌景观破坏等，并结合实际情况从土地损毁、矿山地质灾害（地面塌陷、滑坡和崩塌）、固体废物（磷石膏堆）、矿山含水层破坏和矿山水土污染 5 个方面分别提出保护与治理对策建议，为《矿山生态修复技术规范　第 5 部分：化工矿山》（TD/T 1070.5—2022）中有关矿山地质灾害防治、土地复垦、含水层破坏防治和矿区水土污染防治等内容的编制提供了基础数据服务。

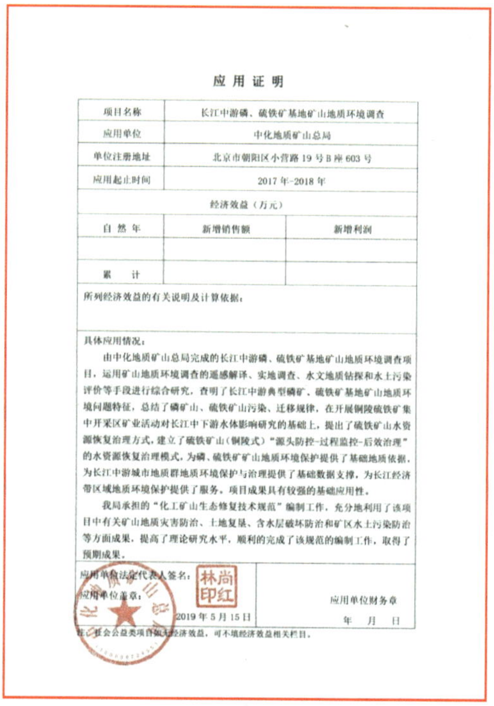

应用证明

项目名称	长江中游磷、硫铁矿基地矿山地质环境调查	
应用单位	中化地质矿山总局	
单位注册地址	北京市朝阳区小营路 19 号 B 座 603 号	
应用起止时间	2017 年-2018 年	
经济效益（万元）		
自然年	新增销售额	新增利润
累计		
所列经济效益的有关说明及计算依据：		

具体应用情况：

由中化地质矿山总局完成的长江中游磷、硫铁矿基地矿山地质环境调查项目，运用矿山地质环境调查的遥感解译、实地调查、水文地质钻探和水土污染评价等手段进行综合研究，查明了长江中游典型磷矿、硫铁矿基地矿山地质环境问题特征，总结了磷矿山、硫铁矿山污染、迁移规律，在开展铜陵硫铁矿集中开采区矿业活动对长江中下游水体影响研究的基础上，提出了硫铁矿山水资源恢复治理方式，建立了硫铁矿山（铜陵式）“源头防控-过程监控-后效治理”的水资源恢复治理模式，为磷、硫铁矿矿山地质环境保护提供了基础地质依据，为长江中游城市地质群地质环境保护与治理提供了基础数据支撑，为长江经济带区域地质环境保护提供了服务，项目成果具有较强的基础应用性。

我局承担的“化工矿山生态修复技术规范”编制工作，充分地利用了该项目中有关矿山地质灾害防治、土地复垦、含水层破坏防治和矿区水土污染防治等方面成果，提高了理论研究水平，顺利的完成了该规范的编制工作，取得了预期成果。

应用单位法定代表人签名：林尚印红

应用单位盖章：

2019 年 5 月 15 日

应用单位财务章

年　月　日

注：社会公益类项目无经济效益，可不填经济效益相关栏目。

图 8-3　服务《矿山生态修复技术规范　第 5 部分：化工矿山》（TD/T 1070.5—2022）编制成果应用证明

8.2.3　利用施工钻孔在荆襄磷矿基地和铜陵硫铁矿基地建立了地下水长期监测站点，完善了矿山和地方的地下水监测体系

完善地方矿山地下水监测体系成果应用证明如图 8-4 所示。

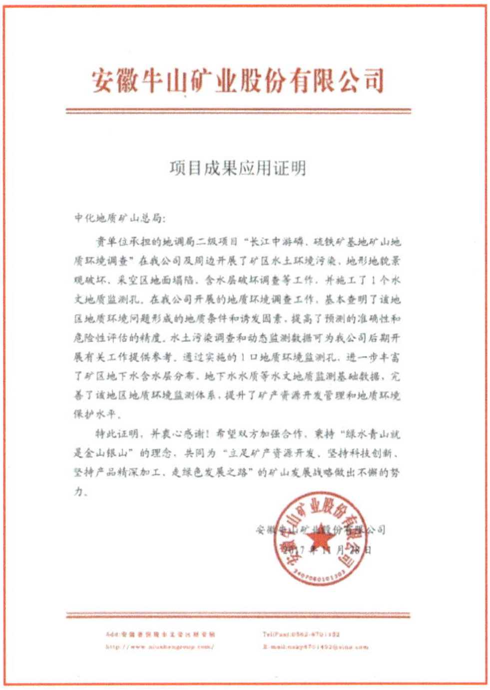

安徽牛山矿业股份有限公司

项目成果应用证明

中化地质矿山总局:

贵单位承担的地调局二级项目“长江中游磷、硫铁矿基地矿山地质环境调查”在我公司及周边开展了矿区水土环境污染、地形地貌景观破坏、采空区地面塌陷、含水层破坏调查等工作，并施工了1个水文地质监测孔。在我公司开展的地质环境调查工作，基本查明了该地区地质环境问题形成的地质条件和诱发因素，提高了预测的准确性和危险性评估的精度。水土污染调查和动态监测数据可为我公司后期开展有关工作提供参考。通过实施的1口地质环境监测孔，进一步丰富了矿区地下水含水层分布、地下水水质等水文地质监测基础数据，完善了该地区地质环境监测体系，提升了矿产资源开发管理和地质环境保护水平。

特此证明，并衷心感谢！希望双方加强合作，秉持“绿水青山就是金山银山”的理念，共同为“立足矿产资源开发、坚持科技创新、坚持产品精深加工、走绿色发展之路”的矿山发展战略做出不懈的努力。

安徽牛山矿业股份有限公司

2017年11月28日

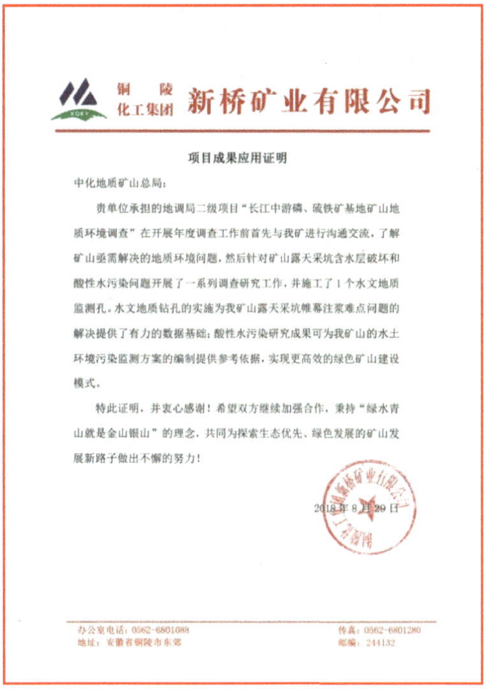

铜陵化工集团 新桥矿业有限公司

项目成果应用证明

中化地质矿山总局：

贵单位承担的地调局二级项目“长江中游磷、硫铁矿基地矿山地质环境调查”在开展年度调查工作前首先与我矿进行沟通交流，了解矿山亟需解决的地质环境问题，然后针对矿山露天采坑含水层破坏和酸性水污染问题开展了一系列调查研究工作，并施工了1个水文地质监测孔。水文地质钻孔的实施为我矿山露天采坑帷幕注浆难点问题的解决提供了有力的数据基础；酸性水污染研究成果可为我矿山的水土环境污染监测方案的编制提供参考依据，实现更高效的绿色矿山建设模式。

特此证明，并衷心感谢！希望双方继续加强合作，秉持“绿水青山就是金山银山”的理念，共同为探索生态优先、绿色发展的矿山发展新路子做出不懈的努力！

2018年8月29日

办公室电话：0562-6801088 传真：0562-6801280
地址：安徽省铜陵市东郊 邮编：244132

图8-4 完善地方矿山地下水监测体系成果应用证明

在重点矿山开展的大比例尺地质环境调查工作，查明了矿区矿山地质环境问题形成的地质背景条件和诱发因素，提高了预测的准确性和危险性评价的精度。水土污染调查和动态监测数据为各矿山的矿山环境恢复治理延续方案的编制提供了参考。项目利用施工的10个水文地质孔，建立了地下水长期监测站点，并将监测站点移交给当地矿山管理。通过建立地下水监测站点，丰富了各矿区地下水含水层分布、地下水水质等水文地质监测基础数据，完善了矿山地下水监测体系，提升了矿山地质环境监测和保护水平。

8.2.4 系统梳理了长江经济带化工矿山和磷石膏堆的基础数据资料，服务了长江经济带生态保护

在鄂西荆襄磷矿调查区和安徽铜陵硫铁矿调查区矿山地质环境调查的基础上，系统梳理了磷矿、硫铁矿、萤石和重金石等化工矿山的基础数据资料，统计了矿山的位置、规模、生产状态、开采方式等信息。其中，磷矿山321个，大型43个，167个为生产状态；硫铁矿138个，大型6个，6个为生产状态。

通过资料收集及实际调查，国内磷石膏累计堆存量超过5亿t，而利用率不到40%，磷石膏堆存主要分布于长江经济带湖北、云南、贵州、四川4省，年产量总计7 000多万t。

这些基础数据资料为长江经济带生态保护工作，特别是长江“三磷”专项排查整治工作提供了基础数据支持与服务。

8.2.5 开展了矿山地质环境防治科普宣传工作，有效服务了化工矿山环境保护和修复治理的宣传和基层普及工作

3 年来（2016—2018 年），项目分别在铜陵市义安区天门镇中心学校、钟祥市胡集镇社区和北京紫竹院公园东门开展了绿色化工矿山科普宣传活动，向学生、市民展示了中化总局在绿色化工矿山地质调查和地质灾害治理等领域取得的主要成果，普及了地质灾害的基础知识和防灾自救的主要措施，传播了“实施绿色地质调查、呵护生态文明”的基本理念，提升了当地群众特别是青少年防灾减灾及矿山环境保护意识，在化工矿山环境保护宣传和基层普及方面取得了良好的效果。

8.3 科学理论创新和技术方法进步

8.3.1 在开展铜陵地区硫铁矿基地集中开采区矿业活动对长江中下游水体影响研究的基础上，总结了硫铁矿山矿业活动对水资源影响破坏的方式，提出了硫铁矿山水资源恢复治理方式，建立了硫铁矿山（铜陵式）“源头防控—过程监管—后效治理”的水资源恢复治理模型

铜陵地区硫铁矿基地的硫铁矿矿床为全国典型的硅卡岩型硫铁矿，这类矿床大多数与铁、铜、钼、铅、锌等矿产共伴生。矿床规模以中小型为主，矿石以中等贫矿为主，矿床分布广泛。在铜陵地区该类矿床典型代表有铜化集团新桥硫铁矿、钟鸣镇牧陵硫铁矿、铜陵有色集团天马山硫金矿等。矿山开采方式主要为露天开采和井下开采。

铜陵地区硫铁矿基地集中开采区矿业活动对长江中下游水体影响研究报告表明：顺安河主流水未受到酸性水影响；红星河上游和下游有个别地段受到酸性水影响；新桥河上中游未受到酸性水影响，下游大部分均受到酸性水影响。黄浒河上游和中游未受到酸性水影响，下游部分受到酸性水影响。地表水系的污染程度与硫铁矿矿业活动有密切的关系：在硫铁矿矿业活动较多的顺安河水系，地表水系污染严重；在硫铁矿矿业活动相对较少的黄浒河水系，地表水系污染较轻。

对铜化集团新桥硫铁矿和闭坑（废弃）钟鸣镇牧陵硫铁矿废水水污染调查分析发现：新桥硫铁矿废水对污染贡献率最高的元素为 Fe^{2+}、SO_4^{2-}、Hg，其余重金属元素仅在矿坑水和排土场沉淀池样品中超标，说明酸性水方面为污染的主要因素，同时也可以看出矿山企业对污水的重金属处理措施的效果；牧陵硫铁矿闭坑后产生的废水表现出明显的低 pH，高 SO_4^{2-} 含量的酸性水特征，酸性废水影响范围超过 500 m。结合其

他硫铁矿山的水资源影响破坏，总结了硫铁矿山矿业活动对水资源影响破坏的方式，提出了硫铁矿山水资源恢复治理方式，建立了硫铁矿山（铜陵式）“源头防控—过程监管—后效治理”的水资源恢复治理模型。

（1）矿业活动对水资源影响破坏的方式

1）矿山开采阶段。矿山开采阶段对水资源影响破坏的表现方式（图 8-5）：疏干排水导致的地下水资源浪费、形成地下水降落漏斗、含水层结构破坏、矿水灾害和矿区废水（酸性废水）排放地表引起的污染。

①地下水资源浪费。大量抽排地下水导致水资源的巨大浪费。

②地下水降落漏斗。无论是露天开采还是地下开采，为保证生产安全，矿山开采过程中首先需要疏干排水，包括以防治矿井水害为目的的人为疏干排水；其次为采动形成的导水裂隙对上部含水层的自然疏干产生降落漏斗。因此，矿区的地下水补给条件、径流条件、排泄条件、埋藏条件、水位等发生改变，矿区水文地质条件变化。

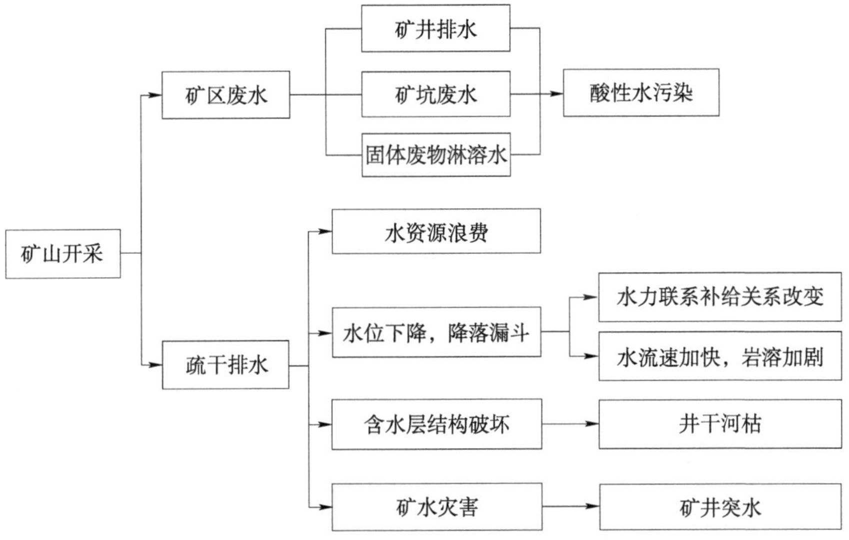

图 8-5 矿山开采引发的水资源影响破坏

A. 形成地下水降落漏斗导致地下水和地表水的水力联系和补给关系发生变化，地下水接受地表水补给，开采区周围由补给区和径流区变为重要的人为排泄区，如圣冲河补给新桥硫铁矿开采区导致河水渗漏。

B. 疏干排水增大了地下水的流速，加大了地下水和含水层岩石的化学反应和水流对孔隙介质的物理作用，加大了溶质的迁移速率，加大了岩溶的发育程度。

③含水层结构破坏。不科学的地下水采动会使地层局部下陷，含水层结构破坏，上下含水层导通，上层水下越。这些直接表现为浅层水井干枯，泉水流量减少或干涸、水库容量减少、局部河水断流等，影响了周边生产生活用水的问题。

④矿水灾害。许多矿床上覆和下伏地层为富水岩层，随着开采的延深，地下水深降强排，产生了巨大的水头差，使开采层受到来自下部岩层地下水高水压的威胁，在一些构造破碎带和隔水层薄的地段发生突水。

⑤矿坑废水污染。露天采坑的矿坑底部或井下巷道汇集的大气降水和岩层中渗透出的地下水，接触到硫化矿石和废石在氧气、微生物的氧化作用下产生酸性废水，酸性废水反过来促进矿石、废石中重金属的溶解。矿坑废水经抽排到地表任意排放，对土壤、地表水、地下水产生污染。调查区几处矿坑废水化验结果显示 pH 为 2～5，SO_4^{2-} 含量超标 5～10 倍。

⑥固体废物堆淋溶产生酸性废水。在硫铁矿矿山开采过程中，一般情况下露天采矿产生的废石堆放于固定位置的排土场（固体废物堆），井下采矿废石用于采空区充填或运出地表堆放于排土场。排土场在长期雨水淋溶作用下产生的酸性废水会污染地表水、地下水、土壤。新桥硫铁矿排土场林滤池废水 pH 为 2.05，SO_4^{2-} 含量超标 8 倍。

2）矿山选矿阶段。铜陵硫铁矿大多数共伴生有铜、铁、铅、锌等多金属矿，选矿时采用浮选、磁选相结合的办法，如新桥硫铁矿采用抑制硫化铁矿物浮选铜矿的优先浮选工艺等有较强针对性的选矿工艺。选矿阶段产生的选矿废水任意排放，尾矿渣堆放淋溶作用产生的酸性废水污染矿区地表水、地下水是对水资源的最大破坏。调查区选矿厂附近的地表水样均呈现低 pH，高 SO_4^{2-} 含量。

3）矿山闭坑阶段。调查发现铜陵地区小型硫铁矿山大多数已经闭坑或者废弃无主，在矿山开采过程中导致了含水层结构破坏，矿山停采后疏干排水随之停止，地下水位逐渐回升，开采期间的地下水动态平衡遭到破坏，地下水动力条件发生明显变化。采矿形成的网状地下开采空间成为采矿废水的运移通道，矿井特有的酸性环境成为潜在地下水污染源，闭坑后水位急剧抬升，会导致串层污染，之后污染范围逐渐扩大。

露天开采的边坡岩石直接裸露在空气中，在大气降水、氧气、微生物的作用下产生酸性废水，直接汇聚到小河流中，造成地表水污染。对流经钟鸣镇牧陵硫铁矿的小河流采样分析，5 处采水样 pH 为 2.2～6.0，SO_4^{2-} 含量超标 1～10 倍，表现明显的酸性废水特征，影响范围超过 500 m。

（2）硫铁矿山水资源恢复治理方式

上述已对硫铁矿矿山开采、选矿、闭坑（废弃）阶段对水资源的影响破坏进行了系统的梳理，对不同阶段产生的影响破坏采取针对性的恢复治理方式。

1）开采过程中工程治理。矿山开采阶段的疏干排水使地下水形成降落漏斗，使地下水和地表水的水力联系和补给关系发生变化，水位差使地下水流速变快，加速了水与岩石的化学反应，加大了岩溶发育程度；含水层结构破坏使上下含水层导通；地下水深降强排，发生突水，直接表现为地面变形、地裂缝、岩溶塌陷、河流干枯、矿水灾害。对此必须采取工程治理方式，如实施河流改道、河道防渗、帷幕注浆隔水、对导水裂隙断层注浆、建立合理排水系统等工程，将水资源破坏影响程度降至最低。

2）废水治理。硫铁矿的采矿、选矿过程中都会产生废水，开采过程中产生矿坑废水；废石堆积淋溶产生酸性废水；选矿过程不仅直接产生废水，尾矿渣堆积淋溶还会产生酸性废水。因此，矿山企业应建立全方位的污水处理系统，对各个产生废水环节进行废水集中处理，处理后再次利用或者达标排放。在矿坑底部建立防渗的沉淀池，将矿坑废水导流如沉淀池中通过泵抽水至污水处理池；在排土场即固体废物堆坡角处建立防渗（高密度聚乙烯膜防渗膜）的污水调节库，将固体废物堆淋溶的废水通过泵抽回至污水处理池；选矿厂产生的选矿废水要严格控制其排放，废水要通过密闭的管道直接进入污水处理池。参照铜化集团新桥硫铁矿污水处理方式提出可推广的废水处理流程（图 8-6）。

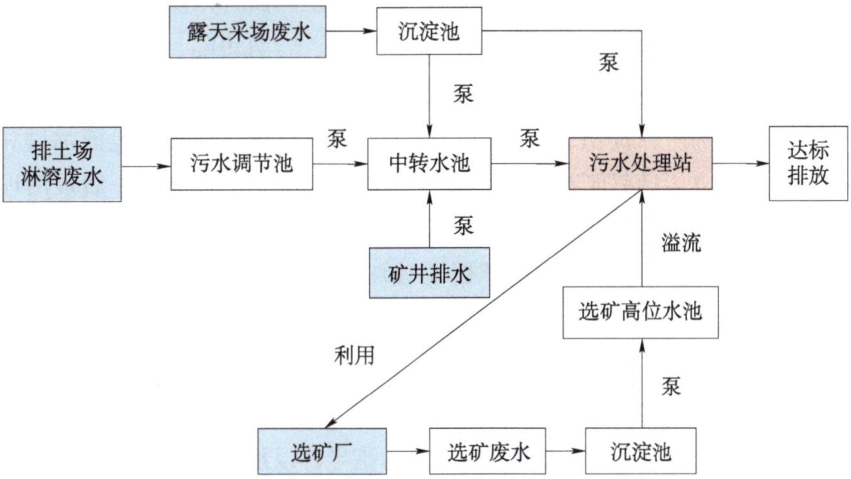

图 8-6　污水处理流程

参照新桥硫铁矿废水处理工艺，采用高浓度泥浆（HDS）工艺，即将调节池出水同时注入两个串联反应池中并配一定比例的循环底泥和石灰乳，充分混合后进入混合分配槽，并在此添加絮凝剂，最后进入两个平行的密度池进行沉淀，上层清澈液可以回用于生产或达标排放，底泥一部分用作循环底泥，一部分输送到压滤车间进行板框压滤，压滤后产生泥饼运送至排土场，压滤产生的清水输送至反应池。

3）废渣治理。要治理废渣堆放淋溶产生的酸性废水一要尽可能减少固体废物的产出堆放；二要对固体废物堆淋溶产生的废水建立有效的排水系统。在矿山生产过程中，采用先进合理的开采技术，通过减量排放与固体废物综合利用，达到控制固体废物产出量的目的。如井下开采产生的废石直接进行采空区回填，废石不出地表。充分考虑固体废物堆选址位置的水文地质条件，设置完善的地表排水系统，将地表水、大气降水及时排走，减少垂直下渗的水量。排土场、固体废物堆内排渗系统排出的水体要进入污水处理系统。

4）废弃矿山治理。废弃矿山的再次污染不容忽视，采矿过程结束之后，矿山开采形成的矿坑和开采巷道被废弃，随着停采停抽，水位逐渐回升，矿坑和开采巷道内的采矿废水由此扩散。此时，矿山环境往往处于无人过问的状态。因此，废弃矿山导致再次污染的后果可能会非常严重。对于停产或闭坑的井下开采矿山的巷道进行喷射混凝土加以封闭，以便隔绝空气，减少氧化作用，防止老窖水进入开采巷道，从而阻止酸性水的生成和减少其排出量。对于露天开采的矿山，清运堆积的固体废物堆，对裸露的边坡进行生态修复，如采用土工网进行护坡并覆土植草的方法。

（3）硫铁矿山（铜陵式）“源头防控—过程监管—后效治理”的水资源恢复治理模型

通过对铜陵地区硫铁矿山水资源影响破坏方式和治理方式的调查研究，总结出硫铁矿山矿业活动对水资源的影响主要有两方面：一是矿山开采阶段疏干排水水文地质条件改变造成的水资源浪费、井干河枯、地面变形、岩溶塌陷、矿井突水；二是矿山采矿、选矿至矿山关闭各阶段都会产生酸性废水，酸性废水污染地表水、地下水和土壤。针对矿业活动各阶段提出了开采过程中工程治理、废水治理、废渣治理和闭坑矿山治理的方式。建立了硫铁矿山（铜陵式）“源头防控—过程监管—后效治理”的水资源恢复治理模式（图 8-7）。

1）源头防控。每一种矿山水资源影响破坏问题的发生、发展都与矿山开采活动有着密不可分的关联，对于各种水资源影响破坏问题追根溯源总能够找出其产生的元凶——与采矿相关的某种不合理的工程活动。

对于新建矿山和正在开采中的矿山应以科学规划、合理设计、采用先进的开采技术来防范矿山环境问题发生，应以成因控制理论为指导，以预防为主、超前采取防范措施，再配合必要的治理措施来应对可能产生的矿山水资源影响破坏。如矿山疏干排水地下水位下降可能会引发井干河枯、地面变形、岩溶塌陷、矿井突水等问题要充分分析矿区的水文地质条件，查明矿区地下水和地表水的水力联系和补给关系，辅助实施必要的防渗、注浆等工程，尽量维持原有的水文地质条件。对于采矿、选矿过程中产生的废水问题必须要建立有污水处理厂；对于矿坑废水应合理规划排水系统，废水直接进入污水处理厂；采用合理的开采技术，井下开采产生的废石直接回填采空区，不出地表；对废石堆要合理选址，建立在隔水的岩性处或进行过防渗处理处，设计快速排水系统，避免雨水在废石堆中的下渗，修建污水调节池收集淋溶产生的酸性废水，避免酸性水的任意扩散。

2）过程监管。对于已经建立起防控系统的新建或生产硫铁矿山，要建立监管、监测系统，保证采矿、选矿过程中水资源恢复治理效果。硫铁矿山无论是露天开采还是井下开采都要进行疏干排水，造成地下水位的下降。因此，必须要建立起有效的水文地质监测体系，施工水文地质监测孔，对矿区地下水系统进行动态监测。矿山建立的污水处理厂，要处理矿井排水、矿坑废水、固体废物淋溶废水、选矿厂废水等多方面水源，涉及管道多且距离长，建立管道网监控系统，防止废水外渗。污水厂中在进水口、出水口等处建立监测点，保证污水处理效果。对于矿坑沉淀池、固体废物堆污水调节池等地的防渗效果进行定期检测，出现渗漏马上进行防渗处理。

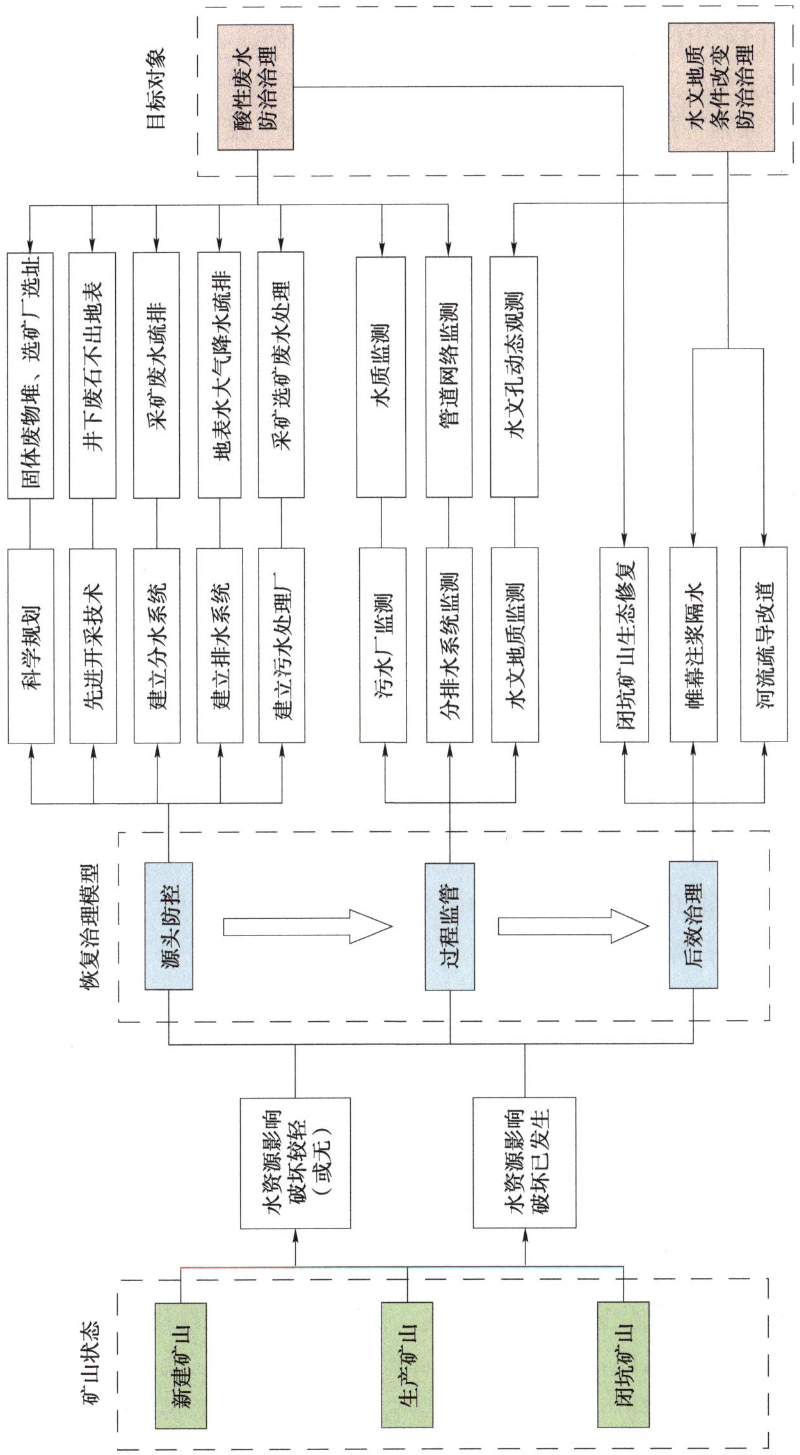

图 8-7 硫铁矿山水资源恢复治理模型

3）后效治理。正在开采中或者已经闭坑、废弃的硫铁矿山已经产生的水资源影响破坏问题，必须实施行之有效的恢复治理措施。

对于生产中的矿山河水补给开采区问题，采取河道防渗、河流改道的治理措施；对于疏干排水地下水位下降引发的岩溶塌陷，进行塌坑回填等治理措施；对于含水层破坏问题，采取帷幕注浆隔水等工程治理措施。闭坑、废弃矿山的主要问题是产生酸性废水，必须采取强工程进行治理。井下巷道进行喷射混凝土加以封闭，以便隔绝空气，减少氧化作用，阻止酸性水的生成和减少其排出量。露天开采的矿山进行土地复垦，对裸露的边坡进行生态修复，如采用土工网进行护坡并覆土植草的方法。

8.3.2　在分析总结磷矿山污染、迁移规律的基础上，提出了磷矿山污染防控机制

（1）水土污染、迁移规律

经调查分析可知，磷矿山污染主要是加工利用（磷化工）阶段产生的磷石膏和选矿废水对周边水土的污染，污染物主要为 P_2O_5、悬浮物、氟化物。表层土壤污染区主要分布在磷化工厂和磷石膏堆场附近，而磷矿山周边为轻度污染；水污染主要表现为地表水污染，地下水受磷矿开发利用活动影响较小，地表水污染因子为总磷、SO_4^{2-}、F^-，污染区分布在磷化工厂和大型磷石膏堆附近的水库及河流，如峡卡河水库、龙峪湖水库和双河等，SO_4^{2-}、F^- 主要来自磷石膏堆渗出液和淋滤水，总磷大部分来自磷石膏堆，少部分来自当地的肥水养鱼和农业磷肥。

通过对流经磷矿区和磷化工厂汇入汉江的浰河进行研究，发现浰河水总磷含量总体趋势为由西至东逐渐升高，与磷石膏堆的分布有密切联系。因此，水土污染的迁移主要受磷化工厂和磷石膏堆的影响。

（2）污染防控机制

磷矿污染最主要的问题为磷石膏引起的水土污染，因此建议在磷矿开采、选矿、制肥生产过程中发展循环经济，最大限度地减少磷石膏对环境的污染，即从整个矿山生命周期进行防控。具体措施如下：

1）加强磷化工循环经济工业园、磷化工业区的环境基础设施建设和管理，加强企业工艺改造，推广和鼓励清洁生产工艺。

2）对于现有磷石膏堆，采取渣堆覆盖、回收集中处理废水等方式减少废水的排放；建设淋滤废水收集沟与大废水循环沟隔离，稀酸回用池加盖防雨等防治措施。

3）新建磷石膏堆场做好防渗透和稳定性评价等工作，避免二次污染。

4）实现磷石膏资源化利用，提高磷石膏综合利用率，做好源头防控工作。

5）在矿山开采过程中用磷石膏作为充填材料，大力推广磷化工全废料自胶凝充填技术的应用，减少磷石膏的堆存量。

6）进一步完善工业副产石膏综合利用标准体系，加快工业副产石膏及相关产品和应用标准的制（修）订。

8.3.3 在分析总结硫铁矿山污染、迁移规律的基础上，提出了硫铁矿山污染防控机制

安徽铜陵硫铁矿调查区是以新桥硫铁矿为代表的著名硫铁矿生产基地，同时由于地处铁铜金多金属成矿带，有色金属矿产资源也很丰富，因此该调查区水土污染也呈现出与其他硫铁矿基地不同的特点。

（1）土壤污染、迁移规律

表层土壤评价结果显示，土壤重金属中度—重度污染区域主要分布在矿产集中开采区和选矿厂附近，共有 7 个污染区，其中 4 个污染区内分布有与硫铁矿相关的污染源，主要为矿山露天采场及开采产生的废水（矿坑水）、排土场（固体废物堆）和尾矿库的淋滤水、选矿厂废水（表 8-1）。

表 8-1 土壤污染区污染源情况

序号	土壤污染区名称	污染源
1	白鹤铁金矿—铜官山铜矿—天马山硫金矿一带	固体废物堆、尾矿
2	冬瓜山铜矿—萧山硫铁矿一带	曹山硫铁矿（矿坑废水）、萧山硫铁矿（废弃选矿厂和尾矿库）、红星选矿厂（硫铁矿选矿废水及尾矿砂）
3	焦冲硫金矿—桐兴硫铁矿一带	焦冲硫金矿、桐兴硫铁矿的矿坑废水和尾矿库
4	新桥硫铁矿—黄金洞硫铁矿一带	新桥硫铁矿（露天采坑、排土场和选矿厂）、新桥铜陵县新桥硫铁矿（露天采坑）、原新桥选金厂和废弃尾矿库、黄金洞硫铁矿（矿山开采废水）
5	筲箕涝硫铁矿—牧陵硫铁矿一带	钟鸣硫铁矿、筲箕涝硫铁矿、叶山铁矿等 9 个硫铁矿山（排土场、露天采坑、选矿厂）
6	凤凰山铜矿—江家冲铜矿一带	矿山露天开采产生的废水、废渣
7	南陵县团山铜矿—芦柴塘煤矿一带	固体废物堆

通过分析土壤污染空间分布情况可知，污染区范围与硫铁矿相关污染源分布套合较好，说明了硫铁矿矿业开发活动对表层土壤污染有较大的影响。通过与该地区开采前重金属元素异常图进行对比分析（图 8-8），发现土壤污染区与元素异常分布范围基本相似，但范围较大。由此说明土壤重金属污染受本底值影响较大，矿石选冶阶段污染次之。

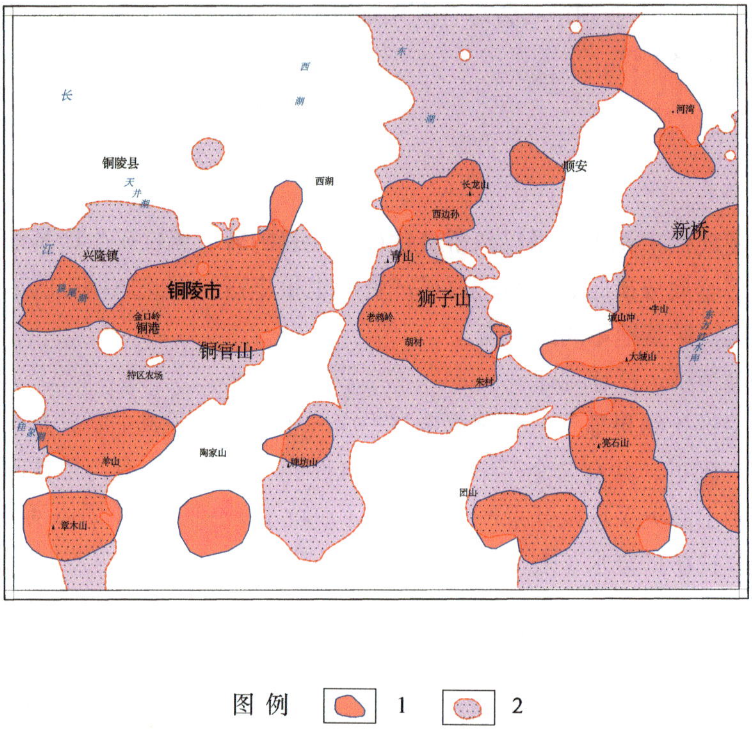

图 8–8　安徽铜陵地区土壤污染范围与重金属元素异常对比

1—开采前重金属元素异常范围；2—本次调查土壤污染范围

通过在典型重点污染区进行土壤剖面测量和深部取样，分别从横向和纵向分析了土壤污染的迁移规律：

1）横向。矿山周边总体污染较严重，随着与露天采坑距离的增加，污染呈现出降低的趋势；排土场周边的污染迁移主要与地形分水岭，受地表水径流方向控制；选矿厂下游土壤污染较严重，未呈现出与选矿厂距离增加而降低的变化规律，主要与该处水流速度较慢，径流方向不规律有关。

2）纵向。土壤重金属含量随深度增加而递减，污染等级也呈现递减趋势，污染影响深度与地表污染程度有关，一般为 0.5～2 m。

（2）水污染、迁移规律

硫铁矿矿业开发活动主要对地表水污染较大，地下水受影响较小。地表水污染主要由 Fe、SO_4^{2-} 和 Hg 引起，重污染和严重污染区主要分布在硫铁矿山集中分布区、选矿厂和尾矿库周边，主要污染区为新桥硫铁矿南侧—新桥河中游、钟鸣硫铁矿—钟鸣镇一带、顺安河中下游两侧区域。污染源主要为硫铁矿矿坑水、排土场淋滤水、选矿厂废水和尾矿库淋滤水。地下水污染区主要分布在钟鸣硫铁矿周边，矿山排土场固体废物淋滤水长期渗透污染了地下水。

铜陵地区南高北低，而且矿区多集中在南部山区，有利于污染物质在水体中向北部下游搬运和迁移，污染趋势理论上应该是呈现出南（矿区）高北低的规律，但实际对矿区地表水系的调查研究结果显示，综合污染水平没有明显的递变规律，主要原因为在河流中下游分布有小型选矿厂和尾矿库，引起了水体的污染；主要污染因子 Fe^{2+} 和 SO_4^{2-} 上中游区超标率均明显高于下游区，与上中游区矿山、选矿厂及尾矿库数量较多有直接关系。

与表层土壤相比，地表水重金属污染程度较低，主要原因为本次地表水污染评价未采取河流底泥进行分析，与重金属赋存状态有关。

（3）污染防控机制

针对硫铁矿矿业开发活动引起的水土污染和迁移特征，提出了相应的防控措施。表层土壤污染和水污染除受地区本底值（背景值）影响外，主要还受矿业开发活动产生的废水影响：矿坑水、选矿废水和固体废物（排土场、尾矿库）淋滤水，因此应采取源头防控、矿坑和尾矿水集中处理利用等方式减少废水的排放，具体措施如下：

1）对于固体废物，采取堆置处理、复垦处理、填埋处理、二次综合再利用等方法进行防控，最大限度地切断与地下水和地表水之间的联系。特别是尾矿库，尾矿坝基础材料应保证有足够的强度和不透水性，做好隔离措施。

2）对于矿坑水和选矿废水，除了常规的废水集中净化处理外，还要加强对污染源头的控制：矿石堆场、废石堆需进行防渗处理，淋滤水应收集处理；完善污水处理措施，加强污水净化，改进处理方法，切实符合排放标准。

8.4 人才成长和团队建设

1）项目实施过程中培育了一批矿山地质环境调查与研究的专业技术人才，二级项目共投入各类专业技术人员 27 人，其中正高级职称技术人员 4 人，高级职称 8 人，中级职称 10 人，初级职称 5 人，涉及水工环地质、物探、遥感、化探、测试、制图等多个专业。3 年来项目 2 人获高级职称，3 人获中级职称。

2）项目在 2016 年年初步组建化工矿山地质环境调查研究团队的基础上，2017 年中化总局挂牌成立了首批科技创新团队——“化工矿山地质环境调查创新研究团队”，其中，团队由刘军省担任带头人，5 人担任技术骨干，中化总局配套专项资金予以大力支持，团队邀请工程首席张进德作为技术顾问。在创新团队的基础上，中化总局又成立了“矿山地质环境调查和修复治理技术研究中心”，为打造“化工矿产资源全生命周期地质技术服务研发平台”奠定了基础。

3）依托本项目，与中国地质大学（北京）、大连久鼎卓越科技集团共同建立了

“自然资源部矿区生态修复工程技术创新中心”（以下简称创新中心）。创新中心是矿区地质环境修复与绿色开发利用工程技术研发与应用的平台，是服务矿区地质灾害防治与环境修复工程、矿区流域水源涵养与水土保持工程，以及矿区固体废物开发利用技术领域的智库。2019 年 2 月 2 日，《自然资源部办公厅关于公布工程技术创新中心建设名单的通知》，创新中心正式通过自然资源部论证并公示。2019 年 6 月 25 日，创新中心正式挂牌。

4）依托本项目发表论文 9 篇，其中 EI 期刊 2 篇，核心期刊 3 篇：《铜陵矿区主要河流水质分析与污染评价》（EI 期刊《地学前缘》）、《长江经济带典型硫铁矿集中开采区矿山地质环境评价研究》（EI 期刊《地学前缘》）、《基于 IDW 的铜陵地区土壤重金属空间分析及污染评价》（核心期刊《安全与环境学报》）、《大峪口磷矿采空塌陷分析及防治对策探讨》（核心期刊《能源与环境》）、《基于铜陵地区地球化学基线的土壤重金属污染评价及分析》（核心期刊《环境工程》）、《铜陵地区矿山地质灾害调查技术与方法应用》（《化工矿产地质》）、《我国主要磷矿、硫铁矿集中开采区水土污染现状分析》（《化工矿产地质》）、《磷矿与磷富营养化地质环境效应》（《化工矿产地质》）、《三维模拟矿山地质环境探讨》（《化工矿产地质》）。

9 结论与建议

9.1 结论

在中化地质矿山总局的领导下、安徽省国土资源厅、铜陵市、南陵县及繁昌县国土资源局、湖北省钟祥市国土资源局的大力支持和配合下，通过3年（2016—2018年）的工作，完成了长江中游磷、硫铁矿基地矿山地质环境调查任务。项目查明了鄂西（荆襄）磷矿基地和安徽铜陵硫铁矿调查区矿产资源开发利用现状和矿山地质环境问题，预测了矿山地质环境问题的发展趋势；对资源基地矿山地质环境现状进行了现状评价与分区，划分了矿山地质环境保护与治理分区；初步总结了矿山生态环境恢复治理的措施和成功经验，提出了矿山地质环境保护与恢复治理的对策和建议；建立了调查区矿山地质环境信息数据库，为长江中游城市群地质环境保护与治理提供基础数据支撑，为长江经济带区域地质环境的保护提供服务。全部工作按照项目审批意见书、实施方案和《矿山地质环境调查技术要求实施细则》《全国矿产资源集中开采区矿山地质环境调查技术要求》执行，达到了预期效果。得出主要结论如下：

1）查明调查区矿山共有152个，以磷矿、硫铁矿、铜矿（伴生硫铁矿）、（硫）金矿为主，截至2019年生产矿山69个，闭坑矿山77个，在建矿山6个。其中：磷矿山12个，硫铁矿山32个；矿山规模以小型为主，大型矿山4个（王集磷矿、大峪口磷矿、龙会山磷矿和新桥硫铁矿）；开采方式主要为井下开采和露天开采。

2）查明调查区矿山地质环境问题主要为地质灾害（崩塌、滑坡、地面塌陷），土地资源破坏，地形地貌景观破坏，含水层破坏和矿区水土污染，较突出的问题为地面塌陷、含水层破坏、水土环境污染；在整个矿产资源开发利用过程中，磷、硫铁矿开采阶段引起了地质灾害、含水层破坏、土地资源破坏、地形地貌景观破坏，而磷、硫铁矿矿石选冶、加工利用（化工厂）阶段引起了水土环境污染、土地资源破坏和地形地貌破坏（以磷石膏堆为主）。

3）查清了调查区共发生了地质灾害101处，地面塌陷36处，滑坡34处，崩塌31处。地质灾害规模以小型为主；矿山原因引发地质灾害75处，非矿山原因引发地质灾害26处。

4）查明了调查区含水层破坏情况，矿山疏排地下水类型主要为碳酸盐岩裂隙溶洞水，长期集中排水形成了明显的地下水降落漏斗，主要分布在鄂西荆襄地区熊家湾—放马山磷矿一带，安徽铜陵地区新华山铜矿—朝山矿区、冬瓜山铜矿区、新桥硫铁矿区、天马山金硫矿—华金矿一带，总影响面积约23 000 hm^2。

5）查清调查区矿业活动共破坏土地资源3 908.47 hm^2，破坏类型以露天采场和磷石膏堆场为主，其中：露天采场破坏土地类型主要为林地（2 070.58 hm^2），磷石膏堆场破坏土地类型主要为林地（454.09 hm^2）；硫铁矿矿山破坏土地资源324.95 hm^2，破坏的形式主要为露天采场和废土（石）堆场，压占损毁土地类型主要为林地；磷矿矿山破坏土地资源301.65 hm^2，破坏的形式主要为露天采场和磷石膏堆，压占损毁土地类型主要为林地。

6）查明了调查区水土污染现状，安徽铜陵硫铁矿调查区表层土壤整体为无污染—轻度污染状态，中度—重度污染占25.32%，污染源主要为矿业开发活动；而鄂西荆襄磷矿调查区表层土壤整体为轻污染状态，约占85%，污染源主要为矿肥结合的磷化工产业活动。地表水中As、Hg、Pb、Cu、Zn、Fe、SO_4^{2-}均有不同程度的污染，其中：安徽铜陵地区超标率为30.68%（国家Ⅱ类标准），主要受矿业活动影响Fe和SO_4^{2-}污染程度较大，超标率分别为10.6%、18.5%，污染原因主要为酸性水；鄂西荆襄地区受磷化工产业影响较大，超标率为61%（国家Ⅱ类标准），污染程度较大的为P、F^-和Hg，超标率分别为28.3%、17.8%和3.4%，污染原因主要为当地化工企业排放的废水、磷石膏堆渗漏液和当地农田活动肥水养鱼；地下水受矿业开发活动影响较小，超标率均小于15%（国家Ⅲ类标准），其中安徽铜陵地区超标率仅为4.61%。

7）结合矿山地质环境治理现状，分析了调查区矿山地质环境变化发展趋势，对调查区矿山地质环境现状进行了评价与分区，矿山地质环境影响严重区13个，总面积182.26 km^2；影响较严重区22个，总面积466 km^2；影响轻微区14个，总面积1 997.03 km^2，为当地矿山地质环境保护与治理分区提供了基础和依据。

8）结合调查区所在地矿产资源总体规划，进行了矿山地质环境保护与治理分区，划分了矿山地质环境保护区25个，总面积198.95 km^2；矿山地质环境预防区27个，总面积57.87 km^2；矿山地质环境治理区22个，总面积531.81 km^2。并提出了保护与治理对策建议，为当地矿山地质环境保护与治理工作提供了基础数据支撑服务。

9）从酸性水角度（Fe^{2+}、SO_4^{2-}、pH），评价了铜陵矿区地表水体的污染现状：除黄浒河外，各河流的水质均受到了不同程度的污染，重污染和严重污染样品所占比例分别为56.52%、30.43%；污染主要由Hg、Fe^{2+}、SO_4^{2-}超标引起，上中游区Fe^{2+}和SO_4^{2-}超标率均明显高于下游区，与上中游区矿山、选矿厂及尾矿库数量较多有直接关系。了解了铜陵地区矿业活动对地表水体的影响情况，并初步建立了硫铁矿山（铜陵式）水资源恢复治理模式。

10）项目实施过程中培育了一批矿山地质环境调查与研究的专业技术人才，并组建了中化地质矿山总局首批科技创新团队——“化工矿山地质环境调查研究团队”，依托创新团队和项目成立了“矿山地质环境调查和修复治理技术研究中心”，与中国地质大学（北京）、大连久鼎卓越科技集团共同建立了“自然资源部矿区生态修复工程技术创新中心”；依托本项目共发表论文 9 篇，其中 EI 期刊 2 篇，核心期刊 3 篇；3 年来项目 2 人获高级职称，3 人获中级职称。

9.2 建议

1）建议对地下水污染进行长期动态监测。目前的地下水水质检测只能反映某一时间段的水质情况，不能反映地下水污染随时间的变化情况，建议对地下水污染进行长期动态监测。

2）建议今后工作中采集水系沉积物样品进行检测分析。本次调查工作仅通过采集了地表水样品来评价水体污染的情况，具有一定的局限性。在以后的工作中建议采集对应的水系沉积物样品，以便更加全面、准确地评价污染现状。

3）建议加强矿山地质环境问题监测工作。矿山地质环境问题目前侧重于调查及恢复治理工作，下一步应加强矿山地质环境问题监测工作，达到事前、事中、事后均有工作手段及技术方法控制。

4）建议能够开放多种不同类型经正射校正后的高精度遥感数据，以适用于矿山地质环境调查。建议加强卫星遥感对地质灾害监测预报工作，落实矿山地质灾害治理工程的实施。对于严重威胁人民群众生命财产安全的地质灾害隐患要及时进行勘察治理，消除隐患；对于危害程度较小的地质灾害要建立地质灾害监测体系，加强预报预警工作，确保人民生命财产安全。

5）建议有关部门加强废弃矿山资料的存档工作。调查区部分矿山因废弃或停产时间较长，无法联系到矿山企业人员，收集矿山开发利用、地下水监测等相关资料有一定难度，难以更准确地评价矿山开采对含水层的影响。

6）建议加强矿业废水废渣的综合利用。目前矿区的废水废渣的综合利用率相对较低，建议有关部门牵头对全区的矿业废水废渣做系统整合规划，进一步对其合理利用，从而在节省成本的情况下，有效地减少了对环境的污染。

7）矿山地质环境评价是一项庞大和复杂的系统工程，不同的矿山存在不同的地质环境问题，而同一矿山也存在多种严重程度不一的环境问题，而矿山地质环境的动态变化又决定了矿山不同时期存在的类型不同、严重程度不一的矿山地质环境问题。建议开展对适宜于磷矿集中开采区和硫铁矿集中开采区矿山地质环境评价体系研究工作。

8）建议尽快开展主要采用固体废物胶结充填法采矿矿山地质环境区域调查和监测试点工作，系统开展区域地下水污染调查评价及地质环境影响评价工作，为矿产资源开发、矿产资源的有效利用和矿山地质环境综合治理提供有效的、可靠的地质基础资料和服务。

9）开展磷石膏及酸性水等固体废物液综合利用科技攻关研究，拓宽利用领域，提高综合利用的科技水平和经济效益。

参考文献

[1] 铜陵市人民政府．安徽省铜陵市矿产资源总体规划（2016—2020年）[R]. 2017.

[2] 安徽省地质矿产勘查局321地质队．铜陵市城市调查报告[R]. 2015.

[3] 铜陵市国土资源局．铜陵市矿山地质环境保护与治理规划（2011—2020年）[R]. 2012.

[4] 地矿部第1综合物探队．安徽省铜陵地区H-50-44-B H-50-45-A 1/5万综合信息成矿预测研究报告[R]. 1987.

[5] 安徽省地质矿产勘查局321地质队．顺安镇新湖村塘坝村民组岩溶塌陷地质灾害勘查报告[R]. 2011.

[6] 安徽省地质环境监测总站．安徽省铜陵市城市环境地质调查评价报告[R]. 2010.

[7] 安徽省地勘局第二水文工程地质勘查院．安徽省芜湖市地质灾害调查与区划报告[R]. 2007.

[8] 安徽省地质调查院．安徽省江淮流域多目标区域地球化学调查报告[R]. 2007.

[9] 安徽省地质环境监测总站．安徽省矿山地质环境调查与评价[R]. 2005.

[10] 安徽省地矿局321地质队，安徽省地质环境监测总站．安徽省铜陵市地质灾害调查与区划报告[R]. 2002.

[11] 安徽省地质矿产局第二水文地质工程地质队．铜陵幅（H-50-10）1：20万区域水文地质普查报告[R]. 1984.

[12] 安徽省地质矿产局第二水文地质工程地质队．宣城幅（H-50-11）1：20万区域水文地质普查报告[R]. 1982.

[13] 安徽省地质矿产勘查局321地质队．铜陵市狮子山区朝山村岩溶塌陷地质灾害勘查报告[R]. 2012.

[14] 王银泉．铜陵市新桥矿区土壤重金属污染评价及源解析研究[D]. 合肥：合肥工业大学，2014.

[15] 吴开杰．攀西矿集区矿山环境遥感监测及地质环境评价[D]. 成都：成都理工大学，2016.

[16] 张进德，张德强，田磊. 全国矿山地质环境调查与综合评价技术方法探讨 [J]. 地质通报，2007，26（2）:136-140.
[17] 荆门市人民政府. 荆门市化工产业发展规划（2016—2020 年）[R]. 2017.
[18] 荆门市人民政府. 荆门市矿产资源总体规划（2016—2020 年）[R]. 2017.
[19] 陈红艳，周衍龙，艾有成，等. 资源枯竭城市钟祥市主要矿山地质环境问题与防治措施 [J]. 资源环境与工程，2012，26（3）: 259-262.
[20] 北京宝地益联地质勘查工程技术有限公司. 湖北省钟祥市 2010 年度矿山地质环境治理项目 [R]. 2010.
[21] 北京宝地益联地质勘查工程技术有限公司. 湖北省钟祥市 2011 年度矿山地质环境治理项目勘查报告第一分册 [R]. 2011.
[22] 北京宝地益联地质勘查工程技术有限公司. 湖北省钟祥市 2012 年度矿山地质环境治理项目重点工程项目勘查报告 [R]. 2012.
[23] 湖北省地质环境总站襄樊站. 湖北省钟祥市喜人化工有限公司磷矿矿山环境保护与综合治理方案 [R]. 2009.
[24] 湖北省鄂西北地质矿产调查所. 湖北省钟祥市胡集矿区鹰子嘴矿段磷矿资源储量核实报告 [R]. 2013.
[25] 湖北省鄂西北地质矿产调查所. 湖北省钟祥市荆襄磷矿胡集矿区大峪口矿段资源储量核实报告 [R]. 2012.
[26] 中化地质矿山总局地质研究院. 湖北省钟祥市胡集矿区放马山段磷矿资源储量核实报告 [R]. 2010.
[27] 湖北省鄂西北地质矿产调查所. 湖北省荆襄磷矿胡集矿区红土山段 2010 年度资源储量报告 [R]. 2010.
[28] 湖北省地质环境总站襄樊站. 湖北省钟祥市矿产公司红土山磷矿矿山环境保护与综合治理方案 [R]. 2009.
[29] 中化地质矿山总局湖北地质勘查院. 湖北省钟祥市荆襄磷矿冷水矿区磷矿资源储量核实报告 [R]. 2010.
[30] 湖北省鄂西北地质矿产调查所. 湖北省钟祥市冷水矿区磷矿普查报告 [R]. 2010.
[31] 湖北省鄂西北地质矿产调查所. 湖北省钟祥市朱堡埠矿区Ⅵ号矿体 2010 年度矿产资源储量地质测量报告 [R]. 2010.
[32] 湖北重友环境科技有限公司. 湖北省钟祥市联合磷矿矿山地质环境保护与治理恢复方案 [R]. 2010.
[33] 湖北省地质调查院. 湖北省钟祥市磷矿镇刘冲村磷矿矿山地质环境影响评价报告和矿山地质环境保护与治理恢复方案 [R]. 2009.
[34] 中化地质矿山总局湖北地质勘查院. 湖北省荆襄磷矿胡集矿区龙会山矿段资源储量核实报告 [R]. 2012.

[35] 湖北省地质环境总站襄樊站. 钟祥市龙会山矿业有限公司龙会山矿段矿山地质环境保护与治理恢复方案[R]. 2009.

[36] 中化地质矿山总局湖北地质勘查院. 钟祥市秦冲磷矿矿山环境保护与综合治理方案[R]. 2009.

[37] 湖北省地质环境总站襄樊站. 中化建矿业有限公司王集磷矿矿山地质环境恢复治理工程实施方案[R]. 2007.

[38] 中化地质矿山总局湖北地质勘查院. 湖北省钟祥市胡集矿区熊家湾矿段磷矿资源储量核实报告[R]. 2012.

[39] 荆襄磷化学工业公司刘冲磷矿. 湖北省荆襄磷矿朱堡埠矿区I号矿体闭坑总结报告[R]. 1995.

[40] 湖北省第八地质大队. 荆襄磷矿胡集矿区牛心寒矿段2004年度矿产资源/储量检测地质报告[R]. 2004.

[41] 湖北省荆襄磷矿化学工业公司设计研究院. 胡集矿区腰子山磷矿10万吨/年开发利用方案[R]. 2006.

[42] 十堰市环境科学研究所. 宜城市合宏矿业有限公司腰子山磷矿100 kt/a矿产资源开发利用项目环境影响报告书[R]. 2009.

[43] 湖北省地质环境总站襄樊站. 合宏矿业有限公司腰子山磷矿矿山环境保护与综合治理方案[R]. 2009.

[44] 湖北省地质环境总站. 宜城市合宏矿业有限公司腰子山磷矿土地复垦方案[R]. 2010.

[45] 湖北省第八地质大队. 荆襄磷矿胡集矿区放马山矿段地质勘探报告[R]. 1974.

[46] 荆门市博通地产咨询评价有限公司. 湖北省钟祥市喜人化工有限公司鹰子咀磷矿土地复垦方案报告书[R]. 2013.

[47] 湖北省地质环境总站襄樊站. 湖北大峪口化工有限责任公司大峪口磷矿矿山环境保护与综合治理方案[R]. 2009.

[48] 湖北省鄂西北地质矿产调查所. 湖北省钟祥市大峪口磷矿接替资源勘查报告[R]. 2010.

[49] 湖北省鄂西北地质矿产调查所. 钟祥市大峪口化工有限公司大峪口矿段矿坑涌水量估算论证说明书[R]. 2011.

[50] 湖北省地质局第八地质队. 湖北省荆襄磷矿胡集矿区王集矿段地质勘探报告[R]. 1966.

[51] 湖北省地质局第八地质大队一分队. 湖北省荆襄磷矿胡集矿区龙会山矿段详细勘探地质报告[R]. 1981.

[52] 湖北省地质矿产局水文地质大队. 湖北省江汉平原第四纪地质、水文地质、工程地质及环境地质综合调查研究报告[R]. 2008.